Jahrbuch der Wissenschaftlichen Gesellschaft für Luftfahrt

III. Band

Kriegsjahr 1914/15

Springer-Verlag Berlin Heidelberg GmbH 1915

ISBN 978-3-642-52144-7   ISBN 978-3-642-52154-6 (eBook)
DOI 10.1007/978-3-642-52154-6
Softcover reprint of the hardcover 1st edition 1915

Inhaltsverzeichnis.

1. Lieferung.

I. Gesamtvorstand:

Ehrenvorsitzender:

SEINE KÖNIGLICHE HOHEIT
PRINZ HEINRICH VON PREUSSEN,
Dr.-Ing.

3 Vorsitzende:

Geheimer Regierungsrat Dr. von Böttinger, Mitglied des Herrenhauses, Elberfeld,
Professor Dr. Dr.-Ing. von Parseval, Major z. D., Charlottenburg,
Professor Dr. Prandtl - Göttingen.

Beisitzer:

Professor Dr.-Ing. Bendemann-Adlershof, Deutsche Versuchsanstalt, Geheimer Regierungs-rat Professor Dr.-Ing. Barkhausen - Hannover, Fabrikbesitzer August Euler - Frank-furt a. M., Geheimrat Professor Dr. Finsterwalder - München, Exzellenz von der Goltz, Generalleutnant z. D., Berlin, Bankier Hagen - Berlin, Professor Dr. Hartmann - Frank-furt a. M., Geheimer Regierungsrat Professor Dr. Hergesell - Lindenberg (Kreis Beeskow), Exzellenz Freiherr von Lyncker, General d. Inf. z. D., Berlin, Exzellenz Merten, Vize-Admiral z. D., Berlin, Exzellenz Naumann, Wirklicher Geheimer Rat, Ministerialdirektor, Dr., Berlin, Exzellenz von Nieber, Generalleutnant z. D., Berlin, Werftbesitzer Max Oertz - Hamburg, Professor Dr.-Ing. Reißner - Berlin, Se. Magnifizenz Professor Romberg, Rektor der Technischen Hochschule Charlottenburg, Geheimer Hofrat Professor Scheit - Dresden, Geheimer Regierungsrat Professor Schütte - Danzig-Langfuhr, Graf Adalbert von Siers-torpff - Berlin, Wirklicher Geheimer Oberbaurat Dr. Veith, Abteilungschef im Reichs-Marine-Amt, Berlin, Professor Dr. Wachsmuth, Rektor der Akademie, Frankfurt a. M., Wirklicher Geheimer Oberbaurat Dr.-Ing. Zimmermann - Berlin.

Kommissare der Behörden: Geheimer Oberregierungsrat Albert-Berlin (Reichsamt des Innern), Exzellenz von Hänisch, Generalleutnant, General-Inspekteur des Militär-Verkehrs-wesens, Schöneberg, Oberstleutnant Oschmann - Berlin (Kriegsministerium), Geheimer Oberregierungsrat Dr. Tull - Berlin (Ministerium der öffentlichen Arbeiten).

Syndikus: Geheimer Finanzrat Dr. Erythropel - Berlin.

Professor Dr. Ahlborn-Hamburg als Vertreter des Ortsausschusses Hamburg.

II. Geschäftsführender Vorstand.

Geheimer Regierungsrat Dr. v. Böttinger - Elberfeld, Prof. Dr. von Parseval - Charlotten-burg, Professor Dr. Prandtl - Göttingen.

Geschäftsführer:

Paul Béjeuhr.

Geschäftsstelle: Berlin-Charlottenburg 2, Joachimsthaler Straße 1, Luftfahrt-Haus.
Telegrammadresse: Flugwissen; Telephon: Amt Steinplatz, Nr. 6001, 6002.

III. Wissenschaftlich-Technischer Ausschuß:

Professor Dr. F. Ahlborn - Hamburg.
Geheimrat Professor Dr. Barkhausen - Hannover.
Professor A. Baumann - Stuttgart-Obertürkheim.
Professor Dr.-Ing. F. Bendemann - Adlershof.
Geh. Baurat Professor Berndt - Darmstadt.
Professor Dr. von dem Borne - Krietern.
Geheimrat Dr. von Böttinger, Mitglied des Herrenhauses, Elberfeld.
Geheimrat Professor Dr. E. Brauer - Karlsruhe.
Kaiserlicher Marineschiffsbaumeister Coulmann - Kiel.
Oberingenieur Dürr - Friedrichshafen a. B.
Professor Dr. Emden - München.
Fabrikbesitzer August Euler - Frankfurt a. M.
Geheimrat Professor Dr. Finsterwalder - München-Neuwittelsbach.
Professor Dr.-Ing. Föttinger - Zoppot-Danzig.
Hofrat Professor Dr. Friedländer - Hohe Mark im Taunus.
Hauptmann Geerdtz - Hannover.
Ingenieur Hans Grade - Bork.
Oberstleutnant Groß, Kommandeur des 2. Telegraphen-Bataillons, Karlsruhe.
Geheimrat Professor Dr. Grübler - Dresden.
Diplom-Ingenieur Karl Grulich - Gotha.
Professor Dr. Eugen Hartmann - Frankfurt a. M.
Geheimrat Professor Dr. Hergesell - Lindenberg, Kreis Beeskow.
Oberingenieur Hellmuth Hirth - Wilmersdorf.
Professor Junkers - Aachen.
Professor Dr. von Kármàn - Aachen.
Diplom-Ingenieur Kober - Friedrichshafen a. B.
Geh. Admiralitätsrat Professor Dr. Köppen - Hamburg.
Direktor O. Krell - Berlin.
Regierungs- und Baurat Krey - Berlin.
Dozent Dr. Franz Linke - Frankfurt a. M.
Professor Dr. Eugen Meyer - Charlottenburg.
Professor Dr. Edler von Mises - Straßburg i. Els.
Geheimrat Professor Dr.-Ing. H. Müller - Breslau, Mitglied der Akademie der Wissenschaften, Berlin-Grunewald.
Geheimrat Professor Dr. Nernst - Berlin.
Werftbesitzer Max Oertz - Hamburg.
Major z. D. Professor Dr.-Ing. von Parseval - Berlin-Charlottenburg.
Professor Dr. Prandtl - Göttingen.
Professor Dr.-Ing. Pröll - Hannover.
Professor Dr.-Ing. Reißner - Charlottenburg.
Se. Magnifizenz Professor Romberg, Rektor der Technischen Hochschule Charlottenburg.
Direktor Ing. Rumpler - Berlin-Johannisthal.
Geheimer Hofrat Professor Scheit - Dresden.
Geheimrat Professor Schütte - Danzig.
Professor Dr.-Ing. Schlink - Braunschweig.
Diplom-Ingenieur Freiherr von Soden - Fraunhofen - Friedrichshafen a. B.
Professor Dr. Süring - Potsdam.
Direktor Tischbein - Hannover.
Wirkl. Geh. Oberbaurat Dr.-Ing. Veith, Abteilungs-Chef im Reichsmarineamt, Berlin.
Professor Wachsmuth, Rektor der Akademie für soziale Wissenschaft, Frankfurt a. M.

Professor Weber - Charlottenburg.
Direktor Wiener - Berlin-Johannisthal.
Direktor Wolff - Berlin - Lankwitz.
Wirkl. Geh. Oberbaurat Dr.-Ing. Zimmermann - Berlin.

IV. Unterausschüsse.

Ausschuß zur Beurteilung von Erfindungen.

Obmänner: Major z. D. Professor Dr.-Ing. von Parseval - Berlin, Professor Romberg - Charlottenburg.

Professor Dr. Ahlborn - Hamburg, Geheimrat Professor Dr. Barkhausen - Hannover, Prof. Dr.-Ing. Bendemann - Berlin-Adlershof, Geheimer Baurat Professor Berndt - Darmstadt, Geheimrat Professor Dr. Grübler - Dresden, Dipl.-Ing. Grulich - Gotha, Prof. Dr. von Kármán - Aachen, Professor Dr. Eugen Meyer - Berlin-Charlottenburg, Professor Dr. Prandtl - Göttingen, Professor Dr.-Ing. Schlink - Braunschweig, Professor M. Weber - Berlin-Charlottenburg.

Ausschuß für literarische Auskünfte und Literaturzusammenstellung.

Obmann: Professor Dr.-Ing. Bendemann - Adlershof.

Dipl.-Ing. Dörr, Leiter der Luftschiffwerft Potsdam, Hauptmann a. D. Dr. phil. Hildebrandt - Berlin-Schöneberg, Professor Dr.-Ing. Pröll - Hannover, Dozent Dr. Linke. Frankfurt a. M., Professor Dr.-Ing. Reißner - Berlin-Charlottenburg, Professor Romberg - Berlin-Charlottenburg, Professor Dr. Wachsmuth - Frankfurt a. M.

Ausschuß für Aerodynamik.

Obmann: Professor Dr. Prandtl - Göttingen.

Professor Dr. Ahlborn - Hamburg, Professor Dr.-Ing. Bendemann - Berlin- Adlershof, Professor Dr. Emden - München, Geheimrat Professor Dr. Finsterwalder - München, Professor Dr.-Ing. Föttinger - Danzig, Oberstleutnant Groß - Karlsruhe, Geheimrat Professor Dr. Grübler - Dresden, Dipl.-Ing. Grulich - Gotha, Geh. Regierungsrat Prof. Dr. Hergesell - Lindenberg, Professor Dr. von Kármán - Aachen, Dipl.-Ing. Kober - Friedrichshafen a. B., Regierungs- und Baurat Krey - Berlin, Professor Dr. Edler v. Mises - Straßburg i. Els., Major z. D. Prof. Dr.Ing. von Parseval - Berlin-Charlottenburg, Professor Dr.-Ing. Pröll - Hannover, Professor Dr.-Ing. Schlink - Braunschweig, Professor Dr. Wachsmuth - Frankfurt a. M., Direktor Wiener - Berlin-Johannisthal.

Ausschuß für Motoren.

Obmann: Professor Romberg - Charlottenburg.

Professor Baumann - Stuttgart-Obertürkheim, Professor Dr.-Ing. Bendemann - Berlin-Adlershof, Geheimer Baurat Professor Berndt - Darmstadt, Zivil-Ing. Conrad - Berlin, Professor Dr.-Ing. Föttinger - Danzig, Professor Junkers - Aachen, Professor Dr. Eugen Meyer - Berlin-Charlottenburg, Professor Dr. Edler v. Mises - Straßburg i. Els., Direktor Ing. Rumpler - Berlin-Johannisthal, Geheimer Hofrat Professor Scheit - Dresden, Dipl.-Ing. Seppeler - Berlin Adlershof, Direktor Wolff - Berlin-Lankwitz, Wirklicher Geheimer Oberbaurat Dr.-Ing. Zimmermann - Berlin.

1*

Ausschuß für konstruktive Fragen der Luftfahrzeuge mit besonderer Berücksichtigung der Sicherheitsvorschriften.

Obmann: Professor Dr. Reißner-Charlottenburg.

Geheimrat Professor Dr. Barkhausen-Hannover, Professor Baumann-Stuttgart-Obertürkheim, Dipl.-Ing. Dörr, Leiter der Luftschiffwerft Potsdam, Fabrikbes. Aug. Euler-Frankfurt a. M., Hauptmann Geerdtz-Hannover, Oberstleutnant Groß-Karlsruhe, Dipl.-Ing. Grulich-Gotha, Geheimer Regierungsrat Prof. Dr. Hergesell-Lindenberg, Oberingenieur Hirth-Berlin-Wilmersdorf, Dr.-Ing. Hoff-Berlin-Adlershof, Professor Dr. von Kármán-Aachen, Dipl.-Ing. Kober-Friedrichshafen a. B., Prof. Dr. Eugen Meyer-Berlin-Charlottenburg, Professor Dr. Edler v. Mises-Straßburg i. E., Geheimer Regierungsrat Professor Dr. Müller-Breslau-Berlin, Werftbesitzer Oertz-Hamburg, Major z. D. Professor Dr.-Ing. von Parseval-Charlottenburg, Professor Dr.-Ing. Pröll-Hannover, Professor Romberg-Charlottenburg, Professor Dr.-Ing. Schlink-Braunschweig, Direktor Tischbein-Hannover, Professor Weber-Charlottenburg, Direktor Wiener-Berlin-Johannisthal, Direktor Wolff-Berlin-Lankwitz.

Ausschuß für medizinische und psychologische Fragen.

Obmann: Hofrat Professor Dr. Friedländer, Hohe Mark i. T.

Professor Dr. Ahlborn-Hamburg, Geheimer Regierungsrat Dr. von Böttinger-Elberfeld, Professor Cohnheim-Hamburg, Hauptmann Ernst-Straßburg i. E., Fabrikbesitzer Euler-Frankfurt a. M., Stabsarzt Dr. Flemming-Berlin, Dr. med. Grulich-Darmstadt, Dipl.-Ing. Grulich-Gotha, Privatdozent Dr. Halben-Berlin, Geheimer Regierungsrat Professor Dr. Hergesell-Lindenberg, Oberingenieur Hirth-Berlin-Wilmersdorf, Justizrat Dr. Joseph-Frankfurt a. M., Stabsarzt Dr. Koschel-Berlin, Professor Dr. Sievers-Gießen, Privatdozent Dr. Wigand-Halle a. S., Geheimrat Professor Zuntz-Berlin. Kooptiert von der Vereinigung zur wissenschaftlichen Erforschung des Sports und der Leibesübungen: Prof. Nicolai-Berlin. Vertreter: des Sanitätsamtes der militärischen Institute: Generalarzt Dr. Schultzen; des Kgl. Preuß. Kriegsministeriums: Oberstleutnant Oschmann; der Generalinspektion des Verkehrswesens: Exz. von Hänisch.

Ausschuß für Vereinheitlichung der Fachsprache.

Obmann: Prof. Dr. Eugen Meyer-Charlottenburg.

Professor Dr.-Ing. Bendemann-Berlin-Adlershof, Dipl.-Ing. Dörr, Leiter der Luftschiffwerft Potsdam, Fabrikbesitzer Euler-Frankfurt a. M., Geheimer Regierungsrat Prof. Dr. Finsterwalder-München, Ingenieur Grade-Bork, Dipl.-Ing. Grulich-Gotha, Oberingenieur Hirth-Berlin-Wilmersdorf, Direktor Krell-Berlin, Werftbesitzer Oertz-Hamburg, Major z. D. Professor Dr.-Ing. von Parseval-Charlottenburg, Oberstudienrat Professor Dr. Poeschel-Meißen, Professor Dr.-Ing. Reißner-Charlottenburg, Direktor Ing. Rumpler-Berlin-Johannisthal, Dipl.-Ing. Freiherr von Soden-Fraunhofen-Friedrichshafen a. B., Direktor Tischbein-Hannover, Direktor Wiener-Berlin-Johannisthal, Direktor Wolff-Berlin-Lankwitz, Wirkl. Geheimer Ober-Baurat Dr.-Ing. Zimmermann.

Ausschuß für Meßwesen.

Obmann: Professor Dr. Wachsmuth-Frankfurt a. M.

Professor Dr.-Ing. Bendemann-Berlin-Adlershof, Eduard Becker-Berlin-Steglitz, Professor Dr. von dem Borne-Krietern, Kr. Breslau, Professor Dr. Hartmann-Frankfurt a. M., Professor Junkers-Aachen, Professor Dr. v. Kármán-Aachen, Dipl.-Ing. Kober-Friedrichshafen a. B., Direktor Krell-Berlin, Privatdozent Dr. Ludewig-Freiberg. Professor Dr. Prandtl-Göttingen, Dipl.-Ing. Freiherr v. Soden-Fraunhofen-Friedrichshafen a. B., Professor Dr. Süring-Potsdam, Direktor Wiener-Berlin-Johannisthal.

Ausschuß für Aerologie.

Obmann: Geh. Reg.-Rat Professor Dr. Hergesell-Lindenberg, Kr. Beeskow.

Professor Dr. von dem Borne-Krietern, Kr. Breslau, Professor Dr. Emden-München, Geheimer Admiralitätsrat Professor Dr. Köppen-Hamburg, Professor Dr. Polis-Aachen, Professor Dr. Süring-Potsdam, Professor Dr. Stade-Berlin-Schöneberg.

Ausschuß für elektrostatische Fragen.

Obmann: Dozent Dr. Linke-Frankfurt a. M.

Physiker Ament-Kiel, Dr. Bollé-Berlin, Professor Dr. von dem Borne-Krietern, Privatdozent Dr. Dieckmann-Gräfelfing, Dr. Fuhrmann-Berlin-Adlershof, Hauptmann George-Berlin-Charlottenburg, Direktor Dr. Gerlach-Hannover, Geh. Reg.-Rat Prof. Dr. Haber-Berlin-Dahlem, Geh. Reg. Rat Prof. Dr. Hergesell-Lindenberg, Inspektion des Militär-Luft- u. Kraft-Fahr-Wesens, Berlin-Schöneberg, Dr. Keller-Kiel, Dr. Lienhajs-Kiel, Dr. Meißner-Berlin, Kapitän z. S. Michelsen vom Torpedo-Versuchs-Kommando, Kiel, Ministerium der geistlichen und Unterrichtsangelegenheiten, Berlin, Professor Dr. Polis-Aachen, Dr. Reich-Göttingen, Dr. Ritter-Berlin, Privatdozent Dr. Seddig-Buchschlag, Professor Dr. Süring-Potsdam, Torpedo-Versuchskommando, Kiel, Dr. Weil-Hannover.

Ausschuß für drahtlose Telegraphie.

Obmann: Privatdozent Dr. Dieckmann-Gräfelfing.

Graf Arco-Berlin, Professor Dr. v. d. Borne-Krietern, Dipl.-Ing. Dörr, Leiter der Luftschiffwerft Potsdam, Dr. Fuhrmann-Berlin-Adlershof, Dr. v. Gans-München, Generalleutnant v. Hänisch, Exzellenz, Generalinspekteur des Militärs-Verkehrswesens, Berlin, Geheimer Regierungsrat Professor Dr. Hergesell-Lindenberg, Inspektion des Militär- Luft- und Kraft-Fahr-Wesens, Berlin-Schöneberg, Dr. Kiebitz, K. Telegraphen-Versuchs-Amt, Berlin, Kgl. Ministerium der geistlichen und Unterrichtsangelegenheiten, Berlin, Dozent Dr. Linke-Frankfurt a. M., Privatdozent Dr. Ludewig-Freiberg, Dr. Lutze, Drahtlos.-Telegraph.-Versuchs-Anstalt, Halle-Cöstritz, Dr. Meißner-Berlin, Vizeadmiral z. D. Merten, Exzellenz, Berlin, Kapitän Michelsen-Kiel, Professor Dr. Mosler-Berlin-Zehlendorf, Oberstleutnant Oschmann-Berlin, Kriegs-Ministerium, Professor Dr. Polis-Aachen, Dr. Reich-Göttingen, Reichsmarine-Amt, Abteilung für Luftschiffahrt, Berlin, Dr. Rotzoll-Bitterfeld, Hauptmann Salzmann, Insp. d. Feldtelegraphen-Truppen, Berlin, Oberleutnant Schlee-Berlin, Versuchsabteilung des Militär-Verkehrswesens, Professor Dr. Schmidt-Halle a. S., Geheimer Oberpostrat Schrader-Berlin, Reichs-Postamt, Dr. Seddig-Buchschlag b. Frankfurt a. M., Professor Dr. Simon-Göttingen, Professor Dr. Süring-Potsdam, Torpedo-Versuchs-Kommando Kiel, Hauptmann von Weiher-Berlin, Versuchs-Abteilung d. Militär-Luft- und Kraft-Fahr-Wesens.

Ausschuß für Navigierung.

Obmann: Korvettenkapitän a. D. Friedländer-Kiel.

Major Dr. von Abercron-Mülheim a. Rh., Albatros-Werke, Berlin-Johannisthal, Automobil u. Aviatik, A.-G., Mülhausen a. Rh., Professor Berson-Friedenau, Oberleutnant z. S. Bertram-Putzig, Prof. Dr. Bidlingmayer, Kgl. Erdmagnetisches Observatorium, München, K. K. Fregattenleutnant a. D. Boykow-Friedenau, Dr. Brill-Frankfurt a. M., Dr. Bröckelmann-Berlin, Deutsche Luftschiffahrts-Aktien-Gesellschaft (DELAG), Dipl.-Ing. Lehmann u. Direktor Dr. Eckener-Frankfurt a. M., Dr. Möller-Elsfleth, Dr. Elias-Berlin, Fabrikbesitzer Aug. Euler, Frankfurt a. M., Ingenieur Friedrich-Treptow, Generalinspektion des Militär-Verkehrswesens (Hauptmann Linnarz), Berlin, Gothaer Waggon-Fabrik, Gotha, Korvettenkapitän a. D. Grumme-Halensee,

Knappschaftsdirektor Dr. Heimann-Bochum, Oberingenieur Hirth-Wilmersdorf, Kapitänleutnant a. D. Hormel-Berlin, Dr. Jaeger-Lindenberg, Kriegs-Ministerium (Allgemeines Kriegsdepartement), Berlin, Dipl.-Ing. Kober-Friedrichshafen a. B., Hauptmann a. D. von Krogh-Friedenau, Luftschiffbau Schütte-Lanz, Rheinau-Baden, Luftfahrzeuggesellschaft, Berlin, Luft-Verkehrs-Gesellschaft, Berlin-Johannisthal, Luftschiffbau Zeppelin, Kapitän Blew-Friedrichshafen a. B., Prof. Dr. Marcuse-Berlin, Prof. Dr. Meldau-Bremen, Hauptmann a. D. Neumann, Direktor der Luftfahrer-Schule, Adlershof, Reichs-Marine-Amt (Nautisches und Werft-Departement), Berlin, Rumpler Luftfahrzeugbau, Berlin-Johannisthal, Prof. Schilling, Direktor der Seefahrtschule, Bremen, Geheimrat Prof. Dr. Schwarzschild-Potsdam, Dipl.-Ing. Thelen-Berlin, Verein Deutscher Motorfahrzeug-Industrieller, Berlin, Verkehrstechnische Prüfungskommission, Berlin.

Kommission für einen Wettbewerb um einen aufzeichnenden Beschleunigungsmesser für Flugzeuge.

Obmann: Professor Dr.-Ing. Reißner-Charlottenburg.

Professor A. Baumann-Stuttgart-Obertürkheim, Professor Dr. von dem Borne-Krietern, Kreis Breslau, Dipl.-Ing. Karl Grulich-Gotha, Technischer Direktor Helmuth Hirth-Johannisthal-Berlin, Dr.-Ing. Hoff-Adlershof, Direktor O. Krell-Berlin, Marine-Baumeister Besch-Berlin, Professor Dr. von Parseval-Charlottenburg, Professor Dr. Prandtl-Göttingen, Professor Dr. Wachsmuth-Frankfurt a. M., Direktor Ernst Wolff-Berlin-Lankwitz.

Kommission zur Aufstellung grundlegender Berechnungsgrundsätze für den Flugzeugbau und Aufstellung von Belastungsversuchen.

Obmann: Prof. Dr.-Ing. Reißner-Charlottenburg.

Geheimrat Professor Dr.-Ing. Barkhausen-Hannover, Professor Baumann-Stuttgart-Obertürkheim, Professor Dr.-Ing. Bendemann-Adlershof, Fabrikbesitzer Euler-Frankfurt a. M.-Niederrad. Hauptmann Grade, Fliegerbataillon 1, Dallgow-Döberitz, Dr.-Ing. Hoff-Adlershof, Professor Dr. Eugen Meyer-Charlottenburg, Wirkl. Geh. Reg.-Rat Dr. Müller-Breslau, Professor an der Technischen Hochschule Charlottenburg, Mitglied der Akademie der Wissenschaften, Berlin-Grunewald, Prof. Dr.-Ing. von Parseval-Charlottenburg, Professor Dr. Prandtl-Göttingen, Professor Dr.-Ing. Schlink-Braunschweig, Wirkl. Geheimer Oberbaurat Dr.-Ing. Veith-Berlin, Wirkl. Geh. Oberbaurat Dr.-Ing. Zimmermann-Berlin, Verein Deutscher Motorfahrzeug-Industrieller, als Vertreter: Oberingenieur Gabriel, Berlin-Johannisthal, Dipl.-Ing. Kober, Friedrichshafen a. B., Direktor Rumpler, Berlin-Johannisthal, zwei Herren der Verkehrstechnischen Prüfungskommission.

Wertungsformel-Kommission.

Obmann: Professor Dr.-Ing. Reißner-Charlottenburg.

Professor A. Baumann-Stuttgart-Obertürkheim, Professor Dr.-Ing. Bendemann-Berlin-Adlershof, Dr. Everling-Berlin-Adlershof, Dr.-Ing. Hoff-Berlin-Adlershof, Professor Dr. Edler v. Mises-Straßburg i. Els., Major z. D. Professor Dr.-Ing. von Parseval-Charlottenburg, Professor Dr. L. Prandtl-Göttingen.

Ärzte-Kommission.

Stabsarzt Dr. Flemming-Berlin-Schöneberg, Hofrat Professor Dr. Friedländer-Hohe Mark, Privatdozent Dr. Halben-Berlin, Stabsarzt Dr. Koschel-Berlin.

V. Mitglieder [1]).

a) Lebenslängliche Mitglieder:

Biermann, Leopold, Bremen, Blumenthalstraße 15.

Hagen, Carl. Bankier, Berlin W 35, Derfflingerstr. 12.

Deutsche Versuchsanstalt für Luftfahrt, Adlershof b. Berlin, Adlergestell 28.

Königl. Sächs. Automobil-Klub, Dresden-A, Viktoriastr. 28.

b) Ordentliche Mitglieder:

Ackermann-Teubner, Alfred, Hofrat, Dr.-Ing. h. c., Leipzig, Poststr. 3.

Ahlborn, Prof. Dr. Friedrich, Hamburg 22, Uferstr 23 pt.

Albert, Geh. Oberregierungsrat, Berlin W 8, Wilhelmstr 74, Reichsamt des Innern.

Andreae, Jean, Geh. Kommerzienrat, Frankfurt a. M., Neue Mainzer Str. 59.

Antrick, Prof. Dr., in Firma Chemische Fabrik auf Aktien vorm. E. Schering, Berlin N, Müllerstr. 170.

Apfel, Herrmann, Kaufmann, Leipzig, Brühl 62.

Arco, Harry, Graf, Direktion der Gesellschaft für drahtlose Telegraphie, Berlin SW 61, Tempelhofer Ufer 9.

Bader, Hans Georg, Dipl.-Ing. Ing. beim Kgl. Pr. Flieger-Bataillon Nr. 4, Straßburg/Els., Kölner Ring 5, II.

Banki, Donat, Professor, Budapest, Kgl. ung. Josephs Polytechnikum.

Barkhausen, Geheimrat Prof. Dr., Hannover, Öltzenstr 26.

Barnickel, J. B., Pfarrer, Thurndorf (Obpf.), Station Engelmannsreuth/Bayern.

Bauersfeld, Dr.-Ing., W., Jena, Moltkestr. 5.

Baumann, A., Professor, Stuttgart, Obertürkheim, Uhlba her Str. 140.

Baumgärtel, Karl, Zeulenroda, R. ä. L.

Bayer, Friedrich, Geh. Kommerzienrat, Elberfeld.

Beck, Exz. Dr., Staatsminister, Minister des Kultus u. d. öffentl. Unterrichts, Dresden, Comeniusstr. 87.

Becker, Eduard, in Firma Fuess, Berlin-Steglitz, Düntherstr. 8.

Béjeuhr, P., Geschäftsführer der W. G. L., Berlin-Charlottenburg 2, Joachimsthaler Straße 1.

Bendemann, Prof., Dr.-Ing., Adlershof, Deutsche Versuchsanstalt.

Berndt, Geh. Baurat, Professor, Darmstadt, Martinstr. 50.

Bernhard, Richard, Fabrikbesitzer, Dresden, Jägerstr. 3.

Berson, Professor A., Berlin-Lichterfelde-West, Fontanestr. 2b.

Bestelmeyer, A., Dr. Privatdozent, Göttingen.

Betz. Albert, Dipl.-Ing., Göttingen, Bergstr. 9.

Beyer, Hermann, Dresden-A., Hettnerstr. 8.

v. Bieler, Referendar Dr., Frankfurt a. M., Unter Linden 86.

Bier, Oberleutnant a. D., Lindenthal b. Leipzig, Flugplatz.

Birk, Dr. O., Potsdam, Astrophysikalisches Observatorium.

Blasius, Privatdozent Dr., Hamburg 22, Richardstr. 50a.

Blumenthal, Prof. Dr., Aachen, Rütscherstraße 48.

Blumenthal, E. H., Generaldirektor der Motorenfabrik Oberursel, A.-G., Frankfurt a. M., Kettenhofweg 46.

Bock, Dr.-Ing., Chemnitz, Würzburger Str. 52.

v. d. Borne, Prof. Dr., Krietern, Kr. Breslau, Erdbebenwarte.

v. Borsig, C., Geh. Kommerzienrat Berlin N, Chausseestr. 13.

v. Borsig, E., Geh. Kommerzienrat, Berlin-Tegel, Reiherwerder.

v. Böttinger, Henry T., Geh. Reg.-Rat Dr., M. d. H., Elberfeld.

Boykow, K. und K. Fregattenleutnant, Friedenau, Lefèvrestr. 2.

Brauer, E., Geheimrat, Prof. Dr., Karlsruhe i. B., Technische Hochschule.

Bredenbreuker, Hauptmann, Eisenbahn-Regt. Nr. 1, kommandiert als Lehrer an

---

[1]) Liste abgeschlossen am 31. März 1914.

die militärtechnische Akademie Berlin, Schöneberg, Martin-Luther-Str. 47.

Brill, Dr. A., Frankfurt a. M., Kettenhofweg 136.

Brodowski, Oskar, stud. math., Göttingen, Untere Maschstr. 17.

Bucherer, Max, Zivil-Ing., Berlin-Reinickendorf-West, General-Woyner-Str. 67.

Budde, Prof. Dr., Berlin SW 11, Askanischer Platz 1—4.

Busse, Karl, Zivil-Ing., Berlin S 14., Alte Jakobstr. 88.

Camozzi, Otto, Direktor, Niederlößnitz bei Dresden.

Cohnheim, Professor O., Hamburg, Loogestillgasse 13.

Conrad, Robert, Zivil-Ing., Berlin W 50, Nürnberger Platz 5.

Coulmann, W., Kaiserlicher Marine-Schiffsbaumeister, Kiel, Scharnhorststr. 2.

Coym, Arthur, Dr., Lindenberg, Kr. Beeskow, Kgl. Preuß. Aeronautisch. Observatorium.

Degn, P. F., Dipl.-Ing., Dietrichsdorf b. Kiel, Heikendorfer Weg 23.

Deimler, Wilhelm, Dr., München, Gabelsbergerstr. 30, III.

Dieckmann, Privatdozent Dr. M., Gräfelfing bei München, Bergstr. 42.

Dietzius, Alex., Dipl.-Ing., Privatdozent, Wiesbaden, Leberberg, 6. Villa Alma.

v. Doblhoff, Freiherr Walther, Dr.-Ing., Konstrukteur am aeromechanischen Laboratorium der K. K. techn. Hochschule zu Wien, Triebuswinkel b. Wien.

Doench, Landgerichtsdirektor, Frankfurt a. M., Wolfgangstr. 109.

Dorn, Geheimrat Prof. Dr., Halle a. S , Paradeplatz 7.

Dorner, H., Dipl.-Ing., Berlin SO 26, Elsenstr. 107.

Dornier, C., Dipl.-Ing., Friedrichshafen a. B., Hochstr. 1, Villa Meßner.

Dörr, Dipl.-Ing. W. E., Stationschef und Leiter der Luftschiffwerft, Potsdam, Waisenstr. 64.

Duisberg, Karl, Geh. Reg.-Rat Prof. Dr., Generaldirektor, Leverkusen bei Köln a. Rhein.

Dürr, Oberingenieur, Friedrichshafen a. B.

Eberhardt, C., Dipl.-Ing., Prof. an der Technischen Hochschule Darmstadt.

Ehrensberger, Dr., Direktor, in Firma Krupp, Essen-Ruhr.

Ehrlich, Exzellenz, Wirkl. Geh. Rat Prof. Dr., Frankfurt a. M., Westendstr. 62.

von Einsiedel, Hugo, Dr. med., Dresden, Reichenbachstr. 1.

Elias, Dr., Berlin-Westend, Stormstr. 7.

Elster, Wirkl. Geh. Ober-Reg.-Rat Dr., Berlin W 8, Unter den Linden 4.

Elster, Johannes, Adorf i. Vogtland.

Emden, Prof. Dr., München, Habsburger Straße 4.

Ernst, Hauptmann, Straßburg im Els., Taulerstr. 9.

Erythropel, Dr. Geh. Finanzrat, Vortragender Rat im Finanzministerium, Berlin, Meraner Str. 9.

Euler, August, Fabrikbesitzer, Frankfurt a. M. Niederrad.

Everling, Dr. phil. Emil, Adlershof, Adlergestell 28, II.

Fehlert, Dipl.-Ing., Patentanwalt, Berlin SW, Belle-Alliance-Platz 17.

Fiedler, Wilhelm, Kaufmann, Dresden, Portikusstr. 8.

Finsterwalder, Geheimrat Professor Dr., München-Neuwittelsbach, Flüggenstr. 4.

Fischer, Emil, Exz., Wirkl. Geh. Rat, Prof. Dr., Berlin N 4, Hessische Str. 1.

Fischer, P. B., Oberlehrer, Berlin Lichterfelde-West, Kommandantenstr. 85, III.

Flemming, Stabsarzt Dr., Schöneberg, Martin-Luther-Str. 59.

Föttinger, Prof. Dr.-Ing., Zoppot-Danzig, Baedekerweg 13.

Frank, Fritz, Chemiker, Dr., Berlin W 35, Lützowstr. 96.

Franken, Reg.-Baumeister, in Firma Stern und Sonneborn, Berlin N. Gerichtstr. 27.

Friedländer, Hofrat, Professor Dr., Hohe-Mark im Taunus.

Friedländer, Korvettenkapitän a. D., Kiel, Holtenauerstr. 62.

Friese, Robert, M., Professor, Charlottenburg, Schillerstr. 12.

Fritsch, Bernhard, Dipl.-Ing., Hamburg, Bornstr. 16.

Fröbus, Waletr, Prokurist, Berlin W 62, Kleiststr. 8.

Fuhrmann, Dipl.-Ing. Dr., Adlershof, Adlergestell 28.

v. Funcke, Major, Dresden-N. Arndtstr. 9.

Gabriel, Michael, Oberingenieur, Johannisthal, Kaiser-Wilhelm-Str. 48.

Gans, Leo, Geh. Kommerzienrat, Frankfurt a. M., Barkhausstr. 14.

v. Gans, Paul F., Dr., München, Konradstr. 16.

Gaule, Karl, Dipl.-Ing., Aachen, Moreller Weg 10.

Gebers, Fr., Ing. Dr., Direktor der Schiffsbautechnischen Vers.-Anst. Wien, XX, Brigittenauerlände.

Geerdtz, Franz, Hauptmann, Hannover, Walderseestr. 10.

Gehlen, Dr., Dipl.-Ing., Friedrichshafen a. B., Friedrichstr. 29.

George, Hauptmann, Charlottenburg, Mindenerstr. 24.

Gerdien, Hans, Dr. phil., Berlin-Halensee, Augusta-Viktoria-Str. 3.

Gerhards, Wilhelm, Marine-Ingenieur, Kiel, Lübeckerstr. 2.

Gimbel, Otto, Dr.-Ing., Volksdorf bei Hamburg, Hüßberg 14.

Giesecke, Ernst, Ökonomierat, Klein-Wanzleben, Bez. Magdeburg.

Gießen, Torpedo-Stabsingenieur, Friedrichsort.

Gohlke, Ingenieur, Adlershof, Kaiser-Wilhelm Straße 27.

Goldschmidt, Hans, Dr., Essen-Ruhr.

Goldschmidt, Karl, Kommerzienrat Dr., Essen-Ruhr.

v. d. Goltz, Freiherr Exz., Generalleutnant z. D., Berlin W, Fasanenstr. 61.

Grade, Hans, Ingenieur, Bork, Post Brück i. d. Mark.

Gradenwitz, Richard, Fabrikbesitzer, Ing., Berlin W. 15, Kurfürstendamm 181.

v. Gröning, Geh. Reg.-Rat Dr., Berlin W 15, Kurfürstendamm 50.

Groß, Oberstleutnant, Kommandeur des 2. Telegraphen-Bataillons, Karlsruhe, Baden, Moltkestr. 45.

Große, Professor Dr., Bremen, Freihafen 1.

Grübler, M., Geheimrat, Professor Dr., Dresden-A., Bernhardstr. 98.

Gruhl, Kurt, Dresden, Tiergartenstr. 12.

Grulich, E., Dr. med., Darmstadt, Steinstraße 21.

Grulich, Karl, Dipl.-Ing., Gotha, Rheinhardtsbrunnenstr. 42

v. Guilleaume, Max, Geh. Kommerzienrat, Köln a. Rh., Apolstelnkloster 15.

Gümbel, Prof. Dr.-Ing., Berlin-Charlottenburg, Schloßstr. 66.

Gygas, Hans, Fregattenkapitän, Danzig, Werftgasse 1a.

Haas, Rudolf, Dipl.-Ing. Dr., Mannheim-Waldhof, Papyrus A.-G.

Halben, Privatdozent Dr., Berlin W, Fasanenstraße 72, pt.

v. Hänisch, Exzellenz, Generalleutnant, Generalinspekteur d. Milit.-Verkehrs-Wesens, Berlin W 15, Kurfürstendamm 179.

Harpner, Robert, Ing., Berlin W 30, Gossowstr. 5.

Harres, Franz, Dr., Schlebusch bei Köln, Sprengstoff-A.-G. Carbonit.

Hartmann, Eugen, Prcf. Dr., Frankfurt a. M., Königstr. 97.

Haß, H., Professor, Hamburg Isestr. 29.

Hassenbach, H., Kand. d. Maschinenbaufaches, Danzig-Langfuhr, Gustav-Raddeweg 3, pt.

Heimann, Knappschaftsdirektor Dr. jur., Bochum, Gabelsberger Str. 19.

Heinkel, Ernst, Ing., Johannisthal bei Berlin, Wernerstr. 22.

Heinrich Prinz von Preußen, Dr.-Ing., Königliche Hoheit, Kiel, Schloß.

Heis, Leonhard, Dr., Göttingen, Bergstr. 11.

Heller, Dr., Köpenick, Lindenstr. 10a.

Helmrich v. Elgott, Leutnant, Naumburg, Kadettenhaus.

Hergesell, Geh. Reg.-Rat Professor Dr., Lindenberg, Kr. Beeskow, Kgl. Preuß. Aeronautisches Observatorium.

Hertel, Alfred, Kgl. Gymnasiallehrer, Kitzingen/Main, Wörthstr. 12, I.

Herzig, Wilhelm, Kaufmann, Dresden, Nürnberger Str. 30.

Hesse, Max, Dipl.-Ing., Trautenau/Böhmen.

Hetzer, Gustav, Major z. D., Loschwitz bei Dresden, Landhaus Hohenlinden.

v. Hevesy, W., Dipl.-Ing., Paris, Rue de l'Université 169.

v. Hiddessen, Leutnant, Darmstadt, Dragoner-Regt. 24.

Hiele, K., Ing., Nürnberg, Haslerstr. 3.

Hildebrandt, Hauptmann a. D., Dr. phil., Berlin W 30, Martin-Luther-Str. 10.

Hirsch, Paul, cand. math., Göttingen, Weender Chaussee 88.

Hirth, Helmuth, Ober-Ingeneuir, Wilmersdorf, Augustastr. 8/9.

Hoff, Wilhelm C. Th., Dr.-Ing., Köpenick, Spreestr. 2 (II. Eingang).

Hopf, L., Dr., Assistent, Aachen, Techn. Hochschule.

Höpfner, Wirkl. Geh. Ob.-Reg.-Rat Dr., Göttingen.

Hormel, Walter, Kapitänleutnant a. D., Berlin W 62, Nymphenburger Str. 2.

Hoernes, Hermann, Oberstleutnant, Linz a. Donau, Adlergasse 10.

Hoßfeld, Wirkl. Geh. Oberbaurat, Berlin W 15, Pariser Str. 38.

Huberty, August, Dresden-A, Prager Str. 2.

Huppert, Prof., Frankenhausen a. Kyffhäuser.

Imle, Emil, Dipl.-Ing., Fabrikbesitzer, Dresden, Weißer Hirsch.

v. Isenburg-Birstein, Franz Joseph, Fürst, Durchlaucht, Staatsherr, Major à la suite der Armee, erbl. Mitglied des preuß. Herrenhauses und der 1. Kammer des Großherzogtums Hessen, Birstein, Reg.-Bez. Kassel.

Jablonsky, Bruno, Berlin W 15, Kurfürstendamm 237.

Jaeger, Dr., wissenschaftlicher Hilfsarbeiter am Kgl. Preuß. Aeronautischen Observatorium Lindenberg, Kr. Beeskow.

Jaekel, Kurt, Zivil-Ing., Berlin W 35, Kurfürstenstr. 37

Jakob-Margella, G., Redakteur, Leipzig, Konstantinstr. 14, I.

Joachimczyk, Alfred, Dipl.-Ing., Berlin W, Kurfürstenstr. 46.

Jonas, Bankier, Otto, Hamburg, Neuer Wall 26—28.

Joseph, Ludwig, Justizrat Dr., Frankfurt a. M., Taunusstr. 1.

Joukowsky, N., Professor Dr., Moskau, Universität.

Junkers, Professor, Aachen, Frankenburg.

Kahnt, Oswald, Wasserflugzeugbau und Fliegerschule, Leipzig-Lindenthal.

v. Kàrmàn, Professor Dr., Aachen, Technische Hochschule.

v. Kehler, Richard, Hauptmann d. R., Charlottenburg, Dernburgstr. 49.

Kempf, Günther, Dr.-Ing., Hamburg-Bergedorf, Ernst-Mantiusstr. 22.

Kiefer, Theodor, Oberingenieur, Bitterfeld, Kaiserstr. 40.

Kikut, Edmund, Ing., Johannesthal, Kaiser-Wilhelm-Str. 9.

Klein, J., Geheimrat Professor Dr., M. d. H., Göttingen.

Kleinschmidt, E., Dr., Vorstand der Drachenstation Friedrichshafen a. B.

Kleyer, H., Kommerzienrat, Dr.-Ing., Frankfurt a. M., Wiesenhüttenplatz 32.

Klingenberg, H., Prof. Dr., Charlottenburg, Neue Kantstr. 21.

Knoller, R., Professor, Wien I, Riemengasse 8.

Kober, Theodor,, Dipl.-Ing., Direktor, Friedrichshafen a. B., Flugzeugbau Friedrichshafen.

Kölzer, Joseph, Dr., Meteorologe bei der Inspektion des Militär-Luft- und Kraft-Fahr-Wesens, Berlin-Schöneberg, Kaiser-Friedrich-Str. 5.

König, Walter, Professor Dr., Gießen, Ludwigstr. 76.

Krause, Max, Fabrikbesitzer, Berlin-Steglitz, Grunewaldstr. 44.

Krell, O., Direktor, Berlin W 15, Kurfürstendamm 22.

Krey, H., Reg.- und Baurat, Berlin NW 23. Schleuseninsel im Tiergarten.

v. Krogh, C., Hauptmann a. D., Berlin-Friedenau, Stubenrauchstr. 17.

Krüß, Professor Dr., Berlin W 8, Unter den Linden 4, Kultus-Ministerium.

Kutta, Wilhelm, Professor Dr., Stuttgart, Römerstr. 138.

Lange, Marine-Ober-Ing., Marine-Flieger-Station Putzig bei Danzig.

Lanz, Karl, Dr., Mannheim, Hildastr. 7.

Laudahn, Wilhelm, Marinebaurat, Grunewald bei Berlin, Gillstr. 2a.

Lehmann, Major, Kommandeur des Telegraphen-Bataillons Nr. 2, Frankfurt a. O.

Lehmann-Richter, E. W., Dr. phil., Dipl.-Ing., Frankfurt a. M., Beethovenstraße 5.

Leick, Arnold, Dr., Berlin W 30, Barbarossastraße 61.

Leick, Walter, Oberlehrer, Professor Dr., Berlin-Lichterfelde-West, Kommandantenstr. 85.

Lepsius, B., Professor Dr., Berlin-Dahlem, Podbielski-Allee 45.

Lewald, Th., Wirkl. Geh. Ober-Reg.-Rat Dr., Ministerialdirektor, Berlin W 10, Kaiserin-Augusta-Str. 58.

Lilienthal, Gustav, Baumeister, Berlin-Lichterfelde, Marthastr. 5.

v. Linde, C., Geheimrat, Professor Dr., München, 44. Prinz-Ludwig-Höhe.

Lindgens, Adolf, Köln - Bayenthal, Oberländer Ufer 30.

Lingner, K. A., Exzellenz, Wirkl. Geh. Rat Dr., Dresden, Großenhainer Str. 9.

Linke, Fr., Dr., Dozent, Frankfurt a. M., Kettenhofweg 105.

Lissauer, Walter, Dr., Görries bei Schwerin.

Lorenzen, D., Ingenieur, Berlin-Neukölln, Münchener Str. 46.

Ludewig, P., Dr., Privatdozent, Freiberg i. S. Albertstr. 22.

Lutz, R., Professor Dr.-Ing., Trondhjem, Technische Hochschule.

v. Lyncker, Freiherr, Exzellenz, General der Infanterie z. D., Halensee, Kurfürsten, damm 105.

Madelung, E., Dr., Privatdozent, Göttingen, Bergstr. 15.

Madelung, Georg, Ing., Adlershof, Deutsche Versuchsanstalt für Luftfahrt.

Mangelsdorff, Oberingenieur, Kiel, Feldstraße 152.

Marcuse, Adolf, Professor Dr., Charlottenburg 4, Dahlmannstr. 12.

v. Martius, C. A., Dr., Berlin W 9, Voßstraße 12.

Maschke, Georg, Rentier, Charlottenburg, Goethestr. 1.

Masse, Alfred, Hamburg, Graskeller 6.

v. Maydell, Baron Woldemar, Riga, Rußland, Schulenstr. 11, Pension Haken.

Meckel, Paul, Bankier, Charlottenburg, Witzlebenstr. 31.

ter Moor, Geh. Kommerzienrat Dr., Uerdingen am Rhein.

Meißner, Alexander, Dr.-Ing., Berlin SW, Tempelhofer Ufer 25.

Mengelbier, Oskar, Ing.-Chemiker, Berlin W 50, Neue Ansbacher Str. 11.

Merten, Exzellenz, Vizeadmiral z. D., Wilmersdorf, Landauerstr. 12.

Messing, Generalmajor, Berlin-Lichterfelde, Paulinenstr. 29.

Meycke, Torpedo-Ober-Ing., Kiel, Wrangelstraße 30.

Meyer, Alex, Assessor, Dr., Frankfurt a. M., Beethovenstr. 23.

Meyer, Bernhard, Kommerzienrat, Leipzig, Königstr. 5/7.

Meyer, Eugen, Professor Dr., Charlottenburg, Neue Kantstr. 15.

Meyer, Paul, Ober-Reg.-Rat, Dr., Frankfurt a. M., Beethovenstr. 23.

Michelsen, Kapitän z. S., Präses des Torpedo-Versuchskommandos, Kiel.

Mickel, Ernst, Hauptmann, Cöln a. Rh., Bachenerstr. 264.

Miethe, Geh. Reg.-Rat Prof. Dr., Halensee, Halberstädter Str. 7.

v. Miller, Oskar, Reichsrat Dr., München, Ferdinand-Miller-Platz 3.

v. Mises, Professor Dr. Edler, Straßburg i. Els., Schweighäuserstr. 20.

Mitscherling, Paul, Fabrikbesitzer, Radeburg bei Dresden, Bahnhofstr. 199.

v. Möller, Exzellenz, Staatsminister, Berlin W 10, Von der Heydtstr. 12.

Moench, F., Assistent, Post Königstein im Taunus, Feldberg-Observatorium.

Morell, Wilhelm, Fabrikbesitzer, Leipzig, Apelstr. 4.

Morin, Dipl.-Ing., Patentanwalt, Berlin-Charlottenburg, Knesebeckstr. 94.

Mügge, O., Professor Dr., Göttingen, Hoher Weg 25.

Müller, Richard, Marine-Baurat, Friedenau bei Berlin, Wagner-Platz 7.

Müller-Breslau, Geh. Reg.-Rat, Dr., Prof. an der Technischen Hochschule Charlottenburg, Mitglied der Akademie der Wissenschaften, Villenkolonie Grunewald bei Berlin, Kurmärkische Str.

Nachtweh, A., Professor Dr.-Ing., Hannover, Technische Hochschule.

Nadai, A., Dr.-Ing., Arosa, Schweiz, Haus Marazzi.

Naß, G., Professor Dr., Charlottenburg, Mommsenstr. 63.

Naumann, Exzellenz, Wirkl. Geheimer Rat, Dr., Berlin W 62, Burggrafenstr. 4.

Nernst, W., Geheimrat Professor Dr., Berlin W 35, Am Karlsbad 26 a.

v. Nieber, Stephan, Exzellenz, Generalleutnant z. D., Berlin W 15, Fasanenstraße 43.

Nusselt, W., Privatdozent Dr.-Ing., Dresden, Nürnberger Str. 23.

v. Oechelhäuser, W., Generaldirektor, Dr.-Ing., Dessau.

v. Oldershausen, Freiherr, Oberstleutnant, Straßburg i. Els., Nikolausring 1.

Oppenheimer, M. J., Fabrikbesitzer, Frankfurt a. M., Rheinstr. 29.

Oertz, Max, Werftbesitzer, Hamburg, An der Alster 84.

Oschmann, Oberstleutnant, Kriegsministerium, Berlin W 66, Leipziger Str. 5.

Otzen, Robert, Magnifizenz Professor, Rektor der Technischen Hochschule, Hannover, Blumenhagenstr. 9.

v. Parseval, A., Major z. D., Professor Dr.-Ing. h. c., Charlottenburg, Niebuhrstraße 6.

Peppler, Albert, Privatdozent Dr., Gießen, Schiffenbergerweg 43.

v. Petri, O., Geh. Kommerzienrat Dr., Nürnberg.

Pfeiffer, Friedrich, Privatdozent Dr., Halle a. S., Karlstr. 31.

Pfund, Max, Prokurist, Dresden, Bautzener Straße 63.

v. Pohl, Gustav, Freiherr, Hamburg 36, Gr. Theaterstr. 33.

Pohlhausen, Karl, stud. math., Göttingen, Bergstr. 9.

Polis, Professor Dr., Aachen, Monheimsallee 62.

Poppel, L., Kaufmann, Bergwerksdirektor, Dresden-Strehlen, Mozartstr. 5.

Poeschel, F. J., Oberstudienrat, Professor Dr., Rektor der Fürstenschule St. Afra, Meißen.

Prandtl, L., Professor Dr., Göttingen, Prinz-Albrecht-Str. 20.

Precht, J., Professor Dr., Hannover, Am Grasweg 39.

Preßler, Kurt, Plauen im Vogtland, Hofwiesenstr. 8.

Pringsheim, Ernst, Universitätsprofessor, Breslau.

Probst, P. G., Hüttendirektor, Düsseldorf, Graf-Adolf-Str. 83.

Pröll, Arthur, Dr.-Ing., Professor an der Technischen Hochschule, Hannover, Militärstr. 18.

v. Pustau, Eduard, Kapitän z. S. a. D., Wilmersdorf, Prager Str. 13.

Quelle, Fr., Bremen, Am Wall 169.

Quittner, Viktor, Dipl.-Ing., Dr., Berlin W 62, Kalckreuthstr. 16.

Rasch, Ferdinand, Generalsekretär des D.L.V. Berlin-Charlottenburg 2, Joachimsthaler Str 1.

Rau, Friedrich, Zivil-Ing., Berlin N 4, Kesselstr. 16.

Ravoth, Alfred, Ing. der Fiat-Werke, Wien-Floridsdorf.

Reichardt, Otto, Dipl.-Ing., München, Akademiestr. 7.

Reinganum, Dr., Professor an der Universität, Freiburg i. Br., Ludwigstr. 33.

Reißner, H., Professor Dr.-Ing., Charlottenburg, Windscheidstr. 39.

Reitz, Marine-Oberbaurat, Berlin-Halensee, Joachim-Friedrich-Str. 16.

Reuter, Otto, Dipl.-Ing., Berlin-Wilmersdorf, Bregenzer Str. 8.

Richarz, F., Professor Dr., Marburg in Hessen.

Riecke, E., Geheimrat Professor Dr., Göttingen, Bühlstr. 22.

Riedinger, August, Kommerzienrat, Augsburg, Prinzregentenstr. 2.

Rieß von Scheurnschloß, Exz. Generalleutnant z. D., Präsident der deutschen Versuchsanstalt für Luftfahrt, Charlottenburg, Schlüterstr. 29.

Romberg, Hauptmann, Osnabrück, Goethestraße 35.

Romberg, Friedrich, Magnifizienz, Professor, Rek or der Technischen Hochschule, Charlottenburg.

v. Rottenburg, Gerichtsassessor, Frankfurt a. M., Schwindstr. 20.

Rotzoll, H., Dr., Bitterfeld, Luftfahrzeug-Gesellschaft.

Rumpler, E., Direktor, Ing., Johannisthal, b. Berlin.

Runge, C., Geheimrat Professor Dr., Göttingen

Runge, Richard, Hamburg, Gröniger Str. 14.

Sack, Paul, Kommerzienrat Dr., Plagwitz bei Leipzig, Karl-Hein-Str. 101.

v. Sanden, Privatdozent Dr., Göttingen, Düsterer Eichenweg 20.

Schatzmann, Marine-Baumeister, Bremen, Besselstr. 86, I.

Scheit, H., Geheimer Hofrat, Professor, Dresden 20, Königsteinstr. 1.

Scherz, Walter, stud. arch. nav., Charlottenburg, Grolmannstr. 59a.

Schiller, Dr. Ludwig, Assistent, Leipzig, Linnéstr. 5.

Schilling, Professor Dr., Bremen, Seefahrtschule.

Schleiermacher, L., Dr., Professor a. D., Privatdozent an der Technischen Hochschule Darmstadt, Aschaffenburg, Grünewaldstr. 19.

Schlink, Professor Dr.-Ing., Braunschweig, Berner Str. 8.

Schmal, O., Direktor, Quaßnitz bei Leipzig.

Schmickaly, Kurt, Leutnant in der Fliegertruppe, Straßburg i. Els., Marienstr. 7, I.

Schmid, C., Dipl.-Ing., Adlershof bei Berlin, Adlergestell 28

v. Schmidt, August, Geh. Hofrat Dr., Stuttgart, Hegelstr. 32.

Schmidt, C., Dr. med., Dresden-Strehlen, Josephstr. 12.

Schmidt F., Ministerialdirektor Dr., Steglitz, Schillerstr. 7.

Schmidt, K., Professor Dr., Halle a. S., Am Kirchtor 7.

Schmiedecke, Generalmajor, Kommandeur der 2. Eisenbahn-Brigade, Hanau.

Schmitt, Joseph, Professor Dr., Essen/Ruhr, Sybillestr. 19.

Schnetzler, Eberhard, Ing., Frankfurt a. M., Schwanthalerstr. 12.

Schreber, Professor Dr., Aachen, Technische Hochschule.

Schreiber, Ober-Reg.-Rat, Prof. Dr., Dresden, Gr. Meißener Str. 15.

Schuch, Friedrich, Kaufmann, Hamburg, Pulverteich 12.

Schütte, Geh. Reg.-Rat, Prof., Danzig-Langfuhr, Johannistal 3.

Schwarzschild, R., Geheimrat, Professor, Potsdam, Telegraphenberg.

Seddig, Dr., Privatdozent für Physik an der Akademie Frankfurt a. M., Buchschlag bei Frankfurt a. M.

v. Selasinsky, Eberhard, Hauptmann, Paderborn, Infanterie-Regt. 158, Westernstraße 34.

Seppeler, E., Dipl.-Ing., Adlershof, Deutsche Versuchsansatlt für Luftfahrt. Leiter der Motorenabteilung.

Seyrich, Dr.-Ing., Ober-Ing., stellvertretender Direktor, Dresden-A., Chemnitzer Straße 22.

Sieg, Georg, Marine-Baumeister, Berlin-Friedenau, Schwalbacherstr. 7

v. Sierstorpff, Adalbert, Graf, Berlin W 10, Kaiserin-Augusta-Str. 75/76.

Silverberg, Dr. P., General-Direktor, Cöln, Worringerstr. 18.

Simon, August Th., Lederfabrikant, Kirn a. d. Nahe.

Simon, Th., Kommerzienrat, Kirn a. d. Nahe.

Simon, Fritz, Th., Konsul, Bremen, Parkallee 71.

Simon, Herrmann Th., Professor Dr , Göttingen, Nikolausberger Weg 20.

Simon, Robert Th., Kirn a. d. Nahe

v. Soden-Fraunhofen, Freiherr, Dipl.-Ing., K. Bayerischer Kämmerer, M. d. R., Friedrichshafen a. B.

Spieß, Gustav, Professor, Frankfurt a. M., Schaumainkai 26.

Stade, H., Observator, Professor Dr., Schöneberg bei Berlin, Wartburgstr. 16.

Stein, Direktor, Charlottenburg, Kaiserdamm 8.

Sticker, Joseph, Gerichtsassessor a. D., Berlin W 30, Aschaffenburger Str. 8.

Straubel, Professor Dr., Jena, Zeißwerke.

Strauß, Heinrich, Zahnarzt, Berlin W 35, Lützowstr. 15.

Stroschein, Edwin, Dr., Dresden-A., Pragerstraße 14.

Süring, Professor Dr., Potsdam, Telegraphenberg.

Sutter, Herrmann, Dresden, Christianstr. 35.

Szamatolski, Hofrat Dr., Frankfurt a. M., Westendstr. 85.

Szkólnik, Leopold, Dipl.-Ing., Johannisthal, Waldstr. 9.

Taaks, O., Kgl. Baurat, Hannover, Marienplatz.

Tanakadate, Aikitu, Dr., Professor an der kaiserlichen Universität Tokio, Mitglied der kaiserlichen Akademie, Tokio (Tôkyô) Jayoityô 2.

Tepelmann, Hauptmann a. D., Dr.-Ing., Braunschweig, Viewegstr. 1.

Tetens, Observator, Professor Dr., Lindenberg, Kr. Beeskow.

Thelen, Robert, Dipl.-Ing., Hirschgarten bei Berlin, Eschenallee 5.

Thoma, Dr.-Ing., Gotha, Schöne Allee 6.

Tischbein, Willy, Direktor, Hannover, Vahrenwalderstr. 100.

Trefftz, Dr., Assistent an der Königlich Technischen Hochschule, Aachen, Lousbergerstr. 38.

Treitschke, Friedrich, Fabrikbesitzer, Kiel, Niemannsweg 81b.

Trommsdorf, Oberlehrer Dr., Göttingen, Friedländerweg 59 pt.

v. Tschudi, Major a. D., Berlin-Schöneberg, Apostel-Paulus Str. 16.

Tull, Geh. Ober-Reg.-Rat Dr., Berlin-Lichterfelde, Marienplatz 7.

Ursinus, Oskar, Zivil-Ing., Frankfurt a. M., Bahnhofsplatz 8.

Veith, Wirkl. Geh. Oberbaurat, Dr.-Ing., Abtlgs.-Chef im Reichs-Marine-Amt, Berlin W 50, Spichernstr. 23.

Visnya, Aladar, Professor Dr., Budapest I, Marosgasse 20.

Voigt, Geheimrat Professor Dr., Göttingen, Grüner Weg.

Vollbrandt, Adolf, Kaufmann, Freiburg i. Br., Bayernstr. 6.

Vollmann, Richard, Sebnitz in Sachsen, Hertigswalder Str. 1.

Vorreiter, Ansbert, Zivil-Ing., Berlin W 57, Bülowstr. 73.

Wachsmuth, R., Professor Dr., Rektor der Akademie für soziale Wissenschaft, Frankfurt a. M., Kettenhofweg 136.

Wacker, Alexander, Geh. Kommerzienrat, Schachen bei Lindau in Bayern.

Wagner, H., Geheimrat Professor Dr., Göttingen, Grüner Weg.

Wahl, Marine-Baurat, Johannisthal, Trützschlerstr. 1.

Wallach, Geheimrat Professor Dr., Göttingen, Hospitalstr. 10.

Walter, M., Direktor, Bremen, Schönhausenstraße

Wassermann, B., Patentanwalt, Dipl.-Ing., Berlin SW, Alexandrinenstr. 1b.

Weber, M., Professor, Nikolassee bei Berlin, An der Rehwiese 13.

de Weerth, Fritz, Dr., Berlin W 30, Rosenheimerstr. 24.

Wegener, Dr., Göttingen, zurzeit Spitzbergen.

Weidenhagen, R., Vorsteher der Wetterwarte, Magdeburg, Bahnhofstr. 17.

Weißmann, Robert, Staatsanwaltschaftsrat, Dr., Berlin-Grunewald, Niersteinerstraße 3.

Weißwange, Dr. med., Besitzer des Südsanatoriums, Dresden, Schnorrstr. 82.

Wenger, R., Dr., Leipzig, Nürnberger Str. 57.

Werner, Martin, Dipl., Landwirt, Berlin NW, Holsteiner Ufer 21.

Westphal, Paul, Ing., Berlin-Schöneberg, Hauptstr. 14—16.

Wiechert, E., Geheimrat Professor Dr., Göttingen.

Wiener, Otto, Direktor, Johannisthal bei Berlin, Flugplatz, Albatroswerke.

Wieselsberger, C., Dipl.-Ing., Göttingen, Nikolausberger Weg 37.

Wigand, Dr., Halle a. S., Kohlschütter Str. 9.

Wolf, Heinrich, Kaufmann, Leipzig, Brühl 62

Wolff, Ernst, Direktor der Daimler-Motoren-Gesellschaft, Berlin-Lankwitz, Mozartstraße 32.

Wolff, Dr. phil. Hans, Breslau 8, Rotkretscham.

Woermann, Eduard, Kaufmann, Hamburg, Reichenstr, Afrikahaus.

Wurmbach, Julius, Fabrikant, Berlin-Grunewald, Pücklerstr. 14.

Zanders, Hans, Kommerzienrat, Bergisch-Gladbach.

v. Zeppelin, Ferdinand, Graf, Exzellenz, General d. Kavallerie z. D., Dr.-Ing., Friedrichshafen a. B.

v. Zeppelin jr., Ferdinand, Graf, Dipl.Ing., Friedrichshafen a. B., Friedrichstr. 35.

Ziervogel, W., Oberbergrat, Staßfurt, Steinstraße 21.

Zimmermann, H., Wirkl. Geh. Oberbaurat, Dr.-Ing., Berlin NW 52, Calvinstr. 4.

Zinke, Conrad, Meißen a. Elbe.

Zopke, Regierungsbaumeister a. D., Professor, Hamburg, Andreasstr. 17.

Zselyi, Aladar, Dipl.-Ing., Budapest, Fehevari ut 58.

c) Außerordentliche Mitglieder:

Argentinischer Verein deutscher Ingenieure, Buenos-Aires, Tucumân 900.

Berliner Flugsport Verein, E.-V., Berlin N 65, Seestr. 60.

Aachener Bezirks-Verein deutscher Ingenieure, Aachen.

Bergischer-Bezirks-Verein deutscher Ingenieure, Elberfeld, Dessauer Str. 11.

Dresdener Bezirks-Verein deutscher Ingenieure, Dresden-A., Falkenstr. 22.

Frankfurter Bezirksverein deutsch. Ingenieure, Frankfurt a. M., Kreuznacher Straße 54.

Hessischer Bezirksverein deutscher Ingenieure, Cassel.

Kölner Bezirks-Verein deutscher Ingenieure, Köln, Siontal 5.

Mosel-Bezirks-Verein deutscher Ingenieure, Diedenhofen, Huttenstr. 9.

Pfalz-Saarbrücker Bezirks-Verein deutscher Ingenieure, Saarbrücken 3.

Posener Bezirks-Verein deutscher Ingenieure, Posen O 1, Königplatz 4.

Bezirks-Verein Rheingau des Vereins deutscher Ingenieure, Gustavsburg.

Ruhr-Bezirks-Verein deutscher Ingenieure, Essen/Ruhr, Bahnhofstr. 38.

Schleswig-Holsteinischer Bezirks-Verein deutscher Ingenieure, Kiel, Frankestr. 4.

Siegener Bezirks-Verein deutscher Ingenieure, Direktor Ulrich, Weidenau, Waldstr. 6.

Unterweser-Bezirks-Verein deutscher Ingenieure, Dipl.-Ing. Lange, Geestemünde, Spichernstr. 9.

Bibliothek der Königlich Technischen Hochschule, Berlin-Charlottenburg 2.

Chemische Fabrik Griesheim-Elektron, Frankfurt a. M.

Düsseldorfer Luftfahrer-Klub, E.-V., Oberbürgermeister Wilhelm Marx, Düsseldorf, Breite Str. 25.

Flensburger Stadtgemeinde, Oberbürgermeister Dr. Todsen, Flensburg.

Frankfurter Verein für Luftschiffahrt, E. V., Frankfurt a. M., Kettenhofweg 136.

Kaiserliches Observatorium, Wilhelmshaven.

Kgl. Sächsischer Verein für Luftfahrt, Dresden, Ferdinandstr. 5.]

Königliche Versuchsanstalt für Wasserbau und Schiffbau, Berlin NW 23, Schleuseninsel im Tiergarten.

Königlich Bayerische Flieger-Station, Ober-Schleißheim.

Königliches Militärversuchsamt, Berlin (Postamt Plötzensee).

Kurhessischer Verein für Luftfahrt, Sektion Marburg a. d. Lahn, Physikal. Institut.

Mittelmosel-Verein für Luftfahrt, Bernkastel-Cues.

Naturforschende Gesellschaft, Danzig, Frauengasse 26.

Physikalisches Institut der Universität, Leipzig, Linnestr. 5.

Reichs-Flug-Verein, E. V., Berlin W 62, Lutherstr. 13, Gh. pt.

Stabilimento Esperienze, E Costruzione Aeronautiche, Rom.

Verein deutscher Ingenieure, Berlin NW, Sommerstr. 4 a.

Verein Deutscher Motorfahrzeug-Industrieller, Berlin W 8, Unter den Linden 12/13.

Verein für Flugwesen in Mainz, E. V. Gr. Bleiche 48.

Versuchsanstalt für Flugwesen der Kgl. Technischen Hochschule zu Berlin, Berlin-Reinickendorf-West, Spandauer Weg.

Ordentliche Mitglieder, aufgenommen im Geschäftsjahr 1913/14.

Antrick, Prof. Dr., Berlin.

Arco, Graf Harry, Berlin.

Bredenbreuker, Hauptmann, Berlin-Schöneberg.

Brodowski, Oskar, stud. math., Göttingen.

Bucherer, Max, Zivil-Ing., Berlin-Reinickendorf-West.

Bühlmann, Karl, Dipl.Ing., München.

Busse, Karl, Zivil-Ing., Berlin.

Cohnheim, O., Professor Dr., Hamburg.

Conrad, Robert, Zivil-Ing., Berlin.

v. Doblhoff, Freiherr Walther, Dr.-Ing., Tribuswinkel bei Wien.

Doench, Landgerichtsdirektor, Frankfurt a. M.

Dörr, Dipl.-Ing. Leiter der Luftschiff-Werft, Potsdam.

Franken, Reg.-Baumeister, Berlin.

Gaule, Karl, Dipl.-Ing., Aachen.

Gerdien, Hans, Dr. phil. Berlin-Halensee.

Gerhards, Wilhelm, Marine-Ingnieur, Kiel.

Gohlke, Ingenieur, Berlin-Steglitz.

Gümbel, Professor Dr.-Ing., Berlin-Charlottenburg.

Halben, Privatdozent Dr., Berlin.

Hassenbach, Herm., Kand. d. Maschinenbaufaches, Danzig-Langfuhr.

Heis, Leonhard, Dr., Göttingen.

Heller, Dr., Cöpenick b. Berlin.

Helmrich v. Elgott, Leutnant, Naumburg.

Hertel, Alfred, Kgl. Gymnasiallehrer, Kitzingen a. M.

Hesse, Max, Dipl.-Ing., Trautenau i. Böhmen.

Hoernes, Hermann, Oberstleutnant, Linz a. d. Donau.

Jablonsky, Bruno, Berlin.

Kahnt, Oswald, Wasserflugzeugbau und Fliegerschule, Leipzig-Lindenthal.

Lange, Marine-Ingenieur, Putzig bei Danzig.
Lehmann-Richter, E. W., Dr. phil. Dipl.-Ing., Frankfurt a. M.
Lilienthal, Gustav, Baumeister, Berlin-Lichterfelde.
Lindgens, Adolf, Köln-Bayenthal.

Maschke, Georg, Rentier, Berlin-Charlottenburg.
ter Meer, Geh. Kommerzienrat, Uerdingen a. Rhein.
Mengelbier, Oskar, Ing., Chemiker, Berlin.
Michelsen, Kapitän z. S., Präses des Torpedo-Versuchskommandos Kiel.
Mickel, Ernst, Hauptmann, Cöln.
v. Mises, Edler, Prof. Dr., Straßburg i. Els.
v. Möller, Exzellenz, Staatsminister, Berlin.
Morin, Max, Dipl.-Ing., Patentanwalt, Berlin-Charlottenburg.
Müller-Breslau, Dr., Prof. a. d. Techn. Hochschule, Geh. Reg.-Rat, Mitglied d. Akademie d. Wissenschaften, Berlin.

Otzen, Robert, Magnifizienz, Prof., Rektor d. Techn. Hochschule Hannover.

Pfeiffer, Fr., Privatdozent Dr., Halle a. S.
v. Pohl, Gustav, Freiherr, Hamburg.
Pohlhausen, Karl, stud. math., Göttingen.
Probst, P. G., Hüttendirektor, Düsseldorf.

Reichardt, Otto, Dipl.-Ing., München.

Scherz, Walter, stud. arch. nav., Charlottenburg.
Schiller, Ludwig, Dr., Assistent am physikalischen Institut der Universitä Leipzig
Schleiermacher, L., Dr., Professor a. D. Privatdozent a. d. Techn. Hochschule Darmstadt, Aschaffenburg.
Schmickaly, Kurt, Leutnant i. d. Fliegertruppe Straßburg.
Schmitt, Prof. Dr., Essen, Realgymnasium.
Seddig, Dr., Privatdozent f. Physik a. d. Akademie, Frankfurt a. M.
Seyrich, Dr.-Ing., Ob.-Ing. stellvertr. Direktor, Dresden.
Silverberg, Dr. P., Generaldirektor, Cöln.
Szkólnik, Leopold, Dipl.-Ing., Johannisthal.

Thelen, Dipl.-Ing., Hirschgarten b. Berlin.

v. Verschuer, O., Freiherr, Oberstleutnant z. D., Frankfurt a. M.
Vetter, R., Betr.-Assistent d. Gr. Badischen Eisenbahn-Verwaltung, Basel.

Weißwange, Dr. med., Besitzer d. Südsanatoriums, Dresden.
Werner, Martin, Dipl. Landwirt, Berlin.
Westfahl, Paul, Ingenieur, Berlin-Schöneberg.
Wigand, Albert, Dr., Privatdozent, Halle a. d. Saale.
Wolf, Heinrich, Kaufmann, Leipzig.

Ziervogel, W., Oberbergrat, Staßfurt.

Außerordentliche Mitglieder, aufgenommen im Geschäftsjahr 1913/14.

Aachener Bezirks-Verein Deutscher Ingenieure Aachen.
Bergischer Bezirks-Verein Deutscher Ingenieure, Elberfeld.
Dresdener Bezirks-Verein Deutscher Ingenieure, Dresden.
Frankfurter Bezirks-Verein Deutscher Ingenieure, Frankfurt a. M.
Hessischer Bezirks-Verein Deutscher Ingenieure, Cassel.
Moseler Bezirks-Verein Deutscher Ingenieure, Diedenhofen.

Pfalz-Saarbrücker Bezirks-Verein Deutscher Ingenieure, Saarbrücken 3.
Posener Bezirks-Verein Deutscher Ingenieure, Posen O 1.
Bezirks-Verein Rheingau des Vereins Deutscher Ingenieure, Gustavsburg.
Ruhr-Bezirks-Verein Deutscher Ingenieure, Essen-Ruhr.
Schleswig-Holsteinischer Bezirks-Verein Deutscher Ingenieure, Kiel.
Unterweser-Bezirks-Verein Deutscher Ingenieure, Geestemünde.

Düsseldorfer Luftfahrer-Klub, Düsseldorf.
Kaiserliches Observatorium, Wilhelmshaven.
Kgl. Bayerische Militär - Flieger - Station, Ober-Schleißheim.
Kgl. Militärversuchsamt, Berlin.
Kgl. Sächsischer Verein für Luftfahrt, Dresden
Kgl. Vers.-Anst. f. Wasserbau u. Schiffsbau, Berlin.
Kurhessischer - Verein f. Luftfahrt, Sekt. Marburg, Marburg i. H.

Mittelmosel Verein f. Luftfahrt, Bernkastel-Cues.
Reichsflug-Verein, E. V., Berlin.
Stabilimento Esperienze E. Construzione Aeronautiche, Rom.
Verein Deutscher Motorfahrzeug-Industrieller, Berlin.
Verein für Flugwesen, E. V., Mainz.
Versuchs-Anstalt für Flugwesen d. Kgl. Techn. Hochschule zu Berlin.

Innerhalb des Geschäftsjahres 1913/14 verstorbene Mitglieder.

Neumann, Otto, Marine-Baurat, Berlin-Friedenau.
Pietzker, Privat-Dozent, Marine-Baumeister, Berlin-Südende.

Raabe, M., Leutnant a. D., Cronberg i. T,
Fritz, Geh. Ober-Baurat, Reichs-Marineamt, Berlin.

Mitglieder, welche 1914 aus der Gesellschaft ausscheiden.

Aßmann, Geh. Reg.-Rat Professor Dr., Lindenberg. — v. Bassus, Konrad Freiherr, München. — Bühlmann, Karl. Dipl.-Ing., München. — Claaßen, Otto, Direktor, Marine-Ing. a. D., Kiel. — v. Frankenberg u. Ludwigsdorf, Rittmeister a. D., Berlin. — Fritsch, Amtsgerichtsrat Dr., Frankfurt a. M. — Küchenmeister, Georg, Fabrikant, Dresden. — Lübbert, Kapitän z. S., Wilhelmshaven. — Neumann, Major, Berlin-Charlottenburg. — Peters, F., Vizekonsul, Dresden. — Pree, Josef, Fabrikdirektor, Dresden. — Schüle, W., Professor, Dipl.-Ing., Breslau. — Tauber, Hauptmann, Zloczów, Galizien — Urtel, Rudolf, Dipl.-Ing., Ober-Ing. d. N.-A.-G., Berlin-Karlshorst. — v. Verschuer, Freiherr, Oberstleutnant z. D., Frankfurt a. M. — Vetter, Betr. Assistent d. Gr. Bad. Eisenbahnverwaltung, Basel.

VI. Satzung.

I. Name und Sitz der Gesellschaft.

§ 1.

Die am 3. April 1912 gegründete Gesellschaft führt den Namen „Wissenschaftliche Gesellschaft für Luftfahrt E.V." und hat ihren Sitz in Berlin. Sie ist in das Vereinsregister des Königlichen Amtsgerichts Berlin-Mitte eingetragen unter dem Namen: „Wissenschaftliche Gesellschaft für Luftfahrt. Eingetragener Verein."

II. Zweck der Gesellschaft.

§ 2.

Zweck der Gesellschaft ist der Zusammenschluß von Fachleuten der Luftfahrtechnik, der Luftfahrwissenschaft und anderen mit der Luftfahrt in Beziehung stehenden Kreisen zur Erörterung und Behandlung theoretischer und praktischer Fragen des Luftfahrzeugbaues und -betriebes.

§ 3.

Mittel zur Erreichung dieses Zweckes sind:
1. Versammlungen, in denen Vorträge gehalten und Fachangelegenheiten besprochen werden,
2. Druck und Versendung der Vorträge und Besprechungen an die Mitglieder,
3. Beratung wichtiger Fragen in Sonderausschüssen,
4. Stellung von Aufgaben und Anregung von Versuchen zur Klärung wichtiger luftfahrtechnischer Fragen,
5. Herausgabe von Forschungsarbeiten auf dem Gebiet der Luftfahrtechnik und Wissenschaft.

III. Mitgliedschaft.

§ 4.

Die Gesellschaft besteht aus:
1. ordentlichen Mitgliedern,
2. außerordentlichen Mitgliedern,
3. Ehrenmitgliedern.

§ 5.

Ordentliche Mitglieder können nur Personen in selbständiger Stellung werden, die auf dem Gebiet der Luftfahrtechnik oder Luftfahrwissenschaft tätig sind, oder von denen sonst eine Förderung der Gesellschaftszwecke zu erwarten ist.

Das Gesuch um Aufnahme als ordentliches Mitglied ist an den Geschäftsführenden Vorstand (§ 18 Absatz 2) zu richten, der über die Aufnahme entscheidet. Das Gesuch hat den Nachweis zu enthalten, daß die Voraussetzungen in § 5 Abs. 1 erfüllt sind. Dieser Nachweis ist von zwei ordentlichen Mitgliedern durch Namensunterschrift zu bestätigen.

Lehnt der Geschäftsführende Vorstand aus irgendwelchen Gründen die Entscheidung über die Aufnahme ab, so entscheidet der Gesamtvorstand (§ 18 Abs. 1) über die Aufnahme.

Wird das Aufnahmegesuch vom Geschäftsführenden Vorstand abgelehnt, so ist Berufung an den Gesamtvorstand (§ 18 Abs. 1) gestattet, der endgültig entscheidet.

§ 6.

Außerordentliche Mitglieder können Personen oder Körperschaften werden, welche die Drucksachen der Gesellschaft zu beziehen wünschen. Bei nicht rechtsfähigen Gesellschaften erwirbt ihr satzungsmäßig oder besonders bestellter Vertreter die außerordentliche Mitgliedschaft.

Das Gesuch um Aufnahme als außerordentliches Mitglied ist an den Geschäftsführenden Vorstand zu richten, der über die Aufnahme entscheidet.

§ 7.

Zu Ehrenmitgliedern können vom Gesamtvorstande nur solche Personen erwählt werden, welche sich um die Zwecke der Gesellschaft hervorragend verdient gemacht haben.

§ 8.

Jedes eintretende ordentliche Mitglied zahlt ein Eintrittsgeld von 20,— M.

§ 9.

Jedes ordentliche Mitglied zahlt für das vom 1. Januar bis 31. Dezember laufende Geschäftsjahr einen Beitrag von 25,— M., der jedesmal im Januar zu entrichten ist. Mitglieder, die im Laufe des Geschäftsjahres eintreten, zahlen den vollen Jahresbeitrag innerhalb eines Monats nach der Aufnahme. Beiträge, die in der vorgeschriebenen Zeit nicht eingegangen sind, werden durch Postauftrag oder durch Postnachnahme eingezogen.

§ 10.

Ordentliche Mitglieder und Körperschaften können durch einmalige Zahlung von 500,— M lebenslängliche Mitglieder werden und sind dann von der Zahlung der Jahresbeiträge befreit.

§ 11.

Jedes außerordentliche Mitglied zahlt für das Geschäftsjahr einen Beitrag von 25,— M.; ein Eintrittsgeld wird von außerordentlichen Mitgliedern nicht erhoben.

§ 12.

Ehrenmitglieder sind von der Zahlung der Jahresbeiträge befreit.

§ 13.

Die ordentlichen Mitglieder haben das Recht, an sämtlichen Versammlungen der Gesellschaft mit beschließender Stimme teilzunehmen, Anträge zu stellen sowie das Recht, zu wählen und gewählt zu werden; sie haben Anspruch auf Bezug der gedruckten Verhandlungsberichte.

§ 14.

Die außerordentlichen Mitglieder haben Anspruch auf Bezug der gedruckten Verhandlungsberichte; sie sind nicht stimmberechtigt, haben aber das Recht, den wissenschaftlichen und technischen Veranstaltungen der Gesellschaft beizuwohnen. Körperschaftliche Mitglieder dürfen nur einen Vertreter entsenden.

§ 15.

Ehrenmitglieder und Kommissare der Behörden haben sämtliche Rechte der ordentlichen Mitglieder.

§ 16.

Mitglieder können jederzeit aus der Gesellschaft austreten. Der Austritt erfolgt durch schriftliche Anzeige an den Geschäftsführenden Vorstand und befreit nicht von der

Entrichtung des laufenden Jahresbeitrages. Mit dem Austritt erlischt jeder Anspruch an das Vermögen der Gesellschaft.

§ 17.

Erforderlichenfalls können Mitglieder auf einstimmig gefaßten Beschluß des Gesamtvorstandes ausgeschlossen werden. Gegen einen derartigen Beschluß gibt es keine Berufung. Mit dem Ausschlusse erlischt jeder Anspruch an das Vermögen der Gesellschaft.

IV. Vorstand.

§ 18.

Der Gesamtvorstand der Gesellschaft setzt sich zusammen aus:
1. dem Ehrenvorsitzenden,
2. drei Vorsitzenden,
3. wenigstens sechs, höchstens dreißig Beisitzern und
4. von den Behörden zu ernennenden Kommissaren.

Den Geschäftsführenden Vorstand im Sinne des § 26 des Bürgerlichen Gesetzbuches bilden die drei Vorsitzenden, die den Geschäftskreis (Vorsitzender, stellvertretender Vorsitzender und Schatzmeister) unter sich verteilen.

§ 19.

An der Spitze der Gesellschaft steht der Ehrenvorsitzende. Diesem wird das auf Lebenszeit zu führende Ehrenamt von den im § 18 Absatz 1 genannten übrigen Mitgliedern des Gesamtvorstandes angetragen. Er führt in den Versammlungen des Gesamtvorstandes und in der Mitgliederversammlung den Vorsitz, kann an allen Sitzungen teilnehmen und vertritt bei besonderen Anlässen die Gesellschaft. An der rechtlichen Vertretung der Gesellschaft wird hierdurch nichts geändert. Im Behinderungsfalle tritt an Stelle des Ehrenvorsitzenden einer der drei Vorsitzenden.

§ 20.

Die übrigen Mitglieder des Gesamtvorstandes werden von den stimmberechtigten Mitgliedern der Gesellschaft auf die Dauer von drei Jahren gewählt. Nach Ablauf eines jeden Geschäftsjahres scheidet der jeweilig dienstälteste Vorsitzende und das jeweilig dienstälteste Drittel der Beisitzer aus, bei gleichem Dienstalter entscheidet das Los. Eine Wiederwahl ist zulässig. Scheidet ein Vorsitzender während seiner Amtsdauer aus sonstigen Gründen aus, so muß der Gesamtvorstand aus der Reihe der Beisitzer einen Ersatzmann wählen, der sich verpflichtet, das Amt anzunehmen und bis zur nächsten ordentlichen Mitgliederversammlung zu führen. Für den Rest der Amtsdauer des ausgeschiedenen Vorsitzenden wählt die ordentliche Mitgliederversammlung einen neuen Vorsitzenden.

Scheidet ein Beisitzer während seiner Amtsdauer aus einem anderen als dem in Absatz 1 bezeichneten Grunde aus, so kann der Gesamtvorstand aus den stimmberechtigten Mitgliedern einen Ersatzmann wählen, der sich verpflichtet, das Amt anzunehmen und bis zur nächsten ordentlichen Mitgliederversammlung zu führen.

§ 21.

Der Vorsitzende des Geschäftsführenden Vorstandes (§ 18 Absatz 2) leitet dessen Verhandlungen. Er beruft den Gesamtvorstand und den Geschäftsführenden Vorstand, so oft es die Lage der Geschäfte erfordert, insbesondere wenn 2 Mitglieder des Gesamtvorstandes oder des Geschäftsführenden Vorstandes es beantragen. Die Einladungen erfolgen schriftlich; einer Mitteilung der Tagesordnung bedarf es nicht.

§ 22.

Der Geschäftsführende Vorstand besorgt alle Angelegenheiten der Gesellschaft, insoweit sie nicht dem Gesamtvorstande oder der Mitgliederversammlung vorbehalten sind.

Urkunden, welche die Gesellschaft verpflichten sollen, sowie Vollmachten sind — vorbehaltlich des § 26 und § 27 h bis k — unter dem Namen der Gesellschaft von 2 Vorsitzenden zu unterzeichnen. Durch Urkunden solcher Art wird die Gesellschaft auch dann verpflichtet, wenn sie ohne einen Beschluß des Geschäftsführenden Vorstandes oder des Gesamtvorstandes ausgestellt sein sollten.

§ 23.

Der Geschäftsführende Vorstand muß in jedem Jahre eine Sitzung abhalten, in der unter Beobachtung der Vorschrift des § 34 Satz 1 die Tagesordnung für die ordentliche Mitgliederversammlung festgesetzt wird. Die Sitzung muß so rechtzeitig abgehalten werden, daß die ordnungsmäßige Einberufung der ordentlichen Mitgliederversammlung nach § 36 noch möglich ist.

§ 24.

Die Beschlüsse des Geschäftsführenden Vorstandes werden mit Stimmenmehrheit gefaßt.

§ 25.

Ist ein Mitglied des Geschäftsführenden Vorstandes behindert, an dessen Geschäften teilzunehmen, so hat der Gesamtvorstand aus der Reihe der Beisitzer einen Stellvertreter zu wählen.

§ 26.

Der Schatzmeister führt und verwahrt die Gesellschaftskasse und nimmt alle Zahlungen für die Gesellschaft gegen seine alleinige Quittung in Empfang.

§ 27.

Zum Geschäftskreis des § 18 Abs. 1 bezeichneten Gesamtvorstandes gehören folgende Angelegenheiten:

a) Wahl der Ehrenmitglieder (§ 7),

b) Entscheidung über ein Gesuch um Aufnahme als ordentliches Mitglied, wenn der Geschäftsführende Vorstand die Entscheidung abgelehnt hat (§ 5 Abs. 3),

c) Entscheidung über die Berufung gegen einen Beschluß des Geschäftsführenden Vorstandes, durch den ein Gesuch um Aufnahme als ordentliches Mitglied abgelehnt ist (§ 5 Absatz 4),

d) Ausschluß von Mitgliedern (§ 17),

e) Zusammensetzung von Ausschüssen, insbesondere eines Wissenschaftl.-Technischen Ausschusses (§ 3 Nr. 3),

f) Wahl von Ersatzmännern und Stellvertretern für Mitglieder des Gesamtvorstandes in den Fällen des § 20 Abs. 2 und 3 und des § 25,

g) Einberufung der ordentlichen und außerordentlichen Mitgliederversammlungen,

h) Eingehen von Verpflichtungen der Gesellschaft, die im Einzelfalle den Betrag von 2000 M. überschreiten,

i) Anstellung eines besoldeten Geschäftsführers,

k) Anstellung von Personal, dessen Einzelgehalt mehr als 1500 M. jährlich beträgt.

§ 28.

Der Gesamtvorstand muß in jedem Jahr eine Sitzung abhalten; er ist beschlußfähig, wenn mindestens 4 seiner Mitglieder zugegen sind.

Die Beschlüsse werden mit einfacher Stimmenmehrheit gefaßt. Bei Stimmengleichheit entscheidet die Stimme des Ehrenvorsitzenden, im Behinderungsfalle die seines Stellvertreters (§ 19 Satz 4), bei Wahlen das Los.

§ 29.

Der Wissenschaftlich-Technische Ausschuß (§ 27 e) ist die Mittelstelle für alle sachlichen Fragen. Er bildet Unterausschüsse für die Bearbeitung von Einzelfragen und bereitet das wissenschaftlich-technische Programm für die Mitgliederversammlungen vor. Die Unterausschüsse haben das Recht, sich zu ergänzen.

Den Vorsitz des Wissenschaftlich-Technischen Ausschusses führt ein Mitglied des Geschäftsführenden Vorstandes, den Vorsitz der Unterausschüsse je ein vom Wissenschaftlich-Technischen Ausschuß hierzu beauftragtes Ausschußmitglied.

§ 30.

Der Geschäftsführer der Gesellschaft hat die ihm übertragenen Geschäfte nach den Anweisungen des Gesamtvorstandes und des Geschäftsführenden Vorstandes zu erledigen.

Der Geschäftsführer muß zu allen Sitzungen des Gesamtvorstandes, des Geschäftsführenden Vorstandes und der Ausschüsse zugezogen werden. In ersteren hat er beratende Stimme.

V. Mitgliederversammlungen.

§ 31.

Zum Geschäftskreis der Mitgliederversammlungen gehören folgende Angelegenheiten:
1. Entgegennahme des vom Gesamtvorstande zu erstattenden Jahresberichts,
2. Entgegennahme des vom Wissenschaftlich-Technischen Ausschuß zu erstattenden Jahresberichts,
3. Entgegennahme des Berichts der Rechnungsprüfer und Entlastung des Gesamtvorstandes von der Geschäftsführung des vergangenen Jahres,
4. Wahl des Vorstandes (mit Ausnahme des Ehrenvorsitzenden [§ 19]),
5. Wahl von 2 Rechnungsprüfern für das nächste Jahr,
6. Beschlußfassung über den Ort der nächsten ordentlichen Mitgliederversammlung,
7. Beschlußfassung über vorgeschlagene Satzungsänderungen,
8. Beschlußfassung über Auflösung der Gesellschaft.

§ 32.

Die Mitgliederversammlung ist das oberste Organ der Gesellschaft. Sie ist befugt, in allen Angelegenheiten Beschlüsse zu fassen, die für den Geschäftsführenden Vorstand und den Gesamtvorstand bindend sind. Die Vertretungsbefugnis des Geschäftsführenden Vorstande und des Gesamt-Vorstandes nach außen wird durch diese Beschlüsse nicht eingeschränkt.

§ 33.

Die Mitgliederversammlungen der Gesellschaft zerfallen in:
1. die ordentliche Mitgliederversammlung,
2. außerordentliche Mitgliederversammlungen.

§ 34.

Die ordentliche Mitgliederversammlung soll jährlich möglichst im Mai abgehalten werden. In dieser sind die in § 31 unter 1 bis 6 aufgeführten geschäftlichen Angelegenheiten zu erledigen und die Namen der neuen Gesellschaftsmitglieder bekannt zu geben. Ferner haben wissenschaftliche Vorträge und Besprechungen stattzufinden.

§ 35.

Zu den Mitgliederversammlungen erläßt der Geschäftsführende Vorstand die Einladungen unter Mitteilung der Tagesordnung.

Außerordentliche Mitgliederversammlungen können vom Gesamtvorstande unter Bestimmung des Ortes anberaumt werden, wenn es die Lage der Geschäfte erfordert.

Eine solche außerordentliche Mitgliederversammlung muß innerhalb 4 Wochen statt finden, wenn ein dahingehender von mindestens 30 stimmberechtigten Mitgliedern unterschriebener Antrag mit Angabe des Beratungsgegenstandes eingereicht wird.

§ 36.

Alle Einladungen zu Mitgliederversammlungen müssen mindestens 3 Wochen vorher schriftlich an die Gesellschaftsmitglieder ergehen.

§ 37.

Die Anträge von Mitgliedern müssen dem Geschäftsführer 14 Tage und, soweit sie eine Satzungsänderung oder die Auflösung der Gesellschaft betreffen, 4 Wochen vor der Versammlung mit Begründung schriftlich durch eingeschriebenen Brief eingereicht werden.

§ 38.

In den Mitgliederversammlungen werden die Beschlüsse, soweit sie nicht Änderungen der Satzung oder des Zweckes oder die Auflösung der Gesellschaft betreffen, mit einfacher Stimmenmehrheit der anwesenden stimmberechtigten Mitglieder gefaßt. Bei Stimmengleichheit entscheidet die Stimme des Vorsitzenden, bei Wahlen das Los.

§ 39.

Eine Abänderung der Satzung oder des Zweckes der Gesellschaft kann nur durch einen Mehrheitsbeschluß von drei Vierteln der in einer Mitgliederversammlung erschienenen stimmberechtigten Mitglieder erfolgen.

§ 40.

Wenn nicht mindestens 20 anwesende stimmberechtigte Mitglieder namentliche Abstimmung verlangen, wird in allen Versammlungen durch Erheben der Hand abgestimmt. Wahlen erfolgen durch Stimmzettel oder durch Zuruf. Sie müssen durch Stimmzettel erfolgen, sobald der Wahl durch Zuruf auch nur von einer Seite widersprochen wird.

Ergibt sich bei einer Wahl nicht sofort die Mehrheit, so sind bei einem zweiten Wahlgange diejenigen beiden Kandidaten zur engeren Wahl zu bringen, für die vorher die meisten Stimmen abgegeben waren. Bei Stimmengleichheit kommen alle, welche die gleiche Stimmenzahl erhalten haben, in die engere Wahl. Wenn auch der zweite Wahlgang Stimmengleichheit ergibt, entscheidet das Los darüber, wer in die engere Wahl zu kommen hat. (Siehe § 28 Abs. 2.)

§ 41.

In allen Versammlungen führt der Geschäftsführer eine Niederschrift, die auch von dem jeweiligen Vorsitzenden der Versammlung unterzeichnet wird.

§ 42.

Die Geschäftsordnung für die Versammlungen wird vom Gesamtvorstande festgestellt und kann auch von diesem durch einfache Beschlußfassung geändert werden.

VI. Auflösung der Gesellschaft.

§ 43.

Die Auflösung der Gesellschaft darf nur dann zur Beratung gestellt werden, wenn sie von sämtlichen Mitgliedern des Gesamtvorstandes oder von 50 stimmberechtigten Mitgliedern beantragt wird.

Die Auflösung der Gesellschaft kann nur durch $^3/_4$-Mehrheit der stimmberechtigten Mitglieder beschlossen werden. Ist die Versammlung jedoch nicht beschlußfähig, so kann eine zweite zu gleichem Zwecke einberufen werden, bei der eine Mehrheit von $^3/_4$ der anwesenden stimmberechtigten Mitglieder über die Auflösung entscheidet.

§ 44.

Bei Auflösung der Gesellschaft ist auch über die Verwendung des Gesellschaftsvermögens Beschluß zu fassen, doch darf es nur zur Förderung der Luftfahrt verwendet werden.

Kurzer Versammlungsbericht.

1. Zwischen der zweiten Hauptversammlung und der dritten Hauptversammlung 1914.

Durch die Neueinrichtung, daß jetzt im letzten Teil des Jahrbuches die einzelnen Unterausschüsse direkt über ihre Tätigkeit berichten, erübrigt es sich an dieser Stelle, auf deren Tätigkeit besonders einzugehen. Es kann vielmehr auf Lieferung 3, Jahrbuch II, S. 188 ff. verwiesen werden. Da auch die Geschäftsstelle über ihre Tätigkeit einen Bericht veröffentlicht hat, so ergibt sich aus der Zusammenfassung aller dieser Berichte ein genauer Überblick über die Arbeitstätigkeit unserer Gesellschaft.

Der Geschäftsführende Vorstand trat im laufenden Geschäftsjahre fünfmal, und zwar viermal in Berlin und einmal in Göttingen, zusammen, um die laufenden Geschäfte zu erledigen. Es verdient besonders hervorgehoben zu werden, daß der Vorstand, um die außerordentlich angewachsene Tätigkeit der Unterausschüsse nach Möglichkeit zu fördern, den einstimmigen Beschluß faßte, den Teilnehmern an Ausschußsitzungen (mit Ausnahme der Sitzungen, die gelegentlich einer Ordentlichen Mitgliederversammlung stattfinden) die Reisekosten, und zwar das Fahrgeld II. Klasse zuzüglich 3,00 M. für Ab- und Zugang zum Bahnhof, zu vergüten. Diese Vergütung, für die zunächst der Gesamtbetrag von 3000 M. pro Jahr festgesetzt wird, soll vorläufig aus den Mitteln gedeckt werden, die uns von seiten der National-Flugspende zur Förderung wissenschaftlicher Luftfahrt überwiesen worden sind. Es ist jedoch in Aussicht genommen, bei den Behörden, denen die Arbeiten der Unterausschüsse hauptsächlich zunutze kommen, eine jährliche Unterstützung zu beantragen, um hieraus auch diese Reisegelder zahlen zu können.

Der Gesamtvorstand hat drei Sitzungen, und zwar 2 in Berlin und eine in Dresden unmittelbar vor der Ordentlichen Mitglieder-Versammlung, abgehalten. Auf seiner letzten Sitzung bereitete er die Abwicklung des Programms der Hauptversammlung eingehend vor, so daß es auf diese Weise gelungen ist, die außerordentlich reichhaltige Tagesordnung der Geschäftssitzung und die vielen wissenschaftlichen Vorträge mit ihren Diskussionen durchaus im Rahmen des vorgesehenen Programms abzuwickeln. Besonders verhandelt wurde über den von Herrn Professor Otzen, Hannover, dem Rektor der dortigen Technischen Hochschule, auf Anregung Seiner Königlichen Hoheit des Prinzen Heinrich von Preußen gemachten Vorschlag, den Professor Otzen in einem längeren Vortrag vor der Hauptversammlung auseinandersetzte. Der Vorschlag befaßt sich mit der Gründung besonderer Studien-Gesellschaften in den Städten, die außer einer technischen Hochschule den Zusammenhang mit einem Flugplatz besitzen. Diese Gesellschaften sollen im Einvernehmen mit der W. G. L. arbeiten, um dadurch das Arbeitsgebiet in rationeller Weise verteilen zu können und um andererseits unnütze Doppelarbeiten zu vermeiden. Der Vorstand beschloß zur Förderung dieses Vorschlages eine Kommission einzusetzen, die ihre Arbeiten nach einem von Herrn Professor Otzen vorzunehmenden Programm tunlichst bald aufnehmen sollte.

Dann wurde wegen der Erweiterung des Arbeitsgebietes der Name der Gesellschaft in **„Wissenschaftliche Gesellschaft für Luftfahrt"** umgeändert, weiter der Beschluß gefaßt, das Geschäftsjahr auf das Kalenderjahr zu verlegen, und endlich der Vorstand in seiner jetzigen Zusammensetzung noch durch völlig gleichberechtigte Kommissare ergänzt, die von den einzelnen Behörden in den Vorstand der Gesellschaft delegiert werden sollen. Als Ort für die nächste Hauptversammlung wurde einstimmig gemäß dem Antrage des Hamburger V. f. L., den Herr Professor Dr. Ahlborn begründete, Hamburg gewählt und Herr Professor Ahlborn gebeten, für das nächste Geschäftsjahr dem Vorstand als Vertreter Hamburgs anzugehören. Es wurde weiter auf Antrag des Wissenschaftlich-Technischen Ausschusses ein besonderer „Ausschuß für Navigierung" ins Leben gerufen. Der Ausschuß trat am Sonntag, den 26. April, zu seiner konstituierenden Sitzung zusammen und wählte als Obmann Herrn Korvettenkapitän a. D. Friedländer, der sich um die Gründung des Ausschusses besondere Verdienste erworben hatte.

2. Verlauf der III. Ordentlichen Mitglieder-Versammlung.

Die Tagung begann am Sonntag, den 26. April, mit den Sitzungen einiger Unterausschüsse in den gütigst zur Verfügung gestellten Räumen der Königlich Technischen Hochschule am Bismarckplatz. Es waren nicht alle Unterausschüsse zu Sitzungen zusammengetreten, da ein Teil derselben erst kürzlich Beratungen gepflogen hatte und sich deshalb zurzeit eine Sitzung erübrigte. Morgens 10 Uhr wurde der neue „Ausschuß für Navigierung" unter dem Beisein von Vertretern verschiedener Behörden errichtet, und zwar unter der Obmannschaft des Herrn Korvettenkapitän a. D. Friedländer. Ferner traten die Ausschüsse: „für medizinische und psychologische Fragen", „für drahtlose Telegraphie", „für Motoren" sowie die „Kommission zur Aufstellung grundlegender Berechnungsgrundsätze für den Flugzeugbau" zu Sitzungen zusammen. Es wurden in diesen Sitzungen teilweise Beschlüsse formuliert, die der am nächsten Tage stattfindenden Plenarsitzung, nachdem sie zunächst im Gesamtvorstande besprochen waren, vorgelegt werden sollten.

Für den Mittag hatte der „Luftfahrerdank" zum Besten verunglückter Luftfahrer und deren Hinterbliebenen zu einer Wohltätigkeits-Matinee eingeladen, die in den Räumen der U.-T.-Lichtspiele unter reger Beteiligung Dresdener Künstler stattfand. Der Präsident des Königlich-Sächsischen V. f. L. Exz. von Laffert begrüßte die Erschienenen mit warmen, herzlichen Worten, wobei er auf den Zweck der Matinee hinwies, die Not in den von Unfällen häufig betroffenen Luftfahrerkreisen zu lindern. Hierauf folgte ein Vortrag des Dresdener Flugplatz-Direktors Lt. Meyer über das Thema „Deutschland in der Luft voran", das durch ausgezeichnete Lichtbilder illustriert wurde. Ihm folgte ein informatorischer Vortrag des

Generalsekretärs des D. L.-V. Oberleutnant z. S. Rasch über die Zwecke und Ziele des Luftfahrerdankes, während sich in den Schlußworten der Präsident des Luftfahrerdankes Exz. Freiherr von der Goltz über die Fürsorgebestrebungen des Luftfahrerdankes ausließ, die zwar schon eine ganze Menge Erleichterungen geschaffen hätten, die aber leider noch recht viel zu tun übrig ließen.

Nach einem gemeinsamen Mittagessen in der Dresdener Stube des Ratskellers fand die Besichtigung des neuen Dresdener Flugplatzes und der großen Doppelluftschiffhalle statt, in welcher sich das Militärluftschiff Z VII sowie der P L 6 befanden, welch letzterer am Nachmittag noch zu mehreren Fahrten aufstieg.

Die Luftfahrzeug-Gesellschaft hatte in entgegenkommender Weise bei allen diesen Fahrten, auch während der nächsten Tage, eine Reihe Plätze der Gesellschaft umsonst zur Verfügung gestellt, und die Herren Hauptmann Dinglinger und Dr. Rotzoll waren unermüdlich bemüht, neue Gäste zu einer Fahrt über die schöne Blütenpracht der Dresdener Umgebung in die Luft zu entführen. Bei einer Reihe dieser Fahrten konnte auch der leider jetzt in Fischamend verunglückte Ingenieur Kammerer den Aufnahmeapparat nach dem Scheimpflugschen aerophotogrammetrischen Verfahren vorführen, welcher Apparat zurzeit nach Kammerers Angaben bei der Firma Ernemann & Co. umgebaut wurde. Allen Teilnehmern wird noch das überaus freundliche, liebenswürdige und frische Wesen des so früh Verstorbenen in Erinnerung sein, hat sich Kammerer doch nicht nur durch seine wissenschaftliche Befähigung, sondern auch gerade durch sein frisches, freundliches Auftreten ein bleibendes Andenken bei allen, die ihn kannten, gesichert.

Es wurden dann verschiedene Schauflüge unternommen, die zusammen mit der Besichtigung der interessanten Flugzeuge die Versammlungsteilnehmer noch recht lange auf dem Platz zusammenhielten. Die Mitglieder des Gesamtvorstandes mußten dagegen kurz nach der in gütiger Weise von der Flugplatz-Verwaltung gebotenen Kaffeetafel den Flugplatz verlassen, um sich zur Sitzung im Konferenzsaal der Technischen Hochschule am Bismarckplatz zu vereinen. In dieser Sitzung wurde das Programm der Tagung eingehend durchgesprochen, die Anträge des Vorstandes formuliert und sonstige für die geschäftliche Leitung der Gesellschaft wichtige Beschlüsse gefaßt. Der Abend vereinigte dann die Teilnehmer in zwangloser Weise im Künstlerhaus, woselbst der Königlich Sächsische Verein für Luftfahrt der Versammlung einen Begrüßungsimbiß bot. Die Beteiligung war eine erfreulich große, hatten sich doch etwa 120 Herren eingefunden. Die Honneurs erwiesen die beiden Präsidenten des Königlich Sächsischen Vereins für Luftfahrt Generalleutnant von Laffert und Major v. Funcke. Exzellenz v. Laffert begrüßte die Gäste in Dresden und wünschte der Tagung reichsten Erfolg, worauf Geheimrat v. Böttinger im Namen der Kongreßteilnehmer herzlich für die Bewillkommnung dankte.

Bei dieser Tagung darf als erfreulicher Fortschritt gegen die Vorjahre bezeichnet werden, daß eine Reihe Offiziersflieger sich des „zeitgemäßesten Beförderungsmittels" bedienten, um zur Versammlung zu kommen, nämlich des Flugapparates, mit dem sie mit derselben Selbstverständlichkeit nach Dresden flogen, mit der die übrigen Teilnehmer per Bahn zur Versammlung gelangten.

Am nächsten Vormittag begann um 9 Uhr die Sitzung in der Aula der Technischen Hochschule. Da der Ehrenvorsitzende der Gesellschaft, Se. Königliche

Hoheit Prinz Heinrich von Preußen, von seiner Südamerikareise noch nicht zurückgekehrt war, übernahm der Vorsitzende Geheimer Regierungsrat Dr. von Böttinger die Leitung der Versammlung und brachte zunächst ein Schreiben Seiner Königlichen Hoheit zur Kenntnis, in welchem dieser lebhaft bedauerte, der Tagung aus den vorerwähnten Gründen nicht beiwohnen zu können, und gleichzeitig der Versammlung einen guten Erfolg wünschte. Es wurde einstimmig von der Versammlung die Absendung folgender Begrüßungstelegramme beschlossen:

Seiner Königlichen Hoheit Prinz Heinrich von Preußen
Kiel.

Eurer Königlichen Hoheit als ihrem hohen und erhabenen Ehrenvorsitzenden versichert die Wissenschaftliche Gesellschaft für Flugtechnik nicht nur ihren ehrerbietigsten Glückwunsch zur glücklichen Rückkehr Eurer Königlichen Hoheit und Eurer Königlichen Hoheit Hohen Gemahlin in die Heimat, sondern auch ihre tiefempfundenste Erkenntlichkeit für die durch Eurer Königlichen Hoheit große Reise dem Vaterlande wieder geleistete Förderung.

Wir verbinden mit diesen unseren Wünschen für Eurer Königlichen Hoheit dauerndes Wohl unser aufrichtigstes Leid, daß Eure Königliche Hoheit unsere diesjährige Versammlung nicht leiten können, versichern aber Eurer Königlichen Hoheit unseren innigsten Dank für die unserer Gesellschaft auch im verflossenen Jahre gegebenen Anregungen und erwiesenen Förderungen.

Die Vorsitzenden:
von Böttinger.   von Parseval.   Prandtl.

Seiner Majestät dem Kaiser und König
Korfu.

Eurer Kaiserlichen Majestät versichern wir alleruntertänigst aufs neue unseren tiefen Dank für Eurer Majestät uns weiter erwiesene Huld und Förderung. Wir verbinden damit die untertänigste Bitte um Fortdauer Eurer Majestät Gnade und unsere innigsten Wünsche, daß Gottes Segen Eure Majestät allzeit begleite und erhalte.

Die Wissenschaftliche Gesellschaft für Flugtechnik.
vonBöttinger.   von Parseval.   Prandtl.

Seiner Majestät dem König
Dresden.

Eurer Majestät dankt die Wissenschaftliche Gesellschaft für Flugtechnik aufs ehrerbietigste für die ihr von Eurer Majestät erwiesene Huld und Gnade; sie verbindet damit die ergebensten Wünsche, daß aller Segen Eure Majestät stets begleite.

von Böttinger.   von Parseval.   Prandtl.

Es gingen im Laufe der Tagung folgende Antworttelegramme ein:

Kiel, den 1. Mai.

Geheimrat von Böttinger, Elberfeld.

Eben zurückgekehrt, sage allerseits Dank für Depesche vom 27. v. Mts., hoffe, daß Tagung Dresden zur Förderung der Bestrebungen der Wissenschaftlichen Gesellschaft für Flugtechnik beigetragen hat.

Heinrich.

Dresden, den 27. April.

Wissenschaftliche Gesellschaft für Flugtechnik.

Seine Majestät der König haben mich beauftragt, Ihnen für übersandten Huldigungsgruß Allerhöchst seinen Dank zu übermitteln.

von Schweinitz.

Hauptmann, kommandiert als Flügeladjutant.

Achilleion, 28. April.

Wissenschaftliche Gesellschaft für Flugtechnik, Dresden.

Seine Majestät der Kaiser lassen für die freundliche Begrüßung bestens danken.

Kabinettsrat von Valentini.

Nach einigen Begrüßungsansprachen erstattete der Vorsitzende den Geschäftsbericht, in welchem er mitteilte, daß die Mitgliederzahl auf 381 ordentliche, 36 außerordentliche und 4 lebenslängliche gewachsen sei, während gleichzeitig die Gesellschaft den Verlust von 4 Vorstandsmitgliedern und Mitgliedern betrauerte, von denen zwei als Opfer bei der schweren Katastrophe des Marineluftschiffes „L 2" in Ausübung ihres verantwortungsreichen Berufes geblieben wären. Er widmete diesen Mitgliedern, wie auch den übrigen Opfern der Luftschiffahrt warme herzliche Worte, und die Versammlung erhob sich zum ehrenden Gedenken derselben von ihren Plätzen. Der Vorsitzende kam darauf auf die verhältnismäßig kleine Mitgliederzahl zu sprechen und regte an, daß geeignete Vorschläge aus der Versammlung heraus am nächsten Vormittag vor Eintritt in die Tagesordnung erfolgen sollten. Im weiteren Verfolg des Geschäftsberichtes gab der Vorsitzende die neugegründeten Ausschüsse bekannt, ging dann auf den gedruckt vorliegenden Rechnungsabschluß und Vorschlag für das neue Geschäftsjahr über, der von den beiden Rechnungsprüfern geprüft und für richtig befunden war, besprach die Änderung des Namens der Gesellschaft in „Wissenschaftliche Gesellschaft für Luftfahrt", weiter die „Verlegung des Geschäftsjahres auf das Kalenderjahr" und ging hierauf zur Wahl der turnusmäßig ausscheidenden Mitglieder des Gesamtvorstandes über. Hierauf wurde die Geschäftssitzung geschlossen, und traditionsgemäß übernahmen die beiden Vorsitzenden Professor Dr. von Parseval und Professor Dr. Prandtl abwechselnd den Vorsitz während der jetzt folgenden Vorträge und Diskussionen.

Der Rektor der Techn. Hochschule Hannover, Magnifizenz Prof. Otzen, übernahm den ersten Vortrag: „Die Technischen Hochschulen im Dienste der Flugtechnik", in welchem er ausführte, daß es für eine auf breiter Basis aufbauende Entwicklung der Flugtechnik notwendig sei, Richtlinien zu finden für ein enges Zusammengehen der Technischen Hochschulen mit den in ihrer Nähe befindlichen Flugplätzen. Den zweiten Vortrag hielt Professor Knoller-Wien über „Die Festlegung einiger aeromechanischer Begriffe", in welchem er die Klarstellung einiger besonders wichtiger Punkte mit scharf umgrenzten Begriffen anstrebte, welche Vorschläge durchaus das Einverständnis der Versammlung erhielten.

Zum ersten Vortrag fand auf Beschluß der Versammlung keine Diskussion statt, vielmehr erklärte sich die Versammlung und der Vortragende mit den Beschlüssen des Gesamtvorstandes einverstanden, nach welchen eine besondere Kommission eingesetzt werden solle, die zunächst die Frage im einzelnen zu prüfen habe, um dann bei nächster Gelegenheit geeignete Schritte für die Gesellschaft in Vorschlag zu bringen.

Zum zweiten Vortrag meldeten sich eine ganze Reihe Herren zur Diskussion, und lediglich mit Rücksicht auf die vorgeschrittene Zeit wurde diese Aussprache, die sich außerordentlich anregend gestaltete, eingeschränkt. Es beteiligten sich außer dem Vortragenden die Herren Krey, von Parseval, Prandtl und Quittner an derselben.

Nach einem gemeinsamen Frühstück im blauen Zimmer des Ratskellers wurden die Vorträge in der Aula fortgesetzt, und zwar sprach zuerst Professor Dr. Reißner über den „wissenschaftlichen und technischen Stand der Propellerfrage". Den nächsten Vortrag übernahm der langjährige Mitarbeiter des Grafen Zeppelin, Dipl.-Ing. Freiherr von Soden über „Untersuchungen an Luftschrauben am Stand und in der Fahrt beim Luftschiffbau Zeppelin", welcher Vortrag durch die Vorführungen instruktiver Lichtbilder in zweckmäßiger Weise ergänzt wurde.

Zuerst war beabsichtigt, die Diskussion für beide Vorträge zu vereinigen, es stellte sich wegen der Verschiedenartigkeit derselben aber als zweckmäßig heraus, über beide Referate gesondert zu sprechen, so daß auf Vorschlag des Versammlungsleiters Herrn Prof. von Parseval zunächst die Diskussion über den Reißnerschen Vortrag eröffnet wurde, an der sich die Herren Bendemann, Betz, Föttinger, Gümbel, Kármán, Knoller, Krey, von Parseval und Prandtl sowie der Vortragende beteiligten. Mittlerweile war die Zeit so vorgerückt, daß zum Vortrag von Dipl.-Ing. von Soden die Diskussion ausfallen mußte.

Am Abend vereinigten sich die Kongreßteilnehmer in den Festräumen des Rathauses, wo ihnen durch den Rat und die Stadtverordneten ein festlicher Empfang bereitet war. Wenn auch die schloßähnliche Marmorpracht des Treppenhauses wegen Fertigstellung der Deckengemälde leider verschlossen war, so brachte der Empfang in der Ratssilberkammer durch die Herren Oberbürgermeister Geheimrat Beutler und Ersten Bürgermeister Dr. Kretzschmar die vornehme Würde der Dresdener Empfangsräume doch sehr zur Geltung.

Der mit schweren Teppichen belegte Raum, dessen Wandschränke das prunkvolle Silbergeschirr enthielten, erzeugte mit seiner geschickt verdeckten Seitenbeleuchtung von Anfang an eine gehobene, fast feierliche Stimmung. Noch prachtvoller wirkte natürlich der mit dem Prellschen Deckenschmuck versehene herrliche Festsaal, in dem sich die Teilnehmer in zwanglosen Gruppen an kleinen Tischen niederließen. Am Schluß des reichen Mahles fand Oberbürgermeister Geheimrat Beutler herzgewinnende Worte, um die Tagungsmitglieder zu begrüßen und ihnen die besten Wünsche der Stadt darzubringen. Er feierte den Zusammenhalt zwischen Wissenschaft und Technik, der uns wie auf anderen Gebieten so auch auf dem der Luftfahrt zu den Erfolgen verholfen habe, deren wir uns heute rühmen könnten. Sein Hoch galt der Wissenschaftlichen Gesellschaft für Luftfahrt. Geheimrat von Böttinger erwiderte mit herzlichen Dankesworten, indem er nochmals die der Gesellschaft in Dresden so überaus reich erwiesene Gastfreundschaft hervorhob. In den Nebenräumen hielten anregende Unterhaltungen nach aufgehobener Tafel die Teilnehmer noch lange Stunden zusammen.

Am nächsten Tage wurden in den schönen neuen Räumen des Elektrotechnischen Instituts in der Helmholtzstraße zunächst von seiten der Teilnehmer einige Vorschläge betreffs der Vergrößerung des Mitgliederkreises gemacht, die in einer demnächst abzuhaltenden Vorstandssitzung näher durchberaten werden sollen. Hierauf wurde in die Tagesordnung eingetreten, und bis 11 Uhr wechselten Vorträge und Diskussionen in bunter Reihenfolge ab.

Um 11 Uhr erwies Seine Majestät der König von Sachsen der Tagung die hohe Gnade, mit seinem Gefolge einigen Vorträgen und Demonstrationen beizuwohnen.

Der König wurde von den Herren des Vorstandes am Portal empfangen und vom Vorsitzenden Geheimrat von Böttinger mit folgender Ansprache begrüßt:

Eure Majestät haben die große Gnade und Huld gehabt, uns mit Eurer Majestät allerhöchstem Besuch zu erfreuen und zu beehren. Die Wissenschaftliche Gesellschaft für Luftfahrt bittet Eure Majestät, den alleruntertänigsten und tief bekundeten Dank entgegennehmen zu wollen für die ihr dadurch gewordene große und hohe Auszeichnung. Eure Majestät werden Gelegenheit haben, aus den Verhandlungen, an denen Eure Majestät teilzunehmen die hohe Gnade haben, zu ersehen, in welcher tatkräftigen und energischen Art und Weise auch die Wissenschaftliche Gesellschaft für Luftfahrt zur Förderung der Luftfahrt beizutragen bestrebt ist. Deutschland darf sich rühmen, nicht nur in technischen Gebieten, sondern vor allem in der Wissenschaft bahnbrechend gewesen zu sein und voranschreitend schon vieles geleistet zu haben.

Die Wissenschaftliche Gesellschaft für Luftfahrt dankt Eurer Majestät deshalb nochmals ganz besonders für die Gnade und die Auszeichnung, die ihr Eure Majestät hat zuteil werden lassen, und für die hohe Förderung, die Eure Majestät bisher der Luftfahrt schon erwiesen haben. —

Der König hörte hierauf ein einleitendes Referat von Geheimrat Scheit über Motorenprüfung an, worauf eine Besichtigung der neuen Einrichtungen der Technischen Hochschule folgte. Nachdem der König sich die einzelnen Versuchsstände eingehend hatte zeigen lassen, übermittelte er nach etwa einstündigem Besuch dem Vorstand die besten Wünsche für einen guten Erfolg der Tagung, die Geheimrat von Böttinger sofort der Versammlung überbrachte. Nach gemeinsamem

Frühstück im Stadtverordnetenzimmer des Rathauses folgte die Fortsetzung der Vorträge.

Am Vormittag hatte Professor Dr. von Kármán über „Längsstabilität und Längsschwingungen von Flugzeugen" gesprochen, über die er ein großes Zahlenmaterial in übersichtlichen Kurven in Lichtbildern vorführen konnte. Hierauf erstattete Dr. Trefftz-Aachen ein kurzes ergänzendes Referat über dasselbe Thema, worauf die Diskussion beginnen sollte. Es wurde jedoch aus der Versammlung heraus angeregt, sofort mit den Motorenvorträgen zu beginnen, worauf auf Vorschlag von Prof. Prandtl die Diskussionsredner gebeten wurden, ihre Äußerungen schriftlich für das Jahrbuch niederzulegen[1]).

Hierauf fanden die Vorträge von Dr. Freiherr von Doblhoff über „Flug-motorenuntersuchungen" und Dipl.-Ing. Seppeler über das gleiche Thema statt.

In der anschließenden gemeinsamen Diskussion sprachen außer den Vortragenden die Herren Baumann, Bendemann, Foettinger, Knoller, von Parseval.

Am Nachmittag begannen interessante Vorführungen von Professor Dr. Cohnheim-Hamburg über „Die Aufrechterhaltung des Gleichgewichts beim Vogelflug", und die kurze, aber sehr angeregte Diskussion, an der sich die Herren Bendemann, Friedländer, Junkers, Lilienthal, Prandtl beteiligten, zeugte von der großen Bedeutung, die allseitig dem Thema beigelegt wurde.

Hierauf fanden die Vorträge der Herren Geheimrat Scheit über die „Indizierung von Flugmotoren" mit den Ergänzungsreferaten von Dr. Mader und Dr. Bergmann statt, denen sich sofort eine Diskussion anschloß. Es sprachen die Herren Baumann, Bendemann, Foettinger, Junkers, von Kármán, von Parseval, Prandtl. Die Diskussion mußte dann aber mit Rücksicht auf den Schlußvortrag von Dipl.-Ing. Bader über „Eine Versuchsanordnung zur kinematographischen Aufnahme von fliegenden Modellen" abgebrochen werden, über welch letzteren Vortrag aus den gleichen Gründen keine Diskussion mehr stattfand.

Der Abend vereinigte die Kongreßteilnehmer in der Königlichen Hofoper zum Besuch der Festvorstellung von Richard Wagners „Tannhäuser", und nach Schluß der Vorstellung war noch ein zwangloses Beisammensein in dem gegenüberliegenden „Italienischen Dörfchen" arrangiert, dem noch fast 150 Personen gefolgt waren.

Der nächste und letzte Tag der Versammlung wurde mit einer Besichtigung des Kgl. Schauspielhauses eingeleitet. Die Teilnehmer hatten Gelegenheit, unter Führung von Maschineriedirektor Linnebach die maschinen-technischen und Beleuchtungs-Einrichtungen zu besichtigen. Von der Bühne aus bewunderten die Anwesenden zuerst die Wirkung der Bogenlampen- und dann der Glühlichtbeleuchtung auf den gewaltigen Kuppelhorizont. Rosiger Schimmer kündete den nahenden Tag, helleuchtender Sonnenschein die Mittagsstunde, dann

---

[1]) Die Diskussion ist dem Vortrag angefügt. Die Schriftltg.

kam der Abend, und in allen Tinten erglühte der Horizont; Sterne blinkten und funkelten, herein brach die düstere Nacht. Weiter erklärte Direktor Linnebach das in seiner ganzen Ausdehnung versenkbare Bühnenpodium; auf der mittelsten der drei Streifenversenkungen ging nun die Fahrt in die Tiefe; Teilversenkungen und seitliche Schiebebühnen, auf denen gerade die Ausstattung für die Faustaufführung fertig aufgebaut stand, offenbarten neue technische Wunder.

Hierauf folgte die Besichtigung der Fabrik Heinrich Ernemann, A.-G. für Kamerafabrikation.

Generaldirektor Kommerzienrat Ernemann und der kaufmännische Direktor Heyne hießen die Erschienenen aufs liebenswürdigste willkommen. Unter Führung der technischen Direktoren wurde sofort in mehreren Gruppen ein Rundgang durch die Fabrik angetreten. Von der Stanzerei aus, in der die Rohteile für Kamera- und Kinobau hergestellt werden, ging es in den Saal für Holzbearbeitung mit den neuesten Fräs- und Hobelmaschinen und Kreissägen, weiter durch die Säle der Tischlerei, in die Räume für Metallbearbeitung und in die Schlosserei. Die neuesten Apparate für kinematographische Aufnahmen und Vorstellungen wurden erläutert, Kopierapparate für Films in Betrieb gezeigt, Graviermaschinen erklärt und schließlich die optische Abteilung und die Schleiferei mit ihren großartigen Vorrichtungen besichtigt. Bei dem anschließenden Frühstück sprach der Vorsitzende Prof. Prandtl unter allgemeinem Beifall auf das weitere Blühen und Gedeihen der Firma Ernemann. Danach hielt Ing. Kammerer unter Vorführung prächtig gelungener Lichtbilder einen interessanten Vortrag über die Erfindung des verstorbenen österreichischen Hauptmanns Scheimpflug, die hauptsächlich die Gewinnung von Geländephotogrammen aus der Luft bezweckt und die in weiterem Ausbau schon sehr gute Erfolge erzielt hat.

Den Schluß der Tagung bildete dann die wohl allen Teilnehmern unvergeßliche Automobilfahrt nach der Bastei, die der Königlich Sächsische Automobilklub veranstaltet hatte. Rasch ging's hinein in die lachende Frühlingslandschaft. Bald breitete sich zur Linken und Rechten der buntfarbige Teppich der Wiesen, bald zogen sich grünende Saatgefilde hinein ins weite Land. Felsen tauchten auf, bergauf und bergab führte die Straße, über Täler und Höhen, immer steiler wurde der Weg, und ehe man es sich versehen, war das Basteiplateau erreicht.

Hier bot der Königlich Sächsische Automobilklub den Teilnehmern einen Imbiß. Im Namen des Klubs begrüßte dessen Präsident Geh. Regierungsrat Dr. Niethammer, Vortragender Rat im Ministerium des Innern, die Herren. In feinsinniger Wendung ließ Geheimrat Niethammer seine Ansprache in ein dreifaches Hoch auf die Damen ausklingen. Alsbald erwiderte Geh. Regierungsrat Professor Barkhausen. Tages Arbeit, abends Gäste, saure Wochen, frohe Feste, diese Worte gäben so recht ein Abbild der letzten Tage. In unvergleichlicher Weise seien die Mitglieder der Gesellschaft von allen Seiten in Dresden aufgenommen worden. Besonders aber seien alle erhoben worden durch die unter hervorragender Regie stehende Tannhäuser-Aufführung, die das Werk in so taktvoller Weise geboten habe, wie er und viele andere es noch nie gesehen und gehört hätten. Nun sei noch zum Schluß der Tagung diese Fahrt in Dresdens einzigartige Umgebung veranstaltet worden. Er könne versichern, daß keiner der Teilnehmer diese dritte

Mitgliederversammlung der Gesellschaft vergessen werde. Sein Hoch galt dem Königlich Sächsischen Automobilklub. Eine mit freudigem Beifall aufgenommene Ansprache hielt schließlich Geh. Baurat Veith vom Reichsmarineamt, die in ein Hoch auf den Ortsausschuß mit Geh. Hofrat Professor Grübler an der Spitze ausklang.

So hat denn auch die III. Hauptversammlung dank der rührigen Leitung in Dresden einen in jeder Beziehung befriedigenden Verlauf genommen, so daß die Teilnehmer ihr ein gutes Angedenken bewahren werden.

Der Hauptversammlung am 28. April erwies Se. Majestät der König von Sachsen mit Gefolge und in Begleitung der verschiedenen Herren Minister die Gnade, einem Vortrag mit Demonstrationen beizuwohnen; außerdem nahmen laut Präsenzliste an der Versammlung am 26. bis 29. April in Dresden u. a. teil:

Ahlborn, Professor Dr.	Hamburg
Albert, Geh. Oberregierungsrat, Reichsamt des Innern	Berlin
von Ascheberg, Freiherr Oberleutnant	Jüterbog
Bader, Dipl.-Ing.	Straßburg
Barkhausen, Geh. Reg.-Rat Prof. a. D. Dr.-Ing.	Hannover
Barkhausen, Professor	Dresden
Barnewitz, Dipl.-Ing., stellvertretender Vorsitzender des Dresdener Bezirksvereins deutscher Ingenieure	Dresden
Bartsch, Hauptmann, Kriegsministerium	Berlin
Baumann, Professor	Obertürkheim bei Stuttgart
Bayer, Geheimrat	Elberfeld
Beck, Exz., Staatsminister Dr., Kultusministerium und Ministerium des Öffentl. Unterrichts	Dresden
Becker, Ingenieur	Steglitz
Béjeuhr, Geschäftsführer der W. G. L.	Berlin-Charlottenburg
Bendemann, Professor Dr.-Ing.	Adlershof
Bergmann, Dr.	Oberschöneweide
Berson, Professor	Berlin-Lichterfelde-W.
Betz, Dipl.-Ing.	Göttingen
Beutler, Geh. Finanzrat a. D., Oberbürgermeister Dr. jur. Dr.-Ing.	Dresden
Beyer, Herrmann	Dresden
Blumenthal, Generaldirektor	Frankfurt a. M.
Bock, Dr.-Ing.	Chemnitz
von Böttinger, Geh. Reg.-Rat Dr., M. d. H.	Elberfeld.
Bredenbreuker, Hauptmann	Berlin-Schöneberg
Bucherer, Zivil-Ing.	Berlin-Reinickendorf-West
von Buttlar, Leutnant	Charlottenburg
Camozzi, Direktor	Niederlößnitz bei Dresden
Cohnheim, Professor	Hamburg
von Cornides, Verlagsbuchhändler	München
von Criegern, Exz., Kammerherr, Kämmerer Sr. Majestät des Königs von Sachsen	Dresden
Denninghoff, Reg.-Rat., Kaiserl. Patent-Amt.	Berlin-Dahlem
Dieckmann, Privatdozent Dr.	Gräfelfing bei München

Dinglinger, Hauptmann . . . . Bitterfeld
von Doblhoff, Freiherr, Dr.-Ing., Konstrukteur am aeromechani-
    schen Laboratorium der K. K. technischen Hochschule Wien   Triebuswinkel
Dörr, Dipl.-Ing., Leiter der Luftschiffwerft . . . . Potsdam
Eckelmann, Korvettenkapitän, Admiralstab der Marine . . . Berlin
von Einsiedel, Dr. med. . . . . Dresden
Elert, Korvettenkapitän, Königl. Sächs. Automobil-Klub . . . Dresden
d'Elsa, Exz., General der Infanterie, Kommandeur des XII. (K.S. 1)
    Armeekorps . . . . Dresden
Engelhard, Schatzmeister des Ruhr-Bezirkvereins deutscher
    Ingenieure . . . . Essen-Ruhr
Euler, August, Fabrikbesitzer . . . . Frankfurt a. Main
Everling, Dr. . . . . Adlershof
Förster, Geh. Rat, Technische Hochschule . . . . Dresden
Föttinger, Professor Dr.-Ing. . . . . Zoppot-Danzig
Friedländer, Hofrat, Professor Dr. . . . . Hohe Mark im Taunus.
Friedländer, Korvettenkapitän a. D. . . . . Kiel
Friedrich, Oberst, Verkehrstechn. Prüfungskommission . . . . Berlin-Schöneberg
Fuhrmann, Dipl.-Ing. Dr. . . . . Adlershof
von Funcke, Major . . . . Dresden
Gaissert, Hauptmann, Führer des Z VII . . . . Dresden
Gaule, K., Dipl.-Ing. . . . . Aachen
Gehlen, Dipl.-Ing. Dr. Friedrichshafen a. B.
George, Hauptmann, Verkehrstechn. Prüfungskommission . . Berlin-Charlottenburg
Gohlke, Ingenieur . . . . Adlershof
von der Goltz, Freiherr, Exz., Generalleutnant z. D. . . . . Berlin
Görges, Geheimer Hofrat, Prof Rektor der Technischen Hoch-
    schule . . . . Dresden
Gradenwitz, Ing. und Fabrikbesitzer . . . . Berlin
Grosse, Professor Dr. Vorsteher des Meteorologischen Obser-
    vatoriums . . . . Bremen
Grübler, Geheimrat, Professor Dr. . . . . Dresden
Gruhl, Kurt . . . . Dresden
Grulich, Karl, Dipl.-Ing. . . . . Gotha
Gümbel, Professor Dr.-Ing. . . . . Berlin-Charlottenburg
von Hänisch, Exz. Generalleutnant, Generalinspekteur d. Milit.
    Verk.-Wesens . . . . Berlin
von Hausen, Freiherr, Exzellenz, Staatsminister, Minister des
    Krieges, Generaloberst. . . . . Dresden
Heller, Dr.-Ing., Deutsche Vers.-Anstalt f. Luftfahrt . . . . . Adlershof
Herzing, Direktor . . . . Dresden
Hetzer, Major . . . . Dresden-Loschwitz
Heubach, Professor, Direktor der Elektromechanischen Werke . Heidenau
Hoff, Dr.-Ing. . . . . Adlershof
Holst, Hofrat . . . . Dresden
Hoßfeld, Wirkl. Geh. Oberbaurat . . . . Berlin
Huppert, Professor, Ing. . . . . Frankenhaus. a. Kyffh.
von Jena, Hauptmann . . . . Bitterfeld
Josse, Geh. Reg.-Rat, Professor an der Technischen Hochschule Charlottenburg
Junkers, Professor . . . . Aachen
Kämmerer, Ing., Vertreter des Vereins deutscher Ingenieure Berlin
Kammsetzer, Hofrat . . . . Dresden
von Kármán, Prof. Dr. Aachen
von Kehler, Hauptmann d. R., Luftfahrzeug Ges. m. b. H. . . . Berlin

Kempf, Dr.-Ing.	Bergedorf bei Hamburg
Knocke, Stadtrat	Dresden
Knoller, Professor	Wien
Kober, Dipl.-Ing., Direktor des Flugzeugbau	Friedrichshafen a. B.
Koeppen, Hauptmann, Generalstab der Armee	Berlin
Korn, Otto	Dresden
Köttig, Polizeipräsident	Dresden
Kretzschmar, Dr., Erster Bürgermeister	Dresden
Krey, Reg.- und Baurat	Berlin
Krüger, Stadtrat, Dr.	Dresden
Kühne	Niederlößnitz bei Dresden
von Laffert, Exz., Generalleutnant z. D., Präsident des Kgl. Sächs. Vereins f. Luftfahrt	Kleinschachwitz bei Dresden
Laudahn, Marinebaurat	Berlin-Grunewald
Lingner, Exz., Wirkl. Geh. Rat, Präsident des Automobil-Klubs	Dresden
Linnarz, Hauptmann, Inspektion d. Luftschiffertruppen	Berlin Schöneberg
Lorenzen, Ingenieur	Neukölln
Madelung, Ingenieur	Berlin-Charlottenburg
Mader, Dr.-Ing.	Aachen
Marcuse, Professor Dr.	Berlin-Charlottenburg
Meyer, Marinebaurat, Reichs-Marine-Amt	Berlin
Meyer, Leutnant, Flugplatzverwaltung	Dresden
Morell, Fabrikbesitzer	Leipzig
Nagel, Dr., Staatsminister, Minister d. Justiz, Exzellenz	Dresden
Niethammer, Geh. Reg.-Rat, Dr.	Dresden
Nusselt, Dr.-Ing.	Dresden
von Oertzen, Hauptmann, Fliegertruppe	Döberitz
Otzen, Magnifizenz, Prof., Rektor der Technischen Hochschule	Hannover
von Parseval, Major z. D., Prof. Dr.-Ing.	Berlin Charlottenburg
Pfund, Prokurist	Dresden
Polis, Professor Dr., Direktor d. Meteorologischen Observatoriums	Aachen
Prandtl, Professor Dr.	Göttingen
Probst, Hüttendirektor	Düsseldorf
Pröll, Professor Dr.-Ing.	Hannover
Quittner, Dr., Dipl.-Ing.	Berlin-Schöneberg
Rasch, Oberleutnant a. D., Generalsekretär des D. L. V.	Berlin-Charlottenburg
Reichardt, Otto, Dipl.-Ing.	München
Reißner, Professor Dr.-Ing.	Berlin-Charlottenburg
Rieß von Scheurnschloß, Exz., Generalleutnant z. D., Präsident der deutschen Versuchsanstalt für Luftfahrt	Berlin
Romberg, Magnifizenz, Professor, Rektor der Technischen Hochschule	Berlin-Charlottenburg
von Rottenburg, Gerichtsassessor	Frankfurt a. M.
Rumpelt, Ministerialdirektor, Geheimrat	Dresden
Schelcher, Geheimer Rat, Dr., Ministerialdirektor	Dresden
Scheit, Geh. Hofrat, Professor	Dresden
von Schimpff, Dr. jur.	Dresden
Schlink, Professor	Braunschweig
Schlippe, Geh. Reg.-Rat, Sächs. Ingen.- u. Architekt.-Verein	Dresden
Schmaltz, Geheimrat	Dresden
Schmidt, Curt, Dr. med.	Dresden-Strehlen
Schmidt, Karl, Professor Dr.	Halle. Sa.

3*

Schnetzler, Ing.	Frankfurt a. M.
Schönberg, Rechtsanwalt, stellvertretender Vorsitzender des Mittelmosel-Vereins für Luftfahrt	Berncastel-Cues(Mosel)
von Schröder, Leutnant	Berlin
Schulze-Garten, Justizrat, Dr., Sächs. Verein f. Luftfahrt	Dresden
Schwarzschild, Geheimrat, Professor Dr.	Berlin-Potsdam
von Seebach, Graf, Exz., Geheimrat	Dresden
Seppeler, Dipl.-Ing.	Adlershof
Seyrich, Dr.-Ing., stellvertretender Direktor	Dresden
von Soden-Fraunhofen, Freiherr, Dipl.-Ing.	Friedrichshafen a. B.
Spranger, Ober-Postdirektor	Dresden
Steudel, Ing.	Dresden
Sticker, Gerichtsassessor a. D.	Berlin
Trefftz, Dr., Assistent an der Technischen Hochschule	Aachen
Tull, Geh. Ober. Reg.-Rat, Ministerium d. öffentl. Arbeiten	Berlin
Veith, Wirkl. Geh. Oberbaurat, Dr.-Ing., Abteilungschef im Reichs-Marine-Amt	Berlin
Vitzthum von Eckstädt, Graf, Staatsminister, Minister d. Innern und d. auswärtigen Angelegenheiten	Dresden
Vogel,	Dresden
Vollmann, Richard	Sebnitz in Sachsen
Vorreiter, Zivil-Ing.	Berlin
Wagner, Hermann, Professor Dr.	Göttingen
Wassermann, Patentanwalt, Dipl.-Ing.,	Berlin
Weidert. Dr., Direktor der Firma C. P. Goerz	Berlin
Weißwange, Dr.	Dresden
Wenger, Dr.	Leipzig
Westphal, Ing.	Berlin-Schöneberg
Wiener, Direktor	Berlin-Charlottenburg
Wieselsberger, Dr.	Göttingen
Wolff, Direktor	Berlin-Lankwitz
Wunderlich, Baumeister	Dresden
Zeyssig, Direktor	Berlin

Hauptversammlung.

A. Die geschäftlichen Verhandlungen
am Montag, den 27. April 1914, in der Aula der Technischen Hochschule.

Beginn vormittags 9 Uhr 15 Minuten.

Vorsitzender Geh. Regierungsrat Dr. v. Böttinger: Meine Exzellenzen! Hochverehrte Herren! Gestatten sie mir im Namen des Vorstandes und im Namen unserer Gesellschaft, Sie zunächst auf das herzlichste zu begrüßen, Ihnen aber auch unseren warm bekundeten Dank auszusprechen für die Ehre, die Sie, hochverehrte Exzellenzen und Herren Vertreter der verschiedenen Reichs- und Staatsbehörden, durch Ihre Teilnahme an unseren heutigen Verhandlungen uns erweisen. Unseren Mitgliedern und den Gästen unserer Gesellschaft möchte ich ein ebenso herzliches Willkommen entgegenrufen und die Hoffnung aussprechen, daß sie am Schlusse unserer Tagung befriedigt nach Hause zurückkehren werden in dem Bewußtsein, wieder einen Stein zu dem großen Bau beigetragen zu haben, dessen Entwicklung unsere Aufgabe ist: einem der neueren Gebiete der Forschung und des menschlichen Wissens. Wir fühlen uns besonders geehrt, da nicht nur die Königlich Sächsische Staatsregierung, vertreten durch den Herrn Ministerpräsidenten und Minister des Innern Exzellenz Grafen Vizthum und den Herrn Kultusminister Exzellenz Dr. Beck, sondern auch der Herr Reichskanzler durch Herrn Geh. Ober-Reg.-Rat Albert aus dem Reichsamt des Innern uns hier begrüßen wird, und daß weiter die Behörden der anderen Staaten sowie der verschiedenen Ministerien ihre Vertreter hierher gesandt haben. Für uns liegt darin eine ganz besondere Befriedigung, denn wir ersehen daraus, daß die Arbeiten und Aufgaben, die wir uns gestellt haben, für die hohen Behörden Interesse bieten, wodurch sie anerkennen, daß auch wir mit beitragen an dem Ausbau dieses neuen Wissensgebietes.

Ich darf wohl bei dieser Gelegenheit Ihnen, verehrte Magnifizenz Görges, den verbindlichsten Dank aussprechen, daß Sie uns die Räume der Technischen Hochschule in so gastlicher und liebenswürdiger Weise zur Verfügung gestellt haben und dadurch unseren Beratungen eine gewisse Weihe zuteil werden lassen.

Weiter möchte ich Ihnen, hochverehrte Exzellenz von Laffert, ganz besonders danken für die Gastfreundschaft, die Sie uns gestern abend zuteil haben werden lassen wie auch für alle Bemühungen, die Sie in unserem Interesse gehabt haben.

Endlich danke ich noch ganz besonders Herrn Geheimrat Grübler als Vorsitzenden des Ortskomitees; wir wissen es besonders seinen Bemühungen zu danken, daß alles in schönster Ordnung ist und daß wir so schönen Tagen hier entgegensehen dürfen.

D. Dr. Beck, Minister des Kultus und öffentlichen Unterrichts, Exzellenz: Meine hochverehrten Herren! Im Namen der Sächsischen Staatsregierung habe ich die Ehre, die dritte Versammlung der Wissenschaftlichen Gesellschaft für Flugtechnik im Königreich Sachen auf das herzlichste willkommen zu heißen. Wir freuen uns, in diesen Tagen die Versammlung einer Gesellschaft hier begrüßen zu dürfen, die, wenn sie auch noch nicht lange besteht, doch in der Zeit ihres Bestehens so wesentlich durch ihre wissenschaftlichen Ergebnisse zum Ausbau und zu den Fortschritten der Flugtechnik mitgewirkt hat, und wir hoffen, daß auch die Dresdener Tagung dazu beitragen wird, auf diesem wichtigen Gebiete neue Errungenschaften für das Flugwesen zu erzielen.

Meine hochverehrten Herren! Wir dürfen es mit Stolz begrüßen und teilen Ihre Genugtuung darüber, daß unser Deutsches Reich, das lange mit anderen Nationen hat ringen müssen, nunmehr wohl an die Spitze sämtlicher Nationen auf dem Gebiete des Fliegerwesens und der Flugtechnik gelangt ist. Wir haben aus dem gestrigen hochinteressanten Vortrag die Beweise dafür entnommen, wie unsere Flieger mit unermüdlicher Todesverachtung und einem wahrhaften Heldenmut den anderen Nationen es abgerungen haben, heute Deutschland an die erste Stelle zu bringen. Wir hoffen, meine hochverehrten Herren, daß Sie durch die gestrige Besichtigung unseres Dresdener Flugplatzes und durch die dort getroffenen Einrichtungen, insbesondere der jetzt wohl größten Luftschiffhalle, die wir in Deutschland besitzen, sich davon überzeugt haben, wie wir auch in Sachsen bestrebt gewesen sind, im Wettbewerb mit den anderen Bundesstaaten das Fliegerwesen und die Flugtechnik zu einer Stufe möglichster Vollkommenheit zu bringen. Ich bin glücklich, daß Ihre Verhandlungen gerade hier in unserer Technischen Hochschule stattfinden, die mit anderen Hochschulen zusammen bemüht ist, Ihre Bestrebungen zielbewußt zu fördern.

Und so hoffe ich, meine hochverehrten Herren, daß auch ihre diesjährige Tagung dazu beitragen wird, der Flugtechnik neue Bahnen zu weisen und neue vorteilhafte Ergebnisse zu liefern, daß Sie recht frohe und glückliche Stunden in unserem Königreich verleben und, wenn Sie in ihre Heimat zurückkehren, sagen möchten: Hier war ich gern und gerne mochte ich weilen.

Nochmals herzlich willkommen! (Lebhafter Beifall.)

Geh. Oberregierungsrat Albert (Reichsamt des Innern): Exzellenzen! Meine hochverehrten Herren! Es ist mir eine besondere Ehre, die Wissenschaftliche Gesellschaft für Flugtechnik im Namen der Reichsverwaltung zu begrüßen und ihr das besondere Interesse zum Ausdruck zu bringen, das die Reichsverwaltung und die hier anwesenden Vertreter der Reichsressorts an Ihren Verhandlungen nehmen.

Meine Herren! Wenn wir aus Anlaß einer so wichtigen Tagung, wie der Wissenschaftlichen Gesellschaft für Flugtechnik, auf die Erfolge der letzten Jahre zurückblicken, so müssen wir uns, wie das ihr verehrter Herr Vorsitzender gestern so trefflich hervorgehoben hat, vor einer Überschätzung zweifellos hüten. Auf der andern Seite dürfen wir mit Genugtuung, wie das auch Se. Exzellenz, der Herr Kultusminister getan hat, feststellen, wie wir doch in den letzten Jahren außerordentlich vorwärtsgekommen sind. Beweise dafür sind die Leistungen unserer deutschen Offiziersflieger, ferner die Tatsache, daß wir gerade im letzten Jahre in den Besitz sämtlicher Weltrekorde uns gesetzt haben. Man mag vom wissenschaftlichen und technischen Standpunkt aus die Bedeutung solcher Weltrekorde zweifellos nicht zu hoch einschätzen, immerhin geben sie doch einen Beweis für das Niveau, auf dem wir uns befinden. Wir dürfen uns auch mit Genugtuung dessen erfreuen, daß diese Tatsache in steigendem Maße jetzt in der ausländischen Presse zum Ausdruck kommt, in der mit anerkennenswerter Objektivität die Bedeutung der deutschen Leistungen gewürdigt wird, die jetzt den Vorsprung Frankreichs vor Deutschland wieder eingeholt haben. Diese Einholung eines Vorsprungs ist für die deutsche Art, zu arbeiten, recht charakteristisch. Wenn wir uns die verschiedenen Gebiete technischer Leistungen vergegenwärtigen, so werden wir überall finden, daß die Deutschen zunächst anderen Ländern es überlassen haben, große Erfindungen in die Praxis zu übertragen. Ich darf daran erinnern, daß wir auf dem Gebiete des Eisenbahnwesens lange Zeit hinaus mit englischen Lokomotiven gefahren sind, ja daß wir sogar mit englischen Lokomotivführern uns haben behelfen müssen. Und doch ist schon in den 80er Jahren im englischen Parlament die Frage gestellt worden, wie es denn komme, daß England keine Lokomotiven mehr bauen könne, ob man sie denn stets aus Deutschland beziehen müsse. Wenn das auch aus begreiflichen Gründen eine Übertreibung ist, so beweist es doch die Entwicklung.

Ähnlich ist es gegangen auf dem Gebiete des Flugwesens. Auch hier haben wir zunächst anderen Nationen den Vorsprung überlassen. Wie wir alle wissen, liegt dies daran, daß es dem Deutschen nicht gegeben ist, sich einer neuen Idee mit großem Eifer und großer Schnelligkeit zu bemächtigen. Er tritt erst an die Sache heran, wenn er die wissenschaftlichen Grundgesetze klargelegt, sie in die Technik übertragen und damit erst die Grundlagen für ein industrielles Schaffen gefunden hat. Als besonders charakteristisch darf ich in dieser Beziehung darauf hinweisen, daß gerade in der letzten Zeit die deutschen Flugzeugmotoren in besonderem Maß in den Vordergrund getreten sind, während es noch vor kurzer Zeit eine Tatsache war, daß der französische Rotationsmotor durchaus überlegen war. Auf diesem Gebiete berühren sich auch in besonderem Maße die Arbeiten der Reichsverwaltung mit denen der Wissenschaftlichen Gesellschaft für Flugtechnik. Die vom Reichsamt des Innern gegründete Deutsche Versuchsanstalt für Luftfahrt hat in den letzten Jahren auf die Prüfung der Flugzeugmotoren einen besonderen Wert gelegt. In Ausführung der von Sr. Majestät dem Kaiser angeordneten Wettbewerbe und unter der so dankenswerten Mitarbeit der militärischen Ressorts, insbesondere des verehrten Altmeisters der Maschinentechnik, Herrn Geheimrat Veith, ist die Deutsche Versuchsanstalt für Luftfahrt gerade jetzt im Begriffe, den 2. Wettbewerb um den Kaiserpreis durchzuführen. Da ist es für sie von ganz besonderer Bedeutung, daß die Wissenschaftliche Gesellschaft für Flugtechnik auf der diesjährigen Tagung der Frage der Flugzeugmotoren einen besonders breiten Raum eingeräumt hat. Ich darf bezüglich des Zusammenarbeitens mit der Wissenschaftlichen Gesellschaft für Flugtechnik noch hinweisen auf das weite Gebiet der Erfindungen. Die Wissenschaftliche Gesellschaft hat es übernommen, die Prüfung der so überaus zahlreich eingehenden Erfindungen zu übernehmen. Sie hat damit den Reichsbehörden nicht nur eine Last abgenommen, sondern sie dient gleichzeitig damit den Fortschritten der Technik, indem sie versucht, soweit es überhaupt möglich ist, besonderen Gedanken Lebenskraft einzuhauchen und ihre Ausführung zu ermöglichen.

So ist es nicht nur eine Repräsentationspflicht der Reichsverwaltung, die Wissenschaftliche Gesellschaft für Flugtechnik zu begrüßen, sondern es geschieht das aus dem Gefühl eines engen und gedeihlichen Zusammenarbeitens. Es ist mir daher ein besonders herzliches Bedürfnis, Sie im Auftrag der Reichsverwaltung aufrichtig zu begrüßen und Ihrer Tagung einen vollen Erfolg zu wünschen. (Lebhafter Beifall).

Magnifizenz Geh. Hofrat Görges, Rektor der Technischen Hochschule: Eure Exzellenzen! Meine sehr geehrten Herren! Im Namen der Königlich Technischen Hochschule habe ich die Ehre, Sie hier zu begrüßen und in diesen unseren Räumen auf das herzlichste willkommen zu heißen.

Meine Herren! Wenn eine Technik erst im Werden begriffen ist, so hat natürlich der Erfinder das Wort und es muß sich der Versuch daran knüpfen. Und diese Versuche sind hier mit großem bewunderungswürdigen Mut ausgeführt worden. Wenn aber eine Technik bis zu einem gewissen Stand der Vollkommenheit gediehen ist, dann muß die wissenschaftliche Forschung einsetzen, um weitere Erfolge zu tätigen. Sie nun, meine Herren, haben sich die Aufgabe gestellt, das Gebiet der Luftfahrt wissenschaftlich zu vertiefen und dadurch auch der Flugtechnik die Wege zu weiteren Fortschritten zu ebnen. Die Hochschule weiß diese Bestrebungen vollauf zu würdigen, da sie von den Anfängen an der Flugtechnik mit lebhaftem Interesse gefolgt ist. Mit Stolz nennen wir den Altmeister der Motorluftschifffahrt, den Grafen Zeppelin, unseren Ehrendoktor.

Ich möchte noch betonen, daß es mich auch mit besonderer Freude erfüllt hat, daß Sie die schwierigen Fragen, die sich die technischen Hochschulen bezüglich des Unterrichts stellen, hier mit auf die Tagesordnung gesetzt haben; ich wünsche Ihrer Tagung im Namen der technischen Hochschule einen recht erfolgreichen Verlauf! (Lebhafter Beifall.)

Exzellenz v. Laffert: Als Vertreter des Königlich Sächsischen Vereins für Luftfahrt habe ich bereits gestern Gelegenheit genommen, die zu unserem Begrüßungsabend erschienenen Herren von Ihnen zu begrüßen und Ihnen unseren Dank auszusprechen, daß Sie unserer Aufforderung, diesmal in Dresden Ihre Tagung zu arrangieren, gefolgt sind. Wir freuen uns, wenn Sie mit den Veranstaltungen des Organisationsausschusses zufrieden sein sollten. Die von Ihrem verehrten Vorsitzenden gestern gesprochenen Worte werden von uns weiter beherzigt werden; wir werden auf dem Gebiete der Luftfahrt stets einem gesunden Optimismus nachleben und wir werden bestrebt sein, daß wir die wissenschaftlich geprüften Arbeiten in die Praxis einführen und weiter entwickeln (Bravo!). Wenn so Wissenschaft und Praxis Hand in Hand gehen, wird es gelingen, die Luftfahrt zu einem allgemein geschätzten und angewendeten Verkehrsmittel zu machen. (Lebhafter Beifall!)

Nachdem dann der Vorsitzende den Herren Vorrednern für die herzliche Begrüßung und für die freundlichen Worte für den weiteren Verlauf der Tagung in warmen Worten den Dank der Gesellschaft zum Ausdruck gebracht hatte, und nochmals der weitgehenden Bemühungen und des liebenswürdigen Entgegenkommens der Herren Geheimrat Grübler und Major von Funke vom Ortsausschuß, Herrn Geheimrat Dr. Niethammer vom Kgl. Sächs. Automobilklub und Herrn Hauptmann von Kehler gedacht hatte, welch letzterer für eine Reihe Fahrten des „P. L. 6" Freiplätze für die Versammlungsteilnehmer zur Verfügung gestellt hatte, kam er zum

Bericht des Vorstandes über die Gesellschaft

und führte hier etwa folgendes aus:

Ich habe zunächst das große Bedauern auszusprechen, daß unser hochverehrter Herr Ehrenvorsitzender, Se. Kgl. Hoheit Prinz Heinrich von Preußen, verhindert ist, heute hierher zu kommen und die Versammlung zu leiten. Das Schiff, welches ihn von Buenos Ayres zurückbringt, wird voraussichtlich erst am 29. April in Hamburg sein, so daß es unter diesen Verhältnissen nicht möglich sein wird, daß Se. Kgl. Hoheit hierher kommt. Ich kann Sie versichern, daß Se. Kgl. Hoheit mit ganz lebhaftem und intensivem Interesse an unseren Arbeiten teilnimmt, und ich möchte Ihnen nun namens des Vorstandes vorschlagen, daß wir an Seine Kgl. Hoheit ein Huldigungstelegramm absenden.

Dann meine Herren, sind es noch zwei erhabene Monarchen, die mit lebhaftem Interesse alle Fortschritte der Kultur verfolgen, die auch unserer Arbeit ihre Huld und Gnade erweisen: Seine Majestät der Kaiser und Seine Majestät der König von Sachsen. Seine Majestät der König von Sachsen hat die hohe Gnade gehabt, uns in bestimmte Aussicht zu stellen, morgen an den Demonstrationen teilzunehmen. Ich möchte Sie deshalb um die Genehmigung bitten, daß wir an Se. Majestät den Kaiser und an Se. Majestät, den König von Sachsen, Begrüßungs- und Huldigungstelegramme absenden[1]).

Meine Herren! Ich kann Ihnen auch weiter mitteilen, daß Se. Majestät der Kaiser sich regelmäßig Bericht erstatten läßt über unsere Arbeit und schon mehrfach sein lebhaftes Interesse für dieselbe zum Ausdruck gebracht hat.

Leider hat die Gesellschaft auch im verflossenen Jahre wieder mehrere Verluste im Mitgliederkreis erlitten. Wir beklagen das Hinscheiden des Herrn Oberbaurat Fritz vom Reichsmarineamt, des Herrn Leutnant a. D. Raabe aus Cronberg. Und ganz besonders müssen wir gedenken zweier Männer, die uns nahestanden, die mit uns gearbeitet haben und die bei der Katastrophe des „L. 2" ihr Leben eingebüßt haben: des Herrn Marinebaurat Neumann und des Herrn Marinebaumeister Pietzker. Beide Herren haben lebhaften Anteil an unseren Arbeiten genommen. Wir verdanken ihnen manche Anregung und wir, die wir mit ihnen arbeiten durften, werden sie noch lange in unseren Reihen vermissen. Ich möchte

---

[1]) Siehe Seite 27.

gleichzeitig auch derer gedenken, die bei den schweren Katastrophen in der Nordsee und in Johannisthal, indem sie in treuem Pflichtgefühl ihrem Vaterlande dienten, plötzlich aus dem Leben abberufen worden sind. Meine Herren! Zum Andenken an unsere Heimgegangenen bitte ich Sie, sich von Ihren Sitzen zu erheben. (Geschieht). Ich danke Ihnen.

Ich werde mich in meinem weiteren Berichte möglichst kurz fassen:

Erfreulich ist die Erhöhung in der Mitgliederzahl im Jahre 1913/14 von 348 auf 421. Aber das befriedigt uns nicht. Im Gegenteil, wir sind etwas niedergeschlagen, wenn wir bedenken, wie groß die Zahl der Herren war, die im Jahre 1912, als wir uns konstituierten, als Mitglieder uns beitraten, und wie groß die Zahl der Herren ist, die dann diese Mitgliedschaft nicht aufrecht erhalten haben. Nicht der Einnahmen wegen sind wir deprimiert, sondern wir sind betrübt, daß die Herren das Interesse, das sie am Anfange gehabt haben, nicht auch weiter aufrecht erhalten haben. Denn eine Mitgliederzahl von 421 ist nicht genügend. Die Aufgaben, die wir uns gestellt haben, müssen doch so in alle Kreise der Bevölkerung eindringen, das Interesse muß ein so viel lebhafteres werden, daß wir die dringende Bitte an Sie richten, in Ihren Kreisen weiter Freunde für unsere Sache zu werben. Wir möchten Ihnen vom Vorstand aus vorschlagen, daß wir morgen vor Eintritt in die Tagesordnung vielleicht eine kurze Beratung von 15—20 Minuten haben, um Ihnen Gelegenheit zu geben, mit neuen Anregungen zu kommen, in welcher Weise wir hier am besten vorgehen. Es würde uns zu lange aufhalten, wenn wir uns heute damit beschäftigen würden.

Exzellenz Dr. Beck: Verzeihen Sie, wenn ich unterbreche. Ich möchte Sie bitten, mir die Mitgliedsnummer 422 zu geben. (Lebhafter Beifall.)

Vorsitzender: Diese Unterbrechung begrüßen wir mit Freuden und in der Hoffnung, daß weitere Herren nachfolgen.

Bezüglich der Zusammensetzung des Vorstandes möchten wir Ihnen vorschlagen, daß wir in Zukunft etwas anders verfahren bezüglich der Herren Vertreter der Behörden. Bis jetzt sind die betreffenden Herren persönliche Mitglieder. Wir halten es nun für richtig, daß die Vertreter der Reichs- und Staatsbehörden als Kommissare seitens ihrer Herrn Chefs delegiert werden, daß sie natürlich im Vorstand mit den gleichen Rechten (Sitz und Stimme) ausgestattet und versehen werden, aber von den Mitgliedsbeiträgen dispensiert werden. Es ist dann auch für die betreffenden Behörden viel leichter, jederzeit zu uns ihre Herren zu entsenden. Wir möchten sie deshalb bitten, Ihre Genehmigung dazu zu erteilen, und ich würde, um die Sache nicht nochmals zur Sprache bringen zu müssen, feststellen, daß dies Ihrerseits erfolgt ist, wenn nicht von irgend welcher Seite Bedenken dagegen erhoben werden.

Dies ist nicht der Fall.

Es ist im Vorjahr vom Medizinischen Ausschuß beschlossen, wir möchten doch dahin wirken, daß auf die Flugplätze Ärzte zugelassen werden, die offiziell berechtigt sein sollen, die Flieger vor und nach den Flügen einer körperlichen und, soweit dies möglich, einer psychiatrischen Prüfung zu unterziehen, um festzustellen, ob die betreffenden Herren auch geeignet sind. Wir haben uns an den General-

stabsarzt Se. Exzellenz von Schjerning sowie an Herrn Generalarzt Schultzen
wie auch an Exzellenz von Hänisch, den Chef der Generalinspektion des Militär-
Verkehrswesens gewandt. Wir haben die große Freude, Ihnen mitzuteilen, daß
unserem Gesuch entsprochen worden ist, und daß zunächst ernannt wurden die
Herren Hofrat Dr. Friedländer, Stabsarzt Dr. Flemming, Stabsarzt Dr. Koschel,
Privatdozent Dr. Halben.

Es soll aber in dieser Richtung noch viel weiter gegangen werden; die Flieger
selbst und solche, die es werden wollen, müssen aufmerksam gemacht werden;
ebenfalls muß die Aufmerksamkeit der Reichs- und Staatsbehörden herbeigeführt
werden. Wir haben nun beschlossen, da auf Vorschlag der Industrie der im Herbst
dieses Jahres in Berlin in Aussicht genommenen Luftfahrzeug-Ausstellung eine
wissenschaftliche Abteilung angegliedert werden soll (wie vor drei Jahren), bei der
Gelegenheit einen Vortrag halten zu lassen, der eingehend und gründlich diese ganze
Frage erörtert. Herr Hofrat Dr. Friedländer, der Vorsitzende des medizinischen
Ausschusses, hat diesen Vortrag freundlichst übernommen. Wir würden dann die
Reichs- und Staatsbehörden einladen und auch die weitgehendste Öffentlichkeit
zu dem Vortrag zulassen, um so einem weiteren Bedürfnis zu entsprechen. Ich
glaube, wir dürfen uns viel Erfolg davon versprechen. Die Behandlung dieser
Frage innerhalb des Rahmens einer Gesellschaft oder einer Tagung ist ja bedeutungs-
voll, aber vieles von diesen Verhandlungen wird der großen Bevölkerung nicht genügend bekannt. Es ist daher wünschenswert, daß wir gerade nach der Richtung
hin diese Frage bearbeiten.

Ferner ist eine neue Kommission zur Aufstellung grundlegender Berechnungsgrundsätze für den Flugzeugbau gegründet worden, und schließlich haben wir
gestern einen Navigiérungsausschuß gebildet. Dann kann ich Ihnen mitteilen, daß
wir, ohne uns selbst überheben zu wollen, mit einer gewissen Befriedigung auf das,
was im letzten Jahr geleistet worden ist, zurückblicken können. Wir haben uns
nicht nur gegründet, konstituiert und halten Jahresversammlungen ab, sondern
die Arbeiten der Kommissionen und deren Protokolle beweisen, was geleistet
worden ist. Ich möchte diese Gelegenheit benützen, um diesen Kommissionen
und ihren Obmännern den verbindlichsten Dank auszusprechen für die so große
Förderung, die sie nicht nur uns, sondern der Allgemeinheit zuteil werden ließen.
Und auch Ihnen, verehrter Herr Béjeuhr, möchte ich im Namen des Vorstandes
und der Generalversammlung danken für die so tatkräftige Mitwirkung und außerordentliche Gewissenhaftigkeit, mit der Sie die Geschäfte führen.

Meine Herren! Es wird Sie interessieren, daß fast zwei Drittel unserer Arbeiten
geleistet wird im Interesse der Reichs- und Landesbehörden, und dadurch, wie wohl
betont werden darf, im Interesse der Gesamtheit. Für diese Behörden haben wir
zu unserer besonderen Genugtuung eine sehr große Anzahl von Fragen, von Aufgaben zu erledigen. Dann haben wir dank der Zuweisung des Betrages von 50 000 M.
aus der Nationalflugspende und nach der Vereinbarung mit dem Reichsamt des
Innern die Prüfung der bei den Reichs- und Landes-, den Militär- und Marine-
behörden eingehenden Anmeldungen von neuen Erfindungen zu übernehmen.
Die Zahl solcher Erfindungen geht ins Unendliche. Sie würden erstaunen, wenn Sie
lesen könnten, wie jeder Erfinder überzeugt ist, daß er jetzt den Hauptschlager

getroffen hat, und Sie würden weiter staunen, wenn ich Ihnen sagen würde, wie außerordentlich wenig wirklich Positives dabei herauskommt.

Wir kommen dann zur

Änderung des Namens der Gesellschaft in Wissenschaftliche Gesellschaft „für Luftfahrt".

Schon bei der Gründung unserer Gesellschaft spielte die Frage des Namens eine große Rolle.

Schließlich wurde „Wissenschaftliche Gesellschaft für Flugtechnik" gewählt. Wir müssen nun zugeben, daß viele Herren damals der Ansicht waren, daß dieser Name kein glücklicher ist. Immerhin ist es besser, ein Versehen anzuerkennen und zu versuchen es zu verbessern, als immer auf dem alten Wege zu bleiben. Wir möchten Ihnen deshalb vorschlagen, nunmehr uns „Wissenschaftliche Gesellschaft für Luftfahrt" zu nennen, ganz besonders deshalb, weil wir nicht nur das Flugwesen, sondern das ganze Gebiet der Luftfahrt in den Bereich der Arbeit genommen haben. Der Name umfaßt dann das ganze Arbeitsfeld, und wir entsprechen damit auch dem Wunsche eines großen Teiles unserer Mitglieder. Erhebt sich kein Widerspruch, so darf ich Ihre Zustimmung feststellen.

Oberstudienrat Prof. Dr. Poeschel: Erlauben Sie mir, zu diesem Beschlusse meiner Freude und Genugtuung Ausdruck zu geben. Ich tue das zugleich auch im Namen des Sprachausschusses des Deutschen Luftfahrerverbandes. Die Wissenschaftliche Gesellschaft für Luftfahrt entspricht durch diese Umänderung ihres Namens auch ihren Zielen. Ich begrüße dies zugleich auch für ein glückverheißendes Zusammenarbeiten der beiden Sprachausschüsse.

Nun darf ich hieran eine Bitte anschließen. Wer weiß, wann sich wieder Gelegenheit gibt, so viele Vertreter der wissenschaftlichen Luftfahrt beisammen zu sehen. Es handelt sich nämlich um eine Bemerkung zu der Fachsprache der Wissenschaft. Sie wissen, meine Herren, daß sich da zwei Grundsätze einander gegenüberstehen; auf der einen Seite wird gesagt: Die Wissenschaft ist international und international sollen auch die Fachausdrücke sein, damit sie möglichst von allen Völkern verstanden werden. Das ist gewiß ein außerordentlich bestechender Grundsatz, aber in der Wirklichkeit doch kaum durchführbar. Was heißt „Internationale Fachausdrücke", die von allen Völkern verstanden werden? Da müßte man schon zu Esperanto greifen, und da müßte man willkürlich wählen. Es sollte aber doch die Wissenschaft für die Luftfahrt getragen werden von der Teilnahme eines ganzen Volkes, und wenn das der Fall sein soll, dann muß das deutsche Volk mindestens auch die Grundbegriffe begreifen. Da möchte ich mir erlauben es auszusprechen, daß die Herren, wenn sie in die Lage kommen, sich daran erinnern und möglichst daran denken, daß die Teilnahme allgemein wird. Dann wird auch der Wunsch des Herrn von Böttinger in Erfüllung gehen, daß die Zahl der Mitglieder ins Unbegrenzte wächst.

Und nun möchte ich noch den herzlichen Wunsch hinzufügen, daß die Wissenschaftliche Gesellschaft für Luftfahrt, die einen so großen Teil der wissenschaftlichen Vertreter der Luftfahrt vereinigt und der kein anderer Staat eine ähnliche Vereinigung an die Seite zu stellen vermag, daß diese Gesellschaft unter dem erweiterten Namen zu der Bedeutung in der ganzen Welt gelangen möchte, die ihr gebührt. Möchte ihr Erfolg über Erfolg beschieden sein zu einer glücklichen siegreichen Weiterentwicklung der deutschen Luftfahrt! (Lebhafter Beifall.)

Vorsitzender: Ich danke bestens für diese freundlichen Wünsche und darf wohl diese Gelegenheit noch benützen, Ihnen, sehr verehrter Herr Professor, zu danken für die Anregungen, die Sie uns gegeben haben in der Frage der Sprachreinigung unserer Statuten. Sie sehen, daß diese Anregungen auf guten Boden gefallen sind in dem Beschluß, der heute von unserer Generalversammlung gefaßt ist.

Dann kommen wir zum

Antrag auf Verlegung des Geschäftsjahres auf das Kalenderjahr.

Der Antrag ist die Folge einer Anregung, die ausgegangen ist von einer Anzahl von Behörden, und vor allem von einer Anzahl städtischer und Universitätsbibliotheken. Für die Gesellschaft selbst würde es auch sehr erwünscht sein, wenn das Geschäftsjahr anstatt, wie jetzt, vom 1. April bis 31. März, mit dem Kalenderjahr zusammenfiele. Es wird freilich finanziell für die Herren Mitglieder in diesem Jahr eine kleine Prüfung bedeuten, weil sie den Beitrag für 1914 bis 1. April 1915 schon bezahlt haben. Der Vorstand schlägt Ihnen vor, das Geschäftsjahr mit dem 1. Januar 1915 zu beginnen und die Beiträge Ende Dezember bzw. Anfang Januar zu erheben. Die 5 M. bilden dann eben eine indirekte Besteuerung, die ja jetzt sehr in der Mode ist; sie können aber der Gesellschaft sehr gut tun.

Widerspruch erfolgt nicht, ich stelle fest, daß der Antrag angenommen ist.

Wir kommen zum

Antrag auf Einführung eines Gesellschaftsabzeichens.

Der Vorstand ist nicht in der Lage, Ihnen heute einen diesbezüglichen bestimmten Antrag zu unterbreiten. Der Antrag war bei der Sitzung im Dezember zur Sprache gebracht worden und es wurde damals beschlossen, die Angelegenheit auf die Tagesordnung der Generalversammlung zu setzen. Wir möchten aber Ihre Ansicht darüber hören. Der Vorstand ist in seiner großen Mehrheit gegen einen solchen Beschluß. (Bravo!) Es sind nach verschiedenen Richtungen hin Bedenken vorhanden. Es ist die Befürchtung vorhanden, daß mit einem solchen Abzeichen Mißbrauch getrieben werden könnte, daß Herren, die nicht mehr Mitglied der Gesellschaft sind, mit einem solchen Abzeichen doch in die Sitzungen kommen könnten, und schließlich hat es auch keinen großen Wert; denn die Herren in den verschiedenen kleineren Kreisen kennen sich auch ohne Extraabzeichen.

Prof. Dr. Friedländer: Ich bin der Ansicht, daß wir diese Frage heute gleich erledigen können. Es ist die überwiegende Mehrzahl der Ansicht, daß eine wissenschaftliche Gesellschaft ein Abzeichen nicht braucht, und daß wir uns, wie unser verehrter Herr Vorsitzender eben ausgeführt hat, auch ohne Abzeichen erkennen und schätzen lernen. (Bravo!)

Vorsitzender: Meine Herren! Aus Ihrem Beifall ersehe ich, daß Sie einstimmig dem Vorschlag zustimmen, daß wir von der Einführung eines Abzeichens absehen.

Ich schlage Ihnen vor, daß wir, ehe wir die Berichte der Ausschüsse entgegennehmen, noch die anderen geschäftlichen Angelegenheiten erledigen. Zuerst den

Kassenbericht.

Er liegt Ihnen gedruckt vor und zwar finden sie auf der einen Seite den Rechnungsabschluß für 1913/14 und auf der anderen Seite den Voranschlag für 1914/15. Sie werden daraus ersehen, daß der Kassenbestand am 1. April dieses Jahres 48000 M. beträgt, aber am Ende des Jahres voraussichtlich nur 40000 M. betragen wird. Es liegt dies teilweise daran, daß die Mitgliederzahl noch nicht so groß ist, um die laufenden Ausgaben zu decken. Nach der Zuweisung der Nationalflugspende haben wir uns auf den Standpunkt gestellt, die notwendigen Arbeiten so vollkommen wie möglich durchzuführen. Wir handeln dann im Sinne der Nationalflugspende, wenn wir uns nicht damit begnügen, die einfachen Zinsen aus 50000 M. aufzuwenden, womit wir nicht viel vollbringen könnten, sondern auch vom Kapital zu zehren. Wir leisten, wie ich schon vorhin gesagt habe, diese Arbeiten für die Reichs- und Staatsbehörden, so daß wir die berechtigte Hoffnung haben müssen, von den betreffenden Behörden auch einen Zuschuß zu diesen laufenden Ausgaben zu erhalten. Die nachträgliche Genehmigung müssen wir von Ihnen erbitten für einen Beschluß, den der Vorstand am 21. Dezember letzten Jahres gefaßt hat. Die Arbeit der Kommissionen hat sich so gesteigert, daß man unmöglich den Herren zumuten konnte, neben dem persönlichen Aufwand an Zeit auch noch die sachlichen Ausgaben, die mit einer solchen Reise verbunden sind, zu tragen, ganz besonders, da eine große Zahl von Mitgliedern, auf deren Mitwirkung wir den allergrößten Wert legen müssen, außerhalb Berlins wohnt. Der Vorstand beschloß, unter der Voraussetzung Ihrer Genehmigung, den Betrag von 3000 M. einzusetzen für Bewilligung von Reisegeldern (Fahrgeld 2. Klasse) für die Kommissionsmitglieder. Der von Dezember bis Ende April verausgabte Betrag ist 1787,95 M., woraus Sie ersehen können, wie groß die Zahl der Reisen und die Beteiligung der einzelnen Herren in den verschiedenen Kommissionen war.

Ich darf annehmen, daß Sie uns für diesen Vorstandsbeschluß und auch gleichzeitig für die anderen Posten des Etats Ihre Genehmigung erteilen.

Geheimrat Albert: Ich kann in Vertretung der Nationalflugspende dem Beschluß des Vorstandes, vom Kapital zu zehren, nur beistimmen. Ich möchte mir, damit kein Mißverständnis entsteht, gestatten, noch folgendes zu bemerken: Diese 50000 M. sind von der Nationalflugspende der Wissenschaftlichen Gesellschaft für Luftfahrt überwiesen worden, um zunächst diese Prüfungen damit zu bestreiten. Würde die Nationalflugspende diese Arbeit gemacht haben, so würde sie einen wesentlich höheren Betrag verwenden. Wir haben nur Ursache, der Wissenschaftlichen Gesellschaft zu danken, daß sie die Arbeit in so selbstloser Weise übernommen hat und mit so großem Sachverständnis durchführt. Wenn ich das Wort ergriffen habe, so wollte ich nur klarstellen, daß für die von der Nationalflugspende der Wissenschaftlichen Gesellschaft für Luftfahrt zugewiesenen Beträge nicht die Arbeiten für die Reichs- und Staatsbehörden erledigt werden sollen. Das ist eine freiwillige Leistung, die die Wissenschaftliche Gesellschaft aus eigenen Mitteln bestreitet, so daß man es nur begrüßen kann, wenn sie sich an die Reichs-

und Staatsbehörden um einen etwaigen Zuschuß wendet. (Bravo!) Ich mußte das hier feststellen, damit nicht der Eindruck erweckt wird, als ob hier aus den Mitteln einer öffentlichen Sammlung an die Wissenschaftliche Gesellschaft für Luftfahrt Geld hergegeben würde für Arbeiten, die zu bezahlen eigentlich Sache der Reichs- und Staatsressorts wäre.

Vorsitzender: Ich danke dem Herrn Geheimrat in erster Linie für die Ausführungen und möchte hier ausdrücklich feststellen, daß von den Beträgen, die uns von der Nationalflugspende zufließen, nichts verwandt worden ist zur Deckung der Kosten unserer Gesellschaft.

Die Rechnung ist geprüft worden von den beiden Herren Assessor Sticker und Bankier Meckel. Wir möchten zunächst den Herren den Dank aussprechen für diese ehrenamtliche Arbeit, die sie übernommen haben, wobei ich feststelle, daß die Herren sehr eingehend und sehr gewissenhaft alles geprüft haben.

Ich möchte Sie bitten, daß Sie für das nächste Jahr die beiden Herren wieder ersuchen, uns ihre Arbeit und ihre Hilfe zuteil werden zu lassen. (Geschieht.)

Nun kommen wir zur

Wahl des Ortes für die Ordentliche Mitgliederversammlung 1915.

Für dieses Jahr hatte uns eigentlich schon die Stadt Hamburg eingeladen und die Einladung ist dann auf nächstes Jahr vertagt worden, da ein wissenschaftliches Institut in Hamburg erst im nächsten Jahre erstellt wird. Inzwischen haben nun noch eingeladen Düsseldorf, wo im nächsten Jahre eine große Ausstellung stattfindet, ferner Aachen und Danzig.

Der Vorstand ist der Ansicht, daß wir es bei dem einmal gefaßten Beschluß auch lassen sollen, daß wir aber den Herren für die Aufforderung zum nächsten Jahr danken und sie bitten, die Einladung aufrecht zu erhalten, damit wir in den kommenden Jahren darauf zurückkommen können.

Ich darf feststellen, daß für nächstes Jahr Hamburg genehmigt ist.

Nun kommen wir zur

Wahl der turnusmäßig ausscheidenden Mitglieder des Gesamtvorstandes.

Es müssen aus dem Vorstand 10 Herren ausgelost werden. Ich darf Ihnen mitteilen, daß Herr Geheimrat Assmann, der seinen Wohnsitz von Lindenberg nach Gießen verlegt hat, dringend gebeten hat, trotz mehrfachen Ersuchens, bei uns zu bleiben, von seiner Wiederwahl abzusehen. Wir müssen dem Wunsche entsprechen. Ebenso bei Herrn v. Linde in München, der durch Ehrenämter außerordentlich stark in Anspruch genommen ist. Wir möchten Ihnen deshalb unsererseits vorschlagen, daß wir den hochverehrten Herrn Präsidenten des Preisgerichts um den Kaiserpreis-Wettbewerb für Flugmotoren, Herrn Geheimrat Veith bitten in unseren Vorstand einzutreten.

Wirklicher Geh. Oberbaurat Veith: Ich werde gerne, soweit es meine Kraft erlaubt, mich zur Verfügung stellen.

Vorsitzender: In Ausführung des vorigen Beschlusses, daß die Herren, die bisher die Reichsämter vertreten haben, nunmehr als Kommissare gewählt werden, teile ich Ihnen mit, daß dies folgende sind:

Reichsamt des Innern, vertreten durch Herrn Geh. Oberregierungsrat
Albert,
Ministerium der öffentlichen Arbeiten, vertreten durch Herrn Ober-
regierungsrat Dr. Tull,
Generalinspektion des Militär-Verkehrswesens, vertreten durch Ex-
zellenz von Hänisch,
Kriegsministerium, vertreten durch Herrn Oberstleutnant Oschmann,
Reichsmarineamt, vertreten durch Herrn Marine-Baurat Meyer.

An weitere Behörden wird dann noch herangetreten werden.

Aus dem Vorstand würden nach der Auslosung ausscheiden:

Graf v. Sierstorpff, Prof. Dr. Bendemann, Fabrikbesitzer Euler, Geheimrat Prof. Finsterwalder, Prof. Prandtl, Prof. Romberg, Prof. Schütte und
Prof. Wachsmuth.

Ich kann Ihnen nur sagen, daß es außerordentlich zu bedauern wäre, wenn einer
der Herren nicht wiedergewählt würde. Die Herren haben uns so wertvolle
Hilfe und Dienste geleistet und waren so förderlich für die Gesellschaft, daß wir
Sie dringend bitten möchten, die Herren per Akklamation wiederzuwählen. (Bravo!)
Dann wären wir mit dem Geschäftsbericht fertig und kommen nun an den

Bericht des Wissenschaftlich-Technischen Ausschusses.

Prof. Dr. v. Parseval: Der Wissenschaftlich-Technische Ausschuß hat verschiedene Mal getagt; er hat keine wissenschaftliche Arbeit geleistet, sondern sich vielmehr organisierend betätigt. Die wissenschaftliche Arbeit bleibt Aufgabe der Unterausschüsse. Ich darf gleich daran anschließen den Bericht des Unterausschusses,
dem ich als Obmann anzugehören die Ehre habe, des

Ausschusses für Erfindungen.

Ich möchte bemerken, daß ca. 1500 Erfindungen der Prüfung unterworfen
worden sind. Wir haben meistens alle 14 Tage, in neuerer Zeit alle 4 Wochen eine
mehrstündige Sitzung in Berlin gehabt, bei welchen die unbrauchbaren Erfindungen
zunächst ausgesondert wurden. Es sind da 95—97 % ausgefallen. Den Rest haben
wir an Fachmänner geschickt, soweit wir uns nicht für zuständig gehalten haben,
und die Gutachten dafür eingefordert. Ich darf vielleicht noch hinzufügen, daß
eine wirklich bedeutende Erfindung unter den sämtlichen 1500 Einläufen nicht
vorhanden war. Es ist eben so: bedeutende Sachen brauchen uns nicht, die finden
in der Industrie schon genügend Unterstützung.

Ich habe weiter die Ehre, in Vertretung des Herrn Professor Reissner, der
durch Geschäfte verhindert ist, den

Ausschuß zur Aufstellung grundlegender Berechnungsgrundsätze für den Flugzeugbau

zu leiten und möchte über die Tätigkeit dieses Ausschusses folgendes berichten.
Der Ausschuß hat gestern eine längere Sitzung abgehalten und hat sich damit
beschäftigt, den Entwurf eines Flugzeugs genauer zu berechnen. Gestern hat er
sich mit der Berechnung eines Doppeldeckers eingehend befaßt. Es hat sich her-

ausgestellt, daß es wünschenswert ist, die Aufgabe noch etwas weiter zu stecken und daß ein genauer Arbeitsplan noch erforderlich ist. Ich bin beauftragt worden, einen solchen Arbeitsplan über die Berechnung von Flugmaschinen aufzustellen und mit den verschiedenen Herren des Ausschusses in Verbindung zu treten.

Ausschuß für literarische Auskünfte und Literaturzusammenstellung.

Professor Dr. Bendemann: Die Arbeiten des Ausschusses für literarische Auskünfte und Literaturzusammenstellung zielten darauf ab, für die Mitglieder der Gesellschaft und für die weitere Öffentlichkeit periodische Zusammenstellungen und Auszüge über die außerordentlich weite und schwer zu übersehende Literatur der Luftfahrt des In- und Auslandes zu bringen; eine Aufgabe, deren Dringlichkeit von vornherein sehr einleuchtet und deren Erfüllung ein allgemeiner Wunsch weiter Kreise war. Die Arbeiten wurden von meinem Vorgänger, dem ersten Vorsitzenden dieses Ausschusses, mit großer Intensive und Wärme aufgenommen. Leider ist Herr Marinebaumeister Pietzker durch den Tod uns entrissen worden. Er hatte die Sache schon erheblich gefördert, es war schon ein ziemlich festes Programm für die Herausgabe einer solchen Literaturübersicht aufgestellt, auch die übrigen geschäftlichen Vereinbarungen getroffen, und die Sache war soweit gediehen, daß im vorjährigen Etat ein besonderer Posten für die Herausgabe von Literaturverzeichnissen eingestellt wurde. Es hat sich dann allerdings herausgestellt, daß es an einigen Punkten noch fehlt, nämlich an ausreichender freiwilliger Mitarbeit der Herren, die die Literaturauszüge machen wollten, und für die eine Honorierung nicht vorgesehen war. Man hatte erwartet, daß sich eine genügende Anzahl Herren bereiterklären würden, so daß von seiten der Gesellschaft nur Herstellungskosten zu tragen wären. Es scheint, daß die Sache so nicht gehen kann. Bei den augenblicklichen Etatsverhältnissen der Wissenschaftlichen Gesellschaft für Luftfahrt wird es wohl nicht möglich sein, in großem Umfange an die Sache heranzutreten. Ich hoffe aber doch, daß wir im Laufe des Jahres dazu kommen, Ihnen vielleicht im Herbst oder im nächsten Jahre bestimmte Vorschläge zu machen, die durchführbar sind. Ich hoffe, daß die von mir geleitete Versuchsanstalt, in der sich zahlreiche Geschäfte vereinen, wesentlich mit dazu beiträgt, die Sache zu fördern und in einer praktischen Weise weiterzuführen.

Bericht des Ausschusses für Motoren.

Professor Romberg: Ich kann mich in bezug auf die bisherige Tätigkeit des Ausschusses für Motoren ziemlich kurz fassen, denn ein eingehender Bericht über seine Tätigkeit nicht nur im letzten Jahre, sondern seit seiner Gründung liegt im vorigen Jahrbuch vor.

Die Aufgabe, die uns von Anfang an beschäftigt hatte und noch beschäftigt, die angeregt wurde von unserem leider zu früh verstorbenen Obmann Professor Wagener-Danzig, betrifft die Aufstellung von Normen. Die Aufgabe ist recht umfangreich. Sie ist auch schwierig und langwierig, denn sie ist Neuland. Man muß notgedrungen auf ganz neuen Grundlagen aufbauen. Diese Grundlagen werden wir erst schaffen müssen, und so wird diese Aufgabe uns recht lange Zeit beschäftigen. Aber wir als Mitglieder des Ausschusses erblicken den Hauptteil der Aufgabe nicht so sehr in der Fixierung solcher Normen, sondern vielmehr in der Klärung der zahlreichen Fragen, die schließlich dann in diesen Normen zusammenzufassen sind.

Es ist ein Programm für die Arbeiten aufgestellt worden, das zunächst die Untersuchung für die Aufstellung von Verträgen, Abnahmen usw., die Untersuchung für Gewerbebetriebe und weiter die praktischen und wissenschaftlichen Studien umfaßt. Mit dem ersten Teil haben wir uns bisher beschäftigt. Sie werden morgen Gelegenheit haben, einen großen Teil dieser Erörterungen in den Vorträgen zu hören. Sie werden dann erkennen, wie schwierig die Frage der Indizierung der Motoren ist, und Sie werden dort sehr interessante Ergebnisse mitgeteilt bekommen.

Das Ergebnis, welches unsere gestrige Ausschußsitzung gebracht hat, ist vor allen Dingen, daß wir beschlossen haben, die Indizierung von Flugmotoren nicht unter die Normen für gewerbliche Prüfungen aufzunehmen, und zwar aus dem einfachen Grunde, weil diese Fragen doch verschieden zu behandeln sind. Wir befürchten, daß von den Vorschriften über das Indizieren der Industrie eventuell schwere Hemmungen für die Weiterentwicklung entstehen werden.

Bericht des Ausschusses für konstruktive Fragen der Luftfahrzeuge mit besonderer Berücksichtigung der Sicherheitsvorschriften.

Prof. Dr. Reißner: Herr Prof. von Parseval hat die Liebenswürdigkeit gehabt, den Vorsitz im Ausschuß für Festigkeitsfragen zu übernehmen. Ergänzend möchte ich Ihnen noch einiges ausführen.

Vor einiger Zeit hat mein Unterausschuß eine Bewertungs-Kommission gewählt mit der Aufgabe, die technischen Vergleiche von Flugzeugen, überhaupt die technische Vergleichung in der Luftfahrt noch mehr in die Wege zu leiten als bisher. Schon länger besteht die Ansicht, daß eine richtige technische Vergleichung verschiedenartiger Flugzeuge die technische Entwicklung günstig beeinflussen muß. Diese Kommission hat ihre Arbeiten begonnen mit den Arbeiten eines ihrer Mitglieder, des Herrn Prof. von Mises, der in sehr dankenswerter Weise die Vorarbeiten für den vorjährigen Prinz-Heinrich-Flug geleitet hat. Auch ich habe eine Veröffentlichung darüber gemacht, die als Grundlage zu einer Besprechung der Kommission gedient hat.

Dann sind wir an den Luftfahrerverband herangetreten, uns die Arbeit zu erleichtern hinsichtlich der Luftfahrt. Er ist in dankenswerter Weise uns entgegengekommen und hat der Kommission das Recht gegeben, an Flugveranstaltungen und Luftfahrten teilzunehmen und überall Einsicht zu nehmen in die Ergebnisse der Wertungen.

Ich kann Ihnen mitteilen, daß vor einigen Tagen Herr v. Parseval und ich als Vertreter der Wissenschaftlichen Gesellschaft einer Sitzung des Vereins Deutscher Motorfahrzeug-Industrieller beigewohnt haben, bei der die Ausschreibung für einen neuen Geschwindigkeitswettbewerb besprochen wurde, und daß unsere Anregungen und Erörterungen dort sehr liebenswürdig aufgenommen wurden. Herr Bendemann hat sich zunächst privatim an der Ausarbeitung des Wettbewerbes beteiligt, weiterhin besteht die Absicht, daß die Wissenschaftliche Gesellschaft für Luftfahrt in der Kommission weiter die Aufgabe haben wird, nicht nur Geschwindigkeitsbewerbe, sondern auch Höhen- Steig- und Stabilitätswettbewerbe vorzubereiten. Es sind noch viele Schwierigkeiten zu überwinden, ich glaube aber, daß wir sie überwinden werden und dadurch der Technik dienen.

Bericht des Ausschusses für medizinische und psychologische Fragen.

Prof. Dr. Friedländer: Der Ausschuß hat sich im vergangenen Jahre bemüht, vor allem für das sportliche Unternehmen, den Prinz-Heinrich-Flug 1914, vorzuarbeiten, soweit es im Rahmen der Wissenschaftlichen Gesellschaft notwendig ist. Es wurde ein kleines Merkblatt ausgearbeitet, worin in populärer und möglichst klarer Weise auf die Dinge hingewiesen wurde, deren Befolgung vom medizinischhygienischen Standpunkt aus am wichtigsten erschien. Es wurden mit sämtlichen Flugetappen Verhandlungen gepflogen, um zu erreichen, daß 1. die überflüssigen Festlichkeiten aufhören, die zu einer übergroßen Ermüdung fast sämtlicher Teilnehmer führen, daß 2. Sorge dafür getragen wird, daß auf einigen Etappen Ruhehallen bzw. Ruheplätze für die Flieger hergestellt werden, in welche sich die betreffenden Herren zurückziehen können, wenn infolge schlechter Witterung der Flug unterbrochen werden muß.

Des weiteren sind von uns Fragebogen ausgearbeitet worden, die sich darauf beziehen, daß vor der Anerkennung des Pilotenzeugnisses eine außerordentlich eingehende Untersuchung stattfinden muß. Ein zweiter Fragebogen wird ausgearbeitet, der sich auf die Untersuchung vor und nach dem Fluge bezieht. Hier ist etwas einzuschalten. Es ist die Befürchtung aufgetreten, als würde von ärztlicher Seite beabsichtigt, Untersuchungen zu anderen als rein wissenschaftlichen Zwecken zu verwenden. Infolgedessen möchte ich hier ausdrücklich erklären, daß die Wissenschaftliche Gesellschaft an der Qualifikation von Fliegern nicht das geringste Interesse hat, sondern daß nur Wert darauf gelegt wird, ein möglichst großes Material zu sammeln, welches die Möglichkeit bietet, auf ihm fußend, weiter wissenschaftlich zu arbeiten und jene Grundsätze zu finden, die es uns ermöglichen, bei höchster Anspannung der Kräfte des einzelnen doch eine möglichste Schonung des Individuums durchzuführen.

Bericht des Ausschusses für Vereinheitlichung der Fachsprache.

Prof. Dr. Prandtl: Da der Obmann des Ausschusses Herr Professor Eugen Meyer-Charlottenburg nicht hier ist, möchte ich mir erlauben, Ihnen einiges über die Arbeiten des Ausschusses zu sagen.

Der Ausschuß hat vor allem seine Ziele geklärt und festgestellt, daß er nicht bloß in philologischer Art eine Sprachreinigung betreiben soll, sondern daß er vielmehr in technischer Art vor allem feststellen soll, was unter den einzelnen Worten für technische Begriffe zu verstehen sind. Er hat seine Aufgabe noch weiter gefaßt. Die Sprache des Ingenieurs ist zum größten Teil durch Formeln ausgedrückt, und auch die Formeln und Formelgrößen hat er in sein Bereich einbezogen. Er arbeitet auf diesem Gebiet zusammen mit dem bekannten Ausschuß für Einheiten und Formelzeichen, der von dem Verein Deutscher Ingenieure und anderen Verbänden gebildet wird. Die wissenschaftliche Gesellschaft für Luftfahrt schickt auch einige Mitglieder in diesen Ausschuß, so daß ein gutes Zusammenarbeiten ermöglicht ist.

Bericht des Ausschusses für drahtlose Telegraphie.

Privatdozent Dr. Dieckmann: Der Ausschuß hat ein verhältnismäßig großes Arbeitspensum erledigt. Der gute Erfolg der Sitzungen wurde sehr wesentlich dadurch mit bedingt, daß die Vertreter sämtlicher einschlägigen Behörden bei allen Sitzungen anwesend waren.

Das zunächst festgestellte und durch eingehende Diskussionen geklärte Arbeitsprogramm umfaßt:

1. Untersuchung der durch Bordstationen bedingten Zündungsgefahr; 2. Forschung bezüglich der Ausbreitung der Wellen in Umgebung von Sende- und Empfangstationen; 3. Orientierungssysteme; 4. Durchführung der meteorologischen Beratung in Fahrt befindlicher Luftfahrzeuge.

Bei einer Besprechung der für den drahtlos-telegraphischen Betrieb gültigen Bestimmungen wurde beschlossen, daß die Stationen der Luftfahrzeuge und deren spezielle Gegenstationen noch möglichst unter die militärischen Stationen subnormiert werden, wogegen die nur für Empfang eingerichteten Freiballonstationen als normale Versuchsstationen gelten sollen.

Die nächste Sitzung diente dem Thema der meteorologischen Beratung, und der Ausschuß kam zu dem Ergebnis, daß in der Fahrperiode 1914 vorherige Anmeldung der Fahrt bei den Radiostationen notwendig sei, daß es aber erwünscht wäre, daß in Zukunft diese Anmeldung fortfallen kann.

Im Gegensatz zu der meteorologischen Beratung wurden hinsichtlich der Orientierung bestimmte Beschlüsse als verfrüht angesehen.

Der Ausschuß wird nach Beendigung dieser Fahrperiode wieder zur Aussprache zusammentreten und sein Arbeitsprogramm, soweit militärische Interessen dies zulassen, entsprechend erweitern.

Vorsitzender: Nun habe ich noch etwas nachzutragen: einen sehr warmen Dank, den ich absichtlich zurückgestellt hatte, da uns das Erscheinen eines Vertreters des Herrn Oberbürgermeisters angemeldet war; inzwischen aber ist uns mitgeteilt worden, daß auch dieser dienstlich verhindert sei. Ich hätte nun diesem Herrn gern unseren Dank ausgesprochen, damit er als Träger des Dankes an den Herrn Oberbürgermeister werde. Da dies nicht der Fall ist, so möchte ich hier unsern warmen Dank ausdrücken und nochmals ganz besonders sagen, wie außerordentlich wir erfreut sind, besonders durch die Einladung zu dem Empfang heute abend im Rathaus, und wie sehr die Wissenschaftliche Gesellschaft dieses Entgegenkommen und diese Liebenswürdigkeit der Stadt Dresden und ihres Oberhauptes zu schätzen und anzuerkennen weiß.

Dann hätte ich noch eine Bitte. Es ist dringend wünschenswert, daß die Herren, die sich zu irgendwelchen Festlichkeiten oder Einladungen einschreiben, auch wirklich kommen. Wir haben im letzten Jahr eine sehr unangenehme Erfahrung gemacht. Auf die Einladung des Herrn Geheimrat Aßmann hatten sich 70 Herren eingezeichnet nach Lindenberg zu kommen. Anstatt dieser 70 kamen nur 29. Dies war um so bedauerlicher, als wir eine Anzahl Herren, die noch nachträglich den Wunsch hatten, an der Fahrt teilzunehmen, nicht zulassen konnten, und später keine Möglichkeit mehr hatten, die abgewiesenen Herren noch zu verständigen, daß sie nun doch teilnehmen könnten. Wir möchten deshalb die dringende Bitte an Sie richten, daß Sie rechtzeitig mitteilen, ob Sie an einer Besichtigung teilnehmen wollen oder nicht.

Fortsetzung der geschäftlichen Verhandlungen am Dienstag, den 28. April, vormittags 9 Uhr 20 Min.

Vorsitzender Geheimrat Dr. v. Böttinger: Wir hatten gestern beschlossen, heute vor unserer Tagesordnung eine kleine Debatte einzuleiten, um uns Anregungen von den Herren zu erbitten, in welcher Weise wir die Zahl unserer Mitglieder vermehren können.

Wenn ich selbst einen Vorschlag machen darf, so habe ich mir überlegt, ob es nicht angängig wäre, das Eintrittsgeld von 20 M. für die nächsten zwei oder drei Jahre aufzuheben, so daß die in dieser Zeit Eintretenden von der Zahlung des Eintrittsgeldes befreit wären. Ich bin nämlich der Ansicht, daß manche, besonders jüngere Herren, vom Eintritt bei uns dadurch abgeschreckt werden, daß sie im ersten Jahre 45 Mark bezahlen sollen. Es ist immerhin für den Etat eines jüngeren Dozenten oder eines älteren Studierenden eine ziemliche Belastungsprobe, die dadurch wesentlich vermindert würde, wenn wir sagen, die Herren zahlen nur 25 M.

Geheimrat Veith: Wir haben in der Schiffsbautechnischen Gesellschaft den gleichen Modus eingeführt und haben außerordentlich gute Resultate damit gewonnen. Ich kann nur empfehlen, den Vorschlag des Herrn Geheimrat v. Böttinger anzunehmen.

Die Versammlung beschließt dementsprechend.

Geheimrat Prof. Dr. Barkhausen: Es ist mir bekannt, daß die Schaffung von Mitgliedern verschiedener Art den Erfolg haben kann, daß man frischen Zuzug bekommt. Es würde sich um die Schaffung von Mitgliedern handeln, die nicht mit vollen Rechten an der Gesellschaft teilnehmen, aber auch einen wesentlich niederen Beitrag bezahlen. Wir haben das beispielsweise in Hannover so gemacht, daß wir den Studierenden der Hochschule die Mitgliedschaft eröffnet haben in der Form als außerordentliche Mitglieder. Diese bezahlen nur ein Drittel der Beiträge. Damit ist allerdings noch kein großer Gewinn erzielt, aber es hat sich herausgestellt, daß diese jung eintretenden Mitglieder zunächst weiterzahlende Mitglieder bleiben, und wenn sie später in die verschiedenen Posten und Stellungen eingerückt sind, auch vollzahlende Mitglieder werden. Ich möchte zur Erwägung geben, ob nicht auch bei uns dieser Versuch gemacht werden soll. Dann wäre ein weiterer Weg der, daß man an den größeren deutschen Orten Vertrauensmänner bekommt, die in ihren Orten neue Mitglieder werben. Es ist außerordentlich schwer, die Erwerbung neuer Mitglieder von der Hauptstelle aus zu betreiben. Es ist der Hauptstelle ganz unmöglich, die nötige Fühlung in allen Orten zu haben. Wenn nun Herren gefunden werden, die bereit sind, für die Interessen der Gesellschaft an verschiedenen Orten zu wirken, so glaube ich, daß das dahin führen wird, daß wir einen ziemlich erheblichen Zuwachs an Mitgliedern bekommen.

Vorsitzender: Ich danke Ihnen, Herr Geheimrat, für Ihre freundlichen Anregungen. Bezüglich des ersten Vorschlags wegen der jüngeren Mitglieder möchte ich anfragen, welche Rechte diese besitzen.

Geheimrat Prof. Dr. Barkhausen: Sie haben kein Stimmrecht in allen finanziellen Fragen, stimmen aber in gewöhnlichen technischen Fragen mit und haben sonst alle Vorteile des Vereins. Ihr Mitgliedsbeitrag ist so bemessen, daß wenigstens die Unkosten herauskommen.

Major v. Parseval: Ich würde für den Vorschlag des Herrn Geheimrat Barkhausen sein, daß der Beitrag durch den Vorstand so festgesetzt werden darf, daß wir durch den Beitrag dieser außerordentlichen Mitglieder einen direkten Verlust nicht erleiden.

Ich bin weiter der Ansicht, daß eine Propaganda für die Gesellschaft dadurch erfolgen könnte, daß wir in den Städten, wo unsere Gesellschaft ohnehin schon Anhänger hat, allgemeine Diskussionsabende veranstalten würden. Bis jetzt ist die Hauptpropaganda unsere Tagung. Wenn wir in kleinerem Maßstab und ohne großen Tamtam solche Diskussionsabende veranstalten würden, so glaube ich, daß dadurch die Gesellschaft bekannter wird und daß auch die interessierten Kreise sich ihr mehr nähern würden.

Prof Dr. Bendemann: Was ich sagen wollte, hat Herr v. Parseval schon ausgesprochen. Ich bin der Meinung, daß gerade in Berlin durch recht häufige Diskussionsabende einerseits der Sache, die wir verfolgen, genützt würde und anderseits dadurch die Gesellschaft gehoben würde.

Prof. Huppert: Es ist mir bekannt, daß ein großer Teil von Herren, die für die Technik besonderes Interesse haben, von der Existenz der Wissenschaftlichen Gesellschaft gar nichts wissen. Es wäre meiner Ansicht nach sehr leicht, diese Kreise zu unserer guten Sache heranzuziehen. Es wäre z. B. nötig, an die Bezirksvereine des Ver. deutsch. Ingenieure heranzutreten in der Weise, daß einmal während des Winters seitens einzelner Herren Vorträge gehalten werden sollten über die Zwecke der Vereinigung selbst. Auch aus Propagandarücksichten könnten solche Vorträge stattfinden. Dann ist besonderer Wert zu legen auf die Lehrkörper der technischen Lehranstalten, die für unsere Einrichtungen ein großes Interesse haben. Die ganze Technik hat heute sich Eingang verschafft in das Lehr- und Unterrichtsgebiet der technischen Mittelschulen. Wenn man an diese Lehrkörper herantreten würde, würde sich ein großer Teil davon dafür interessieren und persönlich in den Verein eintreten.

Dann möchte ich fragen, ob die literarischen Arbeiten, die einzelne Herren in den Unterausschüssen anfertigen, nicht in irgend einer Form den Lehrkörpern der technischen Mittelschulen zugänglich gemacht werden könnten. Wenn diese finden, daß sie aus diesen Verhandlungen Nutzen ziehen, so glaube ich, daß sie sich ohne weiteres entschließen, der Vereinigung beizutreten. Man könnte das durch kleine Heftchen machen, etwa in der Form der Forschungsarbeiten, wie es vom Verein deutscher Ingenieure geschieht.

Vorsitzender: Wir werden alle die wertvollen Anregungen in der nächsten Vorstandssitzung besprechen und dann sofort in Aktion treten.

Prof. Huppert: Als Unterstützung für den Antrag Barkhausen möchte ich erwähnen, daß die Architekten-Vereinigung einen ähnlichen Weg eingeschlagen hat. Sie haben sogenannte Hospitantengruppen eingerichtet. Diese Hospitanten zahlen einen verhältnismäßig geringen Beitrag in der Voraussicht, daß sie, wenn sie günstiger gestellt sind, dann Mitglied der Vereinigung werden, und auf diese Weise schließlich eine gewisse Kräftigung der Finanzen herbeiführen können.

Geheimrat Hoßfeld: Ich möchte die Anregung geben, bei der nächsten Generalversammlung Anwesenheitslisten auszugeben, wie das bei der Schiffsbau-technischen Gesellschaft der Fall ist.

Vorsitzender: Das soll in Zukunft befolgt werden.

Da das Wort nicht mehr gewünscht wird, so darf ich Ihnen im Namen des Vorstands danken für die wertvollen Anregungen, die Sie uns gegeben haben.

Die technischen Hochschulen im Dienste der Flugtechnik.

Von

Sr. Magnifizenz Prof. R. Otzen, Rektor an der Technischen Hochschule Hannover.

Die Kunst des Fliegens, die bedeutendste technische Errungenschaft des letzten Jahrzehnts, verdankt ihr Dasein der Entwicklung technischer Wissenschaft. Die Pflegstätten technischen Wissens · sind die Technischen Hochschulen, die, getragen von dem gewaltigen Einfluß der Technik auf das moderne Leben der Menschheit, mit innerer Notwendigkeit zur Auswertung der Erfahrungstatsachen durch wissenschaftliche Behandlung entstehen mußten. Sie bilden den natürlichen Boden, auf dem Luftfahrt und Flugtechnik bei ihrem Weiterstreben nach neuen Leistungen und klarerer Erkenntnis ihrer Gesetze fußen müssen.

An allen technischen Hochschulen bestehen Einrichtungen, Vorlesungen, Laboratorien usw. in größerem und kleinerem Umfange, in verschiedenen Stadien der Entwicklung, je nach Gunst oder Ungunst der örtlichen Verhältnisse. Sie stehen also im Dienste der Flugtechnik. Hier soll nun nicht berichtet werden, was geschah, sondern ich habe mir die Aufgabe gestellt, Richtlinien zu finden für eine gesunde und auf breiter Basis aufbauende Entwicklung in der Zukunft.

Die Luftfahrt wird zwei Aufgaben zu lösen haben; sie muß der Landesverteidigung und dem Verkehr zu dienen suchen. So wie die Dinge jetzt liegen, wird die zweite Lösung aus der ersten folgen, die Aufgabe ist also für uns zunächst einmal eine nationale.

Ich muß nun ausgehen von den Verhältnissen an der Hochschule Hannover, die zu leiten ich zurzeit die Ehre habe. Durch die Wehrvorlage hat Hannover mit einem Schlage einen Flugplatz von hervorragender Bedeutung erhalten. Mit Billigung des Ministers habe ich sofort Beziehungen zu den militärischen Behörden angeknüpft, die eine gemeinsame Arbeit von Militär und Hochschule als sachdienlich anerkannten und jede im Interesse des Dienstes zulässige Förderung zusagten. Die Hochschule wird nun zweierlei zu leisten haben: die unmittelbare wissenschaftliche Vertiefung der auf dem Flugplatz gemachten guten und schlechten Erfahrungen und die Heranbildung von akademisch gebildeten Flugzeugführern und -konstrukteuren.

Um die notwendigen Unterlagen für die wissenschaftliche Verwertung zu erhalten, wird erforderlich sein, daß statistische Aufzeichnungen über alle Vorgänge und Beobachtungen auf dem Flugplatze geführt werden. Diese Aufzeichnungen müßten den in Frage kommenden Dozenten der Hochschule zugänglich sein. Soweit als tunlich, würde die Erlaubnis für Dozenten und Assistenten zur Mitfahrt auf den Flugzeugen und Luftschiffen und zur Anbringung von Kontroll- und Beobachtungs-Apparaten gegeben werden müssen. Hierbei könnten Fragen wie: Luftwiderstandsmessungen am fahrenden Luftschiff und Flugzeug, einwandfreie Geschwindigkeits- und Leistungs-Prüfungen des Fahrzeuges in der Luft, Strahlungsversuche, Messungen von Temperatur, von Gas und Luft usw. behandelt werden. In den Kreis der zu studierenden Fragen wäre dann noch zu ziehen: die Ausgestaltung der Wetterstation, Wind- und Böenmessung, Instrumenten- und Materialprüfung. In den Laboratorien der Hochschule würden ferner anzustellen sein: Versuche zur Aufklärung aeromechanischer Vorgänge und zur Erprobung der Motoren und Schrauben, sowie Festigkeitsuntersuchungen an Konstruktionsteilen von Luftfahrzeugen. Anderseits könnte für die Ausbildung der Herren, die sich für das Flugwesen interessieren oder darin tätig sind, an der Technischen Hochschule ein besonderer Lehrplan aufgestellt werden, der folgende Gebiete umfassen würde: Meteorologie, Aeromechanik und -dynamik, Motorenbau, Ausbildung in der Behandlung der Motoren, den Bau starrer Luftschiffe, Bau und Betrieb von Flugzeug- und Luftschiffhallen. Eine weitere äußerst wichtige Frage ist die Ableistung der Dienstpflicht der jungen Ingenieure bei den Fliegertruppen mit besonderen Bedingungen, etwa ähnlich der Dienstpflicht der Ärzte, und die Erwerbung der Mitgliedschaft für das in Aussicht genommene freiwillige Fliegerkorps durch die erprobten älteren Ingenieure.

Um die kurz skizzierten Ziele praktisch zu erreichen, ist in Hannover die Bildung einer Studiengesellschaft geplant, die die Mittel zur Schaffung der ersten Einrichtungen aufbringen soll und deren Unterstützung durch die staatlichen Behörden erhofft wird. Um nun in keiner Weise etwa bestehende Einrichtungen und Interessen zu berühren, habe ich den weitergehenden Gedanken gefaßt, die geplante Gesellschaft der „Wissenschaftlichen Gesellschaft für Luftfahrt" anzugliedern, in ihr gewissermaßen eine Zentrale zu schaffen und allmählich in allen Städten, in denen die gleichen günstigen Grundlagen vorhanden sind wie in Hannover, ähnliche Tochtergesellschaften ins Leben zu rufen.

Ich bin der Überzeugung, daß auf diese Weise geistige Interessen und materielle Hilfe in gesteigertem Maße für die großen Aufgaben der Luftfahrt mobil gemacht werden können, und daß die Technischen Hochschulen als Pflegstätten der Wissenschaft gleichzeitig der Entwicklung der Luftfahrt zunächst im rein nationalen patriotischen Sinne in weiterer Folge zum Wohle der gesamten Menschheit mit bestem Erfolge förderlich sein können.

Diesen Gedankengang habe ich die Ehre gehabt Seiner Königlichen Hoheit dem Prinzen Heinrich von Preußen vorzutragen, der meinen Ausführungen zustimmte und veranlaßte, daß dieser Vortrag auf die Tagesordnung der heutigen Sitzung gesetzt wurde.

Über die Aufrechterhaltung des Gleichgewichts beim Vogelflug.

Von

Professor Dr. **Otto Cohnheim**-Hamburg-Eppendorf.

Meine Herren! Wenn ich als Physiologe vor Ihnen über die Mittel spreche, mit denen die Vögel ihr Gleichgewicht beim Fliegen in so vollkommener Weise aufrecht erhalten, so will ich nicht über die mechanischen Faktoren sprechen, die dabei in Betracht kommen, denn davon verstehen Sie mehr als ich. Ich will vielmehr über die Innervation der Bewegungen beim Vogel sprechen, d. h. darüber, wie im Inneren des Körpers unter dem Einfluß des Nervensystems diese Bewegungen zustande kommen.

Unter den Vögeln gibt es bekanntlich Flatterer und Schweber. Die Flatterer, wie die Taube und die Ente, erhalten sich dadurch im Gleichgewicht, daß sie immer gleich stark mit beiden Flügeln schlagen, und die Untersuchungen von W. Trendelenburg[1]) haben ergeben, daß die Innervation der Flügelschläge gleichmäßig, d. h. auf einen Reiz hin für beide Flügel erfolgt. Ganz anders die Schweber, wie die Raubvögel, die Möwen und viele andere. Nach ihrem Muster sind die heutigen Flugzeuge konstruiert worden, die Schwebevögel besitzen jedoch Fähigkeiten, die sie weit über die Flugzeuge erheben:

1. verfügen sie über einen größeren Grad von Kippsicherheit als die besten Flugzeuge, so daß sie auch durch die stärksten Windstöße wohl fortgerissen, nicht aber aus dem Gleichgewicht gebracht werden;

2. vermögen sie sich auf der Stelle zu erhalten und ohne Flügelschlag zu steigen, während das Flugzeug sich nur durch Schnelligkeit in der Luft zu halten vermag.

Über diese letztere Fähigkeit hat es nicht an den verschiedensten Theorien gefehlt; es kann heute keinem Zweifel unterliegen[2]), daß der Vogel sich dabei kleiner Luftströmungen bzw. der aufsteigenden Komponente solcher Luftströmungen bedient. Das Schweben des Vogels ist immer ein Gleitflug unter Benutzung des Auftriebes, nur daß eben ein ganz minimaler Auftrieb dem Vogel genügt. Die Haltung der Flügel, des Schwanzes und des Rumpfes wird, wie bei allen Bewegungen von Tieren, durch Verkürzung und Spannung von Muskeln hervorgerufen, die Muskeln werden vom Nervensystem innerviert, und man hat im allgemeinen geschlossen, daß es beim Vogel nicht anders sei als bei uns. Wir selbst haben ja bekanntlich das Gefühl, wir könnten unsere Skelettmuskulatur willkürlich bewegen,

---

[1]) W. Trendelenburg, Arch. f. Anat. u. Physiol. Physiol. Abt. 1906.
[2]) M. Gildemeister, Pflügers Arch. f. d. ges. Physiol. 135, 1910.

und man hat sich gesagt, beim Vogel sei es offenbar auch so, der Vogel erfahre durch seine Sinnesorgane von der veränderten Windrichtung und stelle daraufhin willkürlich seine Muskelbewegung und seine Muskelspannung so ein, daß der gewünschte Effekt zustande kommt.

Nun ist die Annahme von der willkürlichen Innervation der Körpermuskeln schon beim Menschen streng genommen falsch. Wir wissen heute durch die Untersuchungen von Sherrington[1]), daß im Rückenmark und den niederen Gehirnteilen eine Anzahl von Bewegungsmechanismen vorgebildet sind, die auf einen bestimmten Reiz hin, reflektorisch nennt das die Physiologie, in Bewegung gesetzt werden. Diese Reflexmechanismen sind so angeordnet, daß die gewohnten Bewegungen der Tiere durch sie hervorgerufen werden, und vom Gehirn her geschieht nichts anderes, als daß ein solcher Reflexmechanismus ausgelöst wird. So hat Sherrington gezeigt, daß das ganze Laufen des Vierfüßlers im Rückenmark vorgebildet ist, und daß daher die normalen Laufbewegungen ausgeführt werden, auch wenn die höheren Hirnteile fehlen.

Was aber die Reflexe betrifft, die der Aufrechterhaltung des Gleichgewichts des Körpers dienen, so sind dieselben in letzter Zeit von R. Magnus-Utrecht[2]) ʻbeim Säugetier untersucht und aufgeklärt worden. Die Untersuchungen gehören zu den wichtigsten Errungenschaften der Physiologie in den letzten Jahren, und ich hatte nichts anderes zu tun, als die Magnussche Methodik und Betrachtungsweise auf die Vögel zu übertragen.

Drei Dinge sind es vor allem, die bei diesen Reflexen zur Aufrechterhaltung der Körperhaltung von Interesse auch für den Techniker sind:

1. Es handelt sich zum erheblichen Teil nicht um Bewegungsreflexe, sondern um Spannungsänderungen der Muskeln. Wir wissen ja von uns selbst, daß wir imstande sind, unsere Muskeln einmal länger und kürzer zu machen, zum anderen aber ihnen eine verschiedene Spannung zu geben. Durch Kontraktion des Biceps ohne Spannung können wir den Unterarm zum Oberarm beugen, wir können aber auch den Biceps lediglich spannen, ohne daß überhaupt eine Bewegung ausgeführt wird, und wir können endlich Bewegung und Spannung beliebig kombinieren. Die hier behandelten Gleichgewichtsreflexe sind nun zum erheblichen Teile tonische oder Spannungsreflexe, und ich glaube, daß das für ihre ev. technische Nachahmung von Wichtigkeit ist.

2. Als auslösendes Organ für die Gleichgewichtsreflexe fand Magnus erstens die Bogengänge, die ja schon lange bekannt sind, zweitens aber noch sensible Muskelnerven, die von den Nackenmuskeln herlaufen. Man muß sich das so vorstellen, als ob durch die verschiedene Spannung bestimmter Muskeln Mechanismen ausgelöst oder verhindert werden.

3. Die Gleichgewichtsreflexe verlaufen ohne jede Störung, ja sind sogar viel besser zu beobachten, wenn das Großhirn fehlt. Wir unterscheiden bekanntlich in dem Zentralnervensystem der höheren Tiere zwei Teile. Auf der einen Seite stehen Rückenmark, verlängertes Mark und die niederen Hirnteile, und das Ge-

---

[1]) C. S. Sherrington, Integrative Action of nervous System. London 1908.
[2]) R. Magnus und A. de Kleijn, Pflügers Archiv f. die gesamte Physiologie, Bd. 145, 147 und 154; 1912 und 1913.

schehen in ihnen erfolgt prinzipiell nicht anders als in den allereinfachsten Nervensystemen der einfachsten Tiere, d. h. es lassen sich alle Vorgänge in letzter Linie auf eine Summe von Reflexen zurückführen. Dem gegenüber steht als anderer Teil des Zentralnervensystems das Großhirn, von dem wir beim Menschen wissen, daß es der Sitz des Bewußtseins aller psychischen Vorgänge und alles Willkürlichen ist, und bei dem wir auch für die höheren Tiere annehmen müssen, daß das Geschehen in ihm einstweilen nicht aufzuklären ist.

Bei Säugetieren ist der deutlichste Reflex zur Aufrechterhaltung des Körpergleichgewichts nach den Untersuchungen von Magnus der folgende:

Dreht oder wendet man den Kopf nach der einen Seite hin, so wird das Bein, nach dem hin die Schnauze gerichtet ist, steif, das Bein auf der Seite des Hinterhaupts wird locker. Dadurch wird offenbar das Gleichgewicht des Körpers wiederhergestellt, das durch die Drehung oder Wendung des Kopfes ja verschoben ist; der nach der Seite verschobene Schwerpunkt wird unterstützt.

Ich möchte Ihnen an einer Taube und einer Möwe, die ich des Großhirns beraubt habe, einige der Reflexe zeigen, mit denen diese Vögel ihr Gleichgewicht aufrecht erhalten, und die sich leicht auch einem größeren Kreise demonstrieren lassen. Ausgeführt habe ich die Enthirnung der Tiere in der hiesigen Frauenklinik, und ich möchte deren Direktor, Herrn Medizinalrat Kehrer, sowie Herrn Dr. Reinhardt und Herrn Dr. Lahm herzlichst für ihre freundliche Unterstützung danken.

An der Taube sehen Sie folgendes: Ich nehme das Tier mit geschlossenen Flügeln in die Hand und drehe den Rumpf in der Sagittalebene nach rechts und links. Dann wird der Kopf immer gerade gehalten, auf jede Veränderung der Rumpfstellung bewegt sich der Kopf in umgekehrter Richtung. Weiterhin bewege ich den Körper der Taube um eine frontale Achse, mache also Hebungen und Senkungen des Vorderteils. Auf jede Hebung des Vorderteils klappt der Schwanz nach unten, auf jede Senkung nach oben; endlich breite ich die Flügel der Taube aus und blase von unten her gegen den rechten Flügel. Dann tritt nicht nur eine stärkere Anspannung des betr. Flügels ein, sondern auch der Schwanz und der linke Flügel werden etwas gehoben.

An der Möwe läßt sich folgendes demonstrieren: Ich nehme zunächst das Tier mit geschlossenen Flügeln in die Hand und senke das Vorderteil. Darauf werden die Schwanzfedern gespreizt. Alsdann senke ich das Tier mit dem Kopf noch etwas stärker, und darauf werden die Flügel teilweise ausgebreitet. Wenn ich endlich das Tier mit halbausgebreiteten Flügeln mit der einen oder anderen Seite hebe oder senke, so wird der eine Flügel angezogen, der andere mehr ausgebreitet. Diese letzteren Bewegungen darf man allerdings nur ganz schwach machen, da man sonst leicht ein Flügelschlagen hervorruft, das ja eben auch ein Reflex zur Aufrechterhaltung des Gleichgewichtes ist.

Die Tiere, die ich Ihnen hier demonstriert habe, sind des Großhirns beraubt, der komplizierteste Teil des Nervensystems fehlt ihnen also. Das, was zurückbleibt, Rückenmark und niedrigere Teile, ist auch noch recht kompliziert, und die Innervation der Flugreflexe ist beim Vogel noch längst nicht aufgeklärt. Es handelt sich aber sicher um Vorgänge, die aufklärbar sind und hoffentlich in nicht allzu ferner Zeit aufgeklärt werden. Diejenigen Fähigkeiten, die das des Großhirns beraubte Tier noch besitzt, lassen sich schließlich technisch nachahmen, und es muß daher, das scheint mir das prinzipiell Wichtige bei diesen Reflexen zu sein, möglich sein, in der Nachahmung des Vogelfluges noch sehr viel weiter zu kommen, als wir heute sind.

Diskussion.

Professor Dr. **Friedländer**-Hohe Mark:

Die außerordentlich interessanten Versuche, welche uns Herr Cohnheim vorgeführt hat, sind von besonderer Bedeutung:

1. gewähren sie uns Ausblicke in die Zukunft; es wird, wie der Vortragende ausgeführt hat, vielleicht möglich werden, daß die Techniker Mittel finden, die automatischen Bewegungen, wie wir sie an den enthirnten Tieren sahen, nachzuahmen;

2. sehe ich in den Ausführungen Cohnheims eine Bestätigung jener wichtigen Momente, auf welche ich wiederholt hinwies, und welche von den Fliegern wie von ihren Begleitern und Beobachtern ebenfalls mehr und mehr in ihrer Bedeutung erkannt werden. Es gibt Flieger, die für die bezüglichen Leistungen geboren sind; bei diesen müssen wir annehmen, auch wenn wir dies durch unsere heutigen Untersuchungsmethoden noch nicht nachweisen können, daß die reflektorischen und automatischen Bewegungen, daß ihre „Gleichgewichtsseele" ähnlich, wenn auch in geringerem Grade, ausgebildet ist wie bei den Vögeln. Flieger, welche bei ihren ersten Flügen zeigen, daß sie vermöge der Empfindungen, die ihnen der Instinkt vermittelt, ein besonderes Gleichgewichtsgefühl besitzen, werden die meiste Aussicht haben, späterhin gute und zuverlässige Flugleistungen zu vollführen, und diejenigen, deren automatische Apparate mehr oder minder bewußt dem Willen gehorchen lernen, werden Flugkünstler im wahren Sinne des Wortes sein.

Professor **Junkers**-Aachen:

Ich wollte mir eine Anfrage erlauben, die eigentlich nicht das Vortragsthema direkt berührt, sondern nur im Zusammenhang damit steht. Der Herr Vortragende hat ausgeführt, daß die Reflexe vom Bogengangapparat beeinflußt werden. Nun ist das eine Röhre oder ein gekrümmtes Gefäß, das eine Flüssigkeit enthält und je nach der Lage des betreffenden Körpers die Flüssigkeit in eine Reflexstellung zu dem Körper bringt und dadurch gewisse Reflexionen auslöst. Eine derartige Einrichtung wäre nichts anderes als ein Pendel. Es ist bekannt, daß ein Pendel auf Flugzeugen nicht der Schwerkraft in dem Sinne unterworfen ist, wie es bei Körpern der Fall ist, die auf der Erde stillstehen. Herr Professor Prandtl hat selbst in den letzten Jahren in der Zeitschrift für Flugtechnik und Motorluftschiffahrt diese Eigenschaft der Pendel auf beweglichen Körpern nachgewiesen.

Es könnte also doch wohl für eine Lagenänderung dann der Bogengangapparat nicht in Frage kommen, wie es mir scheint. Es müßten dann noch andere Vorrichtungen in dem Körper sich befinden, die eine Änderung der Lage eines Vogelkörpers im Raume anzunehmen vermögen. In dieser Weise wollte ich an den Herrn Vortragenden eine Anfrage richten, ob er darüber vielleicht Auskunft geben könnte.

Vorsitzender, Professor Dr. **Prandtl**-Göttingen:

Vielleicht darf ich hier selbst sagen, daß die Wirkung des Pendels nicht völlig ausgeschaltet ist bei einem fliegenden Körper, sondern nur modifiziert. Was ich damals — es war vor 4 Jahren — in einem Einleitungsartikel unseres jetzigen Organs, der Zeitschrift für Flugtechnik und Motorluftschiffahrt, näher auseinandergesetzt habe, betraf den speziellen Fall, daß die Tragfläche des Flugzeugs aus einer einzigen ebenen Fläche besteht. Wenn es sich nicht um eine einfache ebene Fläche handelt, hat das Pendel immer einen Einfluß, und da werden die Bogengänge auch einen Einfluß haben. Es läßt sich ja wohl feststellen: man hat wohl schon Versuche gemacht mit Flugtieren, die des Bogenganges beraubt waren?

Professor Dr. **Cohnheim**-Hamburg:

Die Tauben sind nach Entfernung der Labyrinthe nicht imstande, das Gleichgewicht aufrecht zu erhalten. Bei den Säugetieren ist es klar, daß die Bogengänge zunächst von der Haltung des Kopfes zum Raume abhängen. Die Bogengänge verhalten sich insofern vielleicht noch etwas anders als ein Pendel, als nicht das stabile Stehen der Flüssigkeit in den Bogengängen als Erregung wirkt, sondern ihre Bewegung. Nur wenn die Bewegung einsetzt, kommt es zu einer Reizung, wenn Ruhe eingetreten ist, nicht.

Baumeister **Lilienthal**-Berlin:

Ich bin speziell wegen dieses Vortrages hierher gekommen, weil ich es mit Freude begrüßt habe, daß die Wissenschaft sich auch diese physiologischen Versuche dienstbar macht.

Ich möchte in bezug auf den Vortrag mir einiges zu sagen erlauben. Herr Professor Cohnheim hat in der Einleitung ausgeführt, daß der Vogel nicht nur langsam fliegen, sondern auch stillstehen kann. Das ist nur scheinbar. Der Vogel fliegt relativ zur Luft immer mit annähernd gleicher Geschwindigkeit vorwärts, er steht also nicht still. Der Falke steht gegen den Wind, aber von einem Stillstehen relativ zur Luft kann sicher nicht die Rede sein; auch der Königsfischer und die Lerche fliegen vorwärts, wenn sie still zu stehen scheinen.

Dann muß ich dem entgegentreten, daß durch Darwin die Vibrationstheorie für den Segelflug aufgestellt worden wäre. Darwin hat ganz speziell hervorgehoben in seinem Werk „Reisen eines Naturforschers", worin er den Flug der Kondore beschreibt, daß „von einem Zittern der Flügel nicht die Rede sein kann, sonst müßten die Konturen der Flügel verwischt erscheinen. Dies ist nicht der Fall, sondern sie heben sich vollständig klar und scharf gegen den blauen Himmel ab. Es muß also etwas anderes der Grund sein für dieses Segeln".

Daß nun die Tätigkeit des kleinen Hirns die Gleichgewichtserhaltung hervorbringt, ist eine sehr interessante physiologische Tatsache, sie darf nur nicht verallgemeinert werden. Ich glaube nicht, daß, was einer der Herren Vorredner hervorhob, nur speziell befähigte Personen imstande wären, die Gleichgewichtserhaltung zu erlernen. Durch Übung kann das Gefühl für das Gleichgewicht wohl bei jedem gesteigert werden, bis die erforderlichen Bewegungen unwillkürlich ausgeführt werden. Mir war es ganz besonders interessant, durch die Vorführungen des Herrn Professor Cohnheim zu sehen, daß der Vogel bei einer Senkung vorn die Flügel nach vorn stellt. Viele Herren wissen, daß ich seit Jahren dafür plädiere, die Flugzeuge mit beweglichen Flügeln herzustellen, so daß man die Flügel nach vorwärts schrauben kann. Dann ist das Flugzeug jedenfalls imstande, die Lage des Druckpunktes des Luftwiderstandes mit der Lage des Schwerpunktes in Einklang zu bringen, wie es die Ausführungen Professor Cohnheims an den des Hirnes beraubten Tieren recht deutlich zeigen. Auch die Bewegungen des Schwanzes als Höhensteuer ist ein ganz interessanter Vorgang. Durch das Vorwärtsstellen der Flügel hat der Vogel aber das wirksamste Mittel, sein Gleichgewicht zu erhalten. Die Verdrehung der Flügel wirkt hierbei auch noch mit. Auch der des Schwanzes beraubte Vogel kann auch mit den Schwingen allein schon sein Gleichgewicht erhalten und seine Richtung bewahren. Die Gleichgewichtserhaltung des Vogels ist noch vielseitiger, als aus dem Vortrag des Herrn Professor Cohnheim zu sehen war, und unsern Drachenfliegern weit überlegen.

Vorsitzender, Professor Dr. **Prandtl**-Göttingen:

Ich möchte da eine kleine Bemerkung machen: Es ist selbstverständlich, daß wir vom Vogel noch sehr viel lernen können. Wenn wir einstweilen nur starre Aeroplane bauen, so liegt das hauptsächlich an den großen technischen Schwierigkeiten, die Kräfte aufzubringen, die nötig wären, um die Flügel während des Fluges zu verschieben.

Ich möchte ferner noch darauf hinweisen, daß man solche Tiere auch im künstlichen Luftstrom untersuchen sollte. Wir haben in Göttingen einen solchen Luftstrom. Vielleicht hat Herr Professor Cohnheim einmal Lust, solche Versuche bei uns zu machen. Ich möchte ihn hier dazu einladen.

Prof. Dr. **Bendemann**-Adlershof:

Ich möchte nur kurz fragen, ob unter den Organen, die als Gleichgewichtsorgane im Körper in Betracht kommen, nicht vielleicht auch der Magen eine wichtige Rolle spielt. Ich habe neulich auf einer Seereise die Feststellung gemacht, daß der Magen ein merkwürdig empfindliches Gleichgewichtsorgan im menschlichen Körper ist (Heiterkeit), und daß er auf Beschleunigungen in verschiedenen Richtungen ganz verschiedenartig reagiert. In der Richtung der Längsachse des Körpers ist er sehr empfindlich, hingegen bei mir gar nicht in Richtung der Querachse. Eigentümlich ist auch, daß viele Menschen gegen das Rückwärtsfahren in der Eisenbahn sehr empfindlich sind, und zwar ganz mechanisch, auch wenn sie es gar nicht wissen, daß sie rückwärts fahren. Das ist mechanisch sehr merkwürdig. Denn während der im ganzen doch gleichförmigen Fahrt eines Eisenbahnzuges wechseln die kleinen Beschleunigungsstöße vorwärts und rückwärts beständig miteinander ab, so daß es ganz gleichgültig sein müßte, ob man vorwärts oder rückwärts sitzt. Vielleicht streift der Herr Vortragende im Schlußwort auch noch die Frage, ob hierüber irgendwelche physiologischen Aufschlüsse zu geben sind.

Professor Dr. **Cohnheim**-Hamburg:

Ich möchte zunächst auf das eingehen, was Herr Friedländer sagte. Heute ist es zweifellos so, daß das Fliegen mit davon abhängt, wie weit die Gleichgewichtsorgane des Fliegers entwickelt sind. Wo ich hinaus wollte, war dies, daß ich hoffe, daß es der Technik gelingt, den Menschen dahin zu bringen, daß er den Vogel nachahmen kann, indem sein Flugzeug die Gleichgewichtsaufrechterhaltung durch mechanische Mittel selbst übernimmt.

Dann zu den Bemerkungen des Herrn Lilienthal. Es ist richtig, der Vogel hält nicht still, sondern er bewegt sich relativ zur Luft immer vorwärts. Er kann sich gegen einen schwachen Wind vorwärts bewegen, und kommt dann gegen den Boden nur langsam vorwärts oder er kann gegen einen stärkeren Wind fliegen und steht dann relativ zum Boden still.

Was die Anfrage des Herrn Professor Bendemann betrifft, so liegen hierüber aus allerjüngster Zeit Untersuchungen von Bruns-Marburg vor. Der Magen hat mit dem Gleichgewicht gar nichts zu tun; es sind immer die Bogengänge. Von denen hängt es ab, daß bei den verschiedenen Kopfhaltungen der Körper in der richtigen Weise wieder eingestellt wird. Wenn wir für gewöhnlich eine Bewegung ausführen, so trifft gleichzeitig vom Bogengangapparat und von den Muskeln eine Meldung ein. Das Zentralnervensystem ist so eingestellt, daß diese beiden Meldungen gleichzeitig entgegengenommen werden. Tritt nun eine passive Bewegung ein, d. h. wird eine Muskelbewegung nicht gleichzeitig gemacht, so entsteht im Zentralorgan ein ungewohnter Zustand, der häufig Störungen hervorruft, die durch den vom Gehirn zum Magen laufenden Nerven auf diesen übertragen werden.

Über eine Versuchseinrichtung zur kinematographischen Messung der Schwingungen freifliegender Modelle.

Von
Dipl.-Ing. **H. G. Bader**, Ingenieur beim Stabe des Fliegerbataillons 4, Straßburg i. E.

Ohne die Lage ihrer Symmetrieebene zu ändern, sind Flugzeuge zweier Schwingungen fähig. Dabei erscheinen von den drei Veränderlichen, die zur Kennzeichnung einer zweidimensionalen Bewegung hinreichen und deren Wahl am besten Richtung und Größe der Geschwindigkeit, sowie Lage des Flugzeugs gegenüber der augenblicklichen Flugrichtung, trifft, jeweils nur zwei von ausgezeichneter Bedeutung. Einmal sind Richtungsänderungen der Geschwindigkeit mit Lagenänderungen, dann mit Größenänderungen der Geschwindigkeit verbunden. Die erste Schwingungsart besitzt fast durchweg geringere Dauer als die zweite, und eine ohne weiteres hervorragende Dämpfung. Hingegen ist die zweite, deren Dauer ohne Unterschied der Bauart allein der Geschwindigkeit proportional ist, durch eine in sehr weiten Grenzen veränderliche Dämpfung gekennzeichnet, die sogar leicht negative Beträge annimmt; selbst, wenn die „statische" Längsstabilität durchaus sichergestellt ist.

Die Schwingungsmessung hat demnach in erster Linie auf die Ermittlung der Dämpfung der Schwerpunktsschwingung hinzuzielen. Die Drehungsschwingung wird nur berücksichtigt, insoweit sie diese Dämpfungsmessung gefährdet.

Grundriß der Versuchseinrichtung.

Um die Bewegungen eines Modells zu messen, kann ausschließlich die Kinematographie in Frage kommen. Die Verhältnisse liegen mechanisch recht günstig. Für eine Flugzeuggeschwindigkeit v von 28 m/sec beträgt die Schwerpunktsschwingungsdauer:

$$T = \sqrt{2} \cdot \pi \cdot \frac{v}{g} \cong 12 \text{ sec.}$$

also für ein Modell von $^1/_{10}$ natürlicher Größe $12/\sqrt{10} \cong 4$ sec. Die Festigkeit des Films und des Greiferantriebs gestattet bis zu 25 Bilder pro Sekunde aufzunehmen; während einer Schwingungsperiode des Modells können also 100 Expositionen stattfinden. Die optischen Beziehungen schränken den Versuchsbereich jedoch stark ein. Da man angewiesen ist, das Modell von einem festen Punkt aus zu verfolgen, verkürzt sich durch Lage und Entfernung im Bild der Abstand der beiden Punkte, deren Ortsveränderung, gemäß den drei Freiheitsgraden, die Bewegung des Modells eindeutig wiedergibt. Bezeichnet d diesen Abstand, α die Richtung der optischen Achse des Kinematographen gegenüber der Normalen zur Flugbahn-

ebene, e deren Entfernung von der Linse, f die Brennweite, so ist die Bildgröße
(für große Werte e):

$$d \cdot \cos^2 \alpha \cdot \frac{f}{e}.$$

Die Schwankungen der Bildgröße betragen bei einem Bestreichungswinkel $2\,\alpha_{max}$
von 45°, 60°, 90°; ± 9, ± 17, ± 50 %. Um die Versuchsdauer nicht zu sehr herabzusetzen, wird 60° gewählt. Damit das Bild im Rahmen einige Bewegungsfreiheit

Fig. 1.   Gerüste für die Startvorrichtung und den Aufnahmeapparat.

besitzt, soll, da das Filmformat $18 \times 24 \ mm^2$ beträgt, die Bildgröße 8 mm nicht
übersteigen. Die kurze Belichtungsdauer, die die Aufnahme schneller Bewegungen
erfordert, erlaubt nicht, bei mäßigem Gewicht des Apparates, Objektive mit über
180 mm Brennweite zu verwenden. Mit d = 0,60 m wird

$$e = 0{,}60 \cdot \frac{180}{8} = 13{,}5 \ m.$$

Die Länge der Beobachtungsstrecke ist also etwa $\dfrac{e}{\cos 30^0} \cong 25^{1}/_{2}$ m, während
die Länge einer Periode für das Modell von $^1/_{10}$ nat. Gr. im Raum beträgt:

$$\frac{T \cdot v}{10} = \sqrt{2} \cdot \pi \cdot \frac{v^2}{g} \cdot \frac{1}{10} \cong 35 \ m.$$

Also selbst wenn es gelingt, die Geschwindigkeit des Modells, dessen Gewicht wegen der erforderlichen Formfestigkeit das „ähnliche" wirklicher Flugzeuge keinesfalls unterschreitet, durch Erreichung eines ungewöhnlich hohen Auftriebskoeffizienten herabzusetzen, kann man nur etwa eine halbe Periode aufnehmen.

Die Versuchseinrichtung.

Um dem Modell bei gesicherter Lage die erforderliche Geschwindigkeit **zu** erteilen, wird es auf einem Wagen gelagert. Die Spurweite beträgt etwa ein Drittel der Breite des Tragflügels. Der Achsabstand hat der Länge des Modells zu ent-

Fig. 2.   Die Startvorrichtung.

sprechen und wird gleich der doppelten Spurweite (2 · 350 = 700 mm) gewählt. Als Schienen dienen zwei nach oben offene U-Eisen (N. P. 3), auf deren äußeren Innenkanten die Räder (Spurkränze innen) laufen. Die gewöhnliche Kalibrierung (Kirchberg: Grundzüge der Walzenkalibrierung. 1905, S. 73) leistet für ruhigen Lauf ohne weitere Bearbeitung Gewähr. Immerhin wurde den Rädern 84 mm Laufkreisdurchmesser gegeben bei 96 mm äußerem Durchmesser der Spurkränze. Die Startbahn hat 4500 mm Länge. Durch die Wagenlänge und kleine Sicherheitsstrecken von je 150 mm an Anfang und Ende wird die gesamte Beschleunigungs- und Bremsstrecke auf 3500 mm festgelegt. Die Beschleunigung wird mittelbar durch eine Schraubenfeder bewirkt. Soll der höchste Betrag der Beschleunigung gleich der unveränderlichen Verzögerung durch eine Bremse sein, so ergibt sich unter der Voraussetzung, daß die Massenverminderung durch die Ablösung des Modells vom Wagen 15% betrage, die Größe der Bremsstrecke s aus

$$s = \frac{0,85}{2}\,(3500 - s) = 1040 \text{ m.}$$

5*

Die ursprüngliche Absicht, mit einem gewöhnlichen Riementrieb, dessen ziehendes Stück den Schienen parallel läuft und mit dem Wagen verbunden ist, zu arbeiten, läßt sich nicht verwirklichen. Wiewohl die Spannung nach dem Einbau von Kugellagern in die Laufbüchsen durch Verkürzung des Riemens mittels der am Wagen befestigten Klemme ganz ungewöhnlich gesteigert werden kann, kommt der unter Last zunächst ruhende Riemen ins Schlüpfen, und wenn diese Schlüpfgeschwindigkeit bestenfalls nicht mehr als einige Millimeter pro Sekunde beträgt, kann doch in der Zeit zwischen Spannungsvorgang und Start eine Antriebsminderung eintreten, die eine allzu beträchtliche Amplitude der Modellschwingung zur Folge hat. So muß denn das bei einer Beschleunigung ziehende Trum an der Antriebsscheibe befestigt und das gezogene beseitigt werden. Infolgedessen kann die an der berechneten Stelle vom Wagen mittels Exzenter ausgelöste, auf die Antriebsscheibe einfallende Backenbremse nicht mehr zugleich den Wagen selbst verzögern. Um indessen die der Beschleunigung unterworfene Masse nicht noch zu erhöhen, soll die Verzögerung des Wagens durch eine während des Starts ruhende Bremse bewirkt werden. Zwei gegen die U-Schienen-Innenseiten durch Federn gepreßte, an ihnen geführte Eichenholzklötze werden mittels des freien Endes des an der Wagenvorderachse festgeklemmten Riemens kurz nach der Auslösung der Radbremse plötzlich mitgeschleppt. Der Stoß wird durch die Elastizität des Riemens selbst und eine am Angriffspunkt zwischengeschaltete Feder herabgesetzt. Dennoch ist die Verzögerung des Wagens so stark, daß sich die Hinterachse, die nicht auch am Riemen befestigt werden kann, von den Schienen abhebt. (Da der Schwerpunkt etwa 15 mm über dem Riemenangriffspunkt und rund 300 mm hinter der Vorderachse liegt, beträgt die Verzögerung mehr als das Zwanzigfache der Erdbeschleunigung.) Durch Flacheisen, die an den U-Schienen befestigt werden und über die Achsstummel des Wagens übergreifen, gelingt es, dem Abheben vorzubeugen.

Um die Stärke der Antriebsfeder zu berechnen, muß die Masse, der die Modellgeschwindigkeit zu erteilen ist, bekannt sein. Durch Pendelversuche wurde das Trägheitsmoment jedes der beiden auf einer Laufbüchse aufgekeilten Räder bestimmt, deren größeres (400 mm Durchmesser, 6,08 kg Gewicht) den am Wagen befestigten Riemen aufwickelt unter der Wirkung des Zugs, den die Feder mittels eines stärkeren Riemens auf den Umfang des kleineren (150 mm Durchmesser, 4,67 kg Gewicht) äußert. Es ergeben sich die Trägheitsradien zu 15,2 mm bzw. 5,5 mm, und damit die auf Wagenweg reduzierten Gewichte zu $6{,}08 \cdot \left(\dfrac{152}{200}\right)^2 = 3{,}5$ kg bzw. $4{,}65 \cdot \left(\dfrac{55}{200}\right)^2 = 0{,}35$ kg. Der Wagen selbst wiegt 4,55 kg, der Riemen bis zur Klemme 0,75 kg und das Modell eines Eindeckers von 650 kg Dienstgewicht bei $^1/_{10}$ natürlicher Größe 650/1000 = 0,65 kg. Das gesamte auf Wagenweg reduzierte Gewicht ist somit rund: $3{,}50 + 0{,}35 + 4{,}55 + 0{,}75 + 0{,}65 = 9{,}8$ kg.

Die ähnliche Geschwindigkeit eines Modells von $^1/_{10}$ natürlicher Größe ist etwa $30 : \sqrt{10} \cong 10$ m/sec. Als Beschleunigungsarbeit sind also erforderlich für einen Geschwindigkeitsüberschuß von 10%, entsprechend einer Amplitude der Schwerpunktsschwingung von 1 m,

$$9{,}8 \cdot \frac{10^2}{2\,g}\,(1 + 0{,}1)^2 = 60\ \text{mkg.}$$

Die größte Dehnung der Feder ist durch das Verhältnis der beiden mittleren Radumfänge und den Beschleunigungsweg bestimmt:

$$2{,}5 \cdot \frac{160}{405} \cong 1\ \text{m.}$$

Die größte Federkraft bei einem Wirkungsgrad des Getriebes von 80 % ergibt sich zu

$$2 \cdot \frac{60}{0{,}80} = 150\ \text{kg.}$$

Sie wird geliefert von einer zylindrischen Schraubenfeder mit 11 mm Draht- und 130 mm Wicklungs-Durchmesser bei einer zulässigen Drehungsbeanspruchung von 4500 kg/cm. Die erforderliche Dehnung entspricht etwa 45 Windungen. (Ausführung: Sächsische Gußstahlfabrik Döhlen bei Dresden.) In der höchsten Stellung ist danach der Wagen mit 150/2,5 = 60 kg festzuhalten. In der Hinterachse des Wagens wird zu dem Zweck ein 3-mm-Stahldraht durch eine konische Schraube mit Mutter festgepreßt, während das freie Drahtende in einen kurzen, oben offenen Schlitz eines (um eine horizontale, zur Fahrtrichtung senkrechte Achse drehbaren) kurzen vertikalen Hebels zu liegen kommt und auf ihn mittels Anschlag die Riemenspannung überträgt. Durch ein Hebelsystem wird diese Zugkraft auf 1 bis 3 % ihres Wertes reduziert, so daß die Auslösung durch eine kleine Magnetspule mit beweglichem Kern besorgt werden kann. Nach Messungen beträgt die auf Wagenweg bezogene Federkraft 28 kg/m. Die Startdauer müßte ein Viertel der Periode einer harmonischen Schwingung mit einer Masse $C_0 = \dfrac{9{,}8}{g} = 1\,\text{kg}\,\text{m}^{-1}\text{sec}^2$ und einer elastischen Kraft $E_0 = 28\ \text{kg}\,\text{m}^{-1}$, also:

$$\frac{2\,\pi}{4} \cdot \sqrt{\frac{C_0}{E_0}} = 0{,}296 \cong 0{,}3\ \text{sec}$$

betragen. Indessen zeigt der Chronograph, daß zwischen Auslösung und Durchgang des Wagens durch den Bremspunkt im Mittel 0,45 sec verstreichen (Mittel aus 5 Versuchen mit Einzelergebnissen: 0,480; 0,462; 0,456; 0,438; 0,425). Die beträchtliche Abweichung vom theoretischen Ergebnis ist der Auslösvorrichtung zuzuschreiben. Denn, wenn auch wegen der geringen Formänderungsgeschwindigkeit des Riemens der Bremspunkt, an dem der Wagen den Kontakt schließt, nicht genau mit dem Nullpunkt der elastischen Kraft identifiziert werden kann, so ist dieser Fehler doch unerheblich, da die Geschwindigkeit groß ist.

Die Startgeschwindigkeit ergibt sich bei einem Wirkungsgrad η als Funktion der Auslenkung x (Abstand des Wagens vom Bremspunkt vor der Auslösung) aus der Energiegleichung:

$$C_0 \cdot \frac{v^2}{2} = \eta \cdot E_0 \cdot \frac{x^2}{2} \qquad v = \sqrt{28 \cdot \eta} \cdot x.$$

Mit einem Wirkungsgrad von 80 %:

$$v = 4{,}73 \cdot x.$$

Das Modell liegt mit der Tragflügelhinterkante auf zwei an der Hinterachse des Wagens festen Stützen und mit der Kopfflosse auf einem horizontalen Draht.

Die Stütze, an der dieser befestigt ist, ist um eine den Wagenachsen parallele Achse drehbar; vor dem Start und während der Beschleunigung liegt sie gegen einen an der Vorderachse angeschraubten Anschlag und schlägt nach vorne herunter sowie die Verzögerung des Wagens einsetzt, so daß das Modell freie Bahn findet. Es ist darauf zu achten, daß der Stützdraht in oder vor der zu den Schienen senkrechten Ebene durch die Drehachse der Stütze liegt, damit das Modell beim Umschlagen der Klappe keinen Stoß nach oben empfängt.

Fig. 3.   Kinematograph mit Apparatur.

Bildwechsel des Kinematographen und Richtungsänderung seiner optischen Achse werden durch einen Gleichstrom-Nebenschlußmotor von $1/_6$ PS besorgt. Der Motor ist durch einen lösbaren Stift direkt gekuppelt mit einer Spindel, die auf 250 mm Länge einzölliges Gewinde trägt (8 Gänge pro Zoll). Eine gegen Drehung gesicherte Mutter, die über die glatte Spindel auf das Gewinde geschoben wird, eilt bei einer Drehzahl von 2000 U. p. M. mit einer Geschwindigkeit von etwa 4 Zoll pro Sekunde über dasselbe hinweg. An der Mutter ist eine Stahlfeder befestigt, die an bestimmter Stelle des Wegs über einen Anschlagstift einen Stromkreis schließt. Zur genauen Messung der Translationsgeschwindigkeit der Mutter mittels eines Chronographen haben zwei Anschläge in möglichst großem Abstand (rund 220 mm) gedient. Bei mäßigen Schwankungen der Spannung P an den Klemmen des Motors beträgt die Geschwindigkeit $0,481 \cdot P$ mm/sec. Die Mutter steht durch einen vorragenden vertikalen Stift in Verbindung mit einer zylindrischen Hülse, die auf einer zur Drehachse des Kinematographen senkrechten mit ihm fest verbundenen Stange gleitet. Das Modell bleibt im Bildfeld des Aufnahmeapparats, wenn man den Abstand seiner Drehachse von der Achse der Schraubenspindel so einstellt, daß er gleich dem im Verhältnis von Mutter- und Modellgeschwindigkeit reduzierten Abstand der Drehachse von der Flugebene ist. Diese Überlegung dient indessen nur als erster Anhalt für die Einstellung. Der Flugebene parallel in einem Abstand von 1050 mm ist in der von der optischen Achse des Kinematographen bestrichenen Ebene ein Meßdraht gespannt, der der genauen Ortsbestimmung des Modells aus den Kinematogrammen dienen soll, jedoch schon bei der Einstellung zum Versuch zu verwenden ist. Er trägt, mit dem weichen Draht selbst eingeknotet, von Meter zu Meter kleine weiße Bandfahnen. Man visiert nun durch den Kinematographen, bevor Kassette und Film eingeführt werden, zwei Fahnen im Abstand von 15 m (wie es der Versuchsstrecke entspricht) an und bestimmt mit Hilfe der schon erwähnten Anschläge den Weg w, den die Mutter zwischen den beiden Stellungen der optischen Achse zurücklegt. Dann sei, da der Abstand der Drehachse von der Flugebene 12 450 mm ist, etwa

$$w = \frac{0,481 \cdot P}{v} \cdot 15 \cdot \frac{12\,450}{12\,450 + 1050} = 6,64 \cdot \frac{P}{v}\ \text{mm}.$$

Man stellt den Achsenabstand näherungsweise ein und bestimmt dann rückwärts aus der gemessenen Strecke w die Klemmenspannung, die durch den vorgeschalteten Widerstand zu regeln ist. Mit der Muttergeschwindigkeit $0,481 \cdot P$ mm/sec und der Startdauer 0,45 sec ergibt sich die erforderliche Entfernung des Anschlags, durch den der Stromkreis der magnetischen Startauslösung geschlossen wird, von der Stellung der Mutter, bei der die optische Achse auf den Bremspunkt des Wagens gerichtet ist.

Der Motor treibt ferner durch Lederschnüre das Bildwechselgetriebe des Kinematographen. Durch eine Kontaktscheibe und Morseschreiber wird die absolute Zahl der Expositionen während eines Versuches, und durch einen weiteren Schreiber, der durch Vermittlung eines Relais Sekunden sticht, die Bildfrequenz bestimmt. Steht die Mutter im Begriff das Gewinde auf der Spindel zu verlassen, so öffnet sie den Stromkreis des Motors (nur diesen), wodurch einem unnötigen Filmverbrauch vorgebeugt wird. Werden mehrere Versuche hintereinander gemacht, so kennzeichnet man das Ende des vorhergehenden durch ein Rundloch, das mit einer Lochzange in den ruhenden Film kurz vor seinem Wiedereintritt in die Kassette geschnitten wird. Es entsteht so keine Schädigung des Films, die einen ruhigen Fortgang der mechanischen Förderung verhindern könnte, und doch gewährt das Zeichen im Hinblick auf die Auslaufperiode, die der Morsestreifen wiedergibt, einen sicheren Anhalt in der Dunkelkammer vor der Entwicklung, aus dem Band das Stück herauszuschneiden, das den Versuch umfaßt. Daß bei der Lochung die außerhalb der Kassette befindliche Filmschleife belichtet wird, ist ohne Nachteil, denn sie gehört der Anlaufperiode des folgenden Versuchs an.

Die Schaltung (Fig. 4) läßt 5 Stromkreise erkennen: Ein von Akkumulatoren gespeister, durch eine Uhr sekundlich einmal geschlossener Strom durchfließt ein Relais und 2 parallel geschaltete 16-kerzige Lampen. Das Relais schließt über die Spulen des einen Morseschreibers und eine 16-kerzige Lampe einen Stromkreis, der am Netz liegt (220 Volt). Im Augenblick, wo die Kontaktscheibe am Bildwerkantrieb schließt, fließt ferner Strom vom Netz durch die Spulen des zweiten

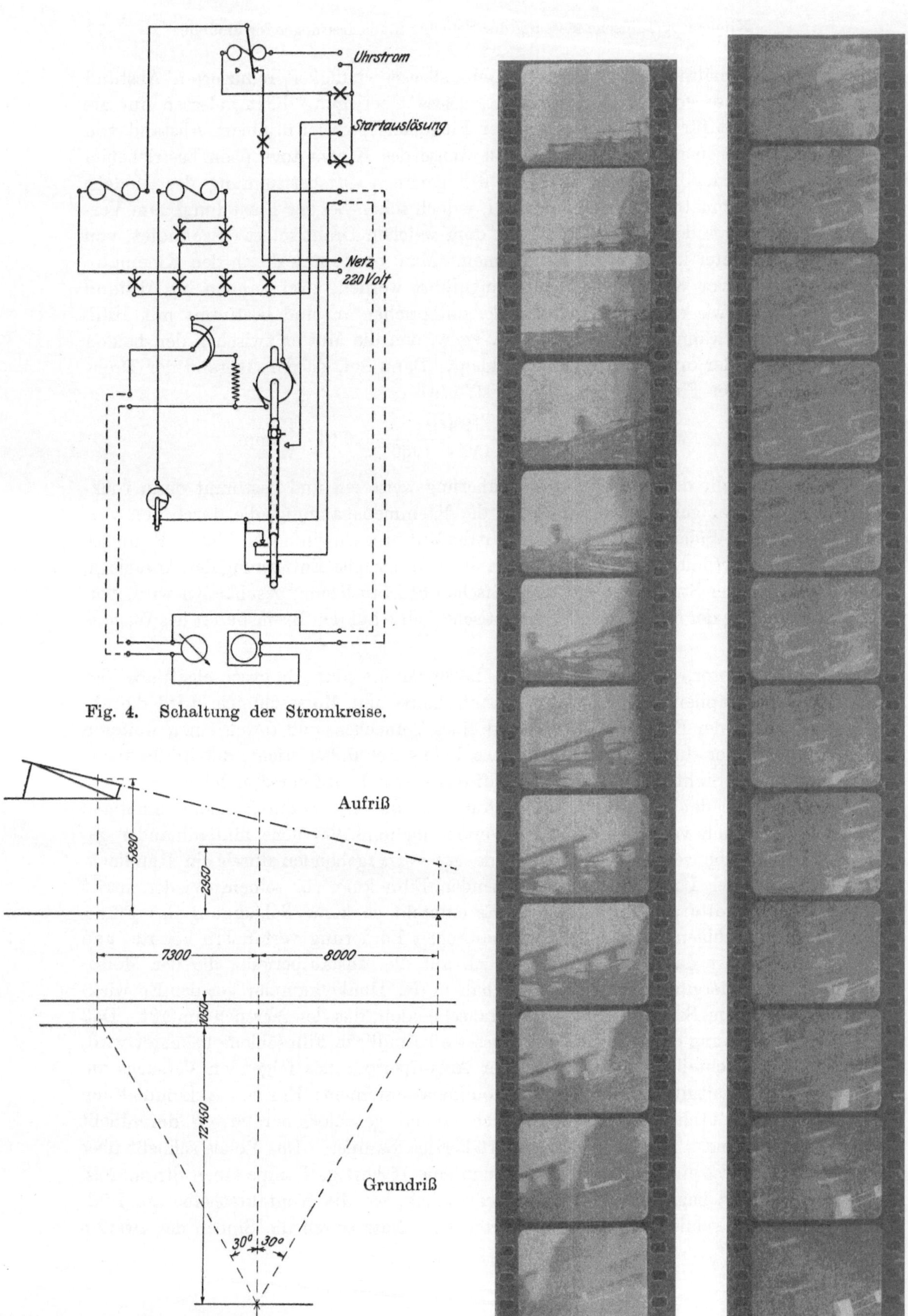

Fig. 4. Schaltung der Stromkreise.

Fig. 5. Lageplan der Aufnahme in Aufriß und
Grundriß

Fig. 6.

Schreibers über zwei parallele 25-kerzige Lampen zum Netz zurück. Ein vierter Stromkreis führt vom Netz zum Lager der Schraubenspindel über die Mutter durch den Anschlag, gegen den sich die Feder im Moment der Startauslösung legt, zur Spule am Startapparat, die ihren Eisenkern einzieht, und von da über vier parallele 25-kerzige Lampen zum Netz zurück. Der Spannungsmesser für den Motor ist zusammen mit dem Regulierwiderstand für sich montiert, um ihn nicht den Erschütterungen auszusetzen, die beim Transport der schweren kinematographischen Antriebsvorrichtung zur Versuchsstelle nicht zu vermeiden sind. Er wird durch Stechkontakte und Kabelschnüre angeschlossen. Die Öffnung des Motorstromkreises durch die Mutter am Ende ihres Wegs ist aus dem Schaltungsschema ersichtlich.

Aus dem Lageplan (Fig. 5) geht hervor, daß das Modell während der Dauer der Beobachtung über 2 m vom Boden entfernt bleibt, also eine Vergrößerung des Auftriebs durch die Bodennähe nicht zu befürchten ist (Föppl, Z. f. Fl. u. M. 1912, S. 217).

Die Verwendbarkeit der Versuchseinrichtung zum vorgesetzten Zweck wird durch die in Fig. 6 wiedergegebene Bildfolge dargetan. Die rechnerische Auswertung der Kinematogramme wird gelegentlich einer späteren Veröffentlichung von Messungsergebnissen erörtert werden.

Die Ausführung der Versuchseinrichtung geschah mit Mitteln und Kräften des Maschinen-Laboratoriums der Kgl. Technischen Hochschule zu Dresden. Es sei gestattet an dieser Stelle, dem Direktor des Laboratoriums Herrn Geh. Hofrat Prof. Dr. Mollier und seinem Stellvertreter Herrn Prof. Dr.-Ing. Nägel hierfür den Dank auszusprechen.

Untersuchungen an Luftschrauben am Stand und in der Fahrt beim Luftschiffbau Zeppelin, G. m. b. H. Friedrichshafen a. B.

Von
Dipl.-Ing. Freiherrn von Soden-Fraunhofen.

Die seither an den Z-Schiffen verwendeten Getriebe und Schrauben.

Zu den Hauptmerkmalen, die den Zeppelinschiffen eigen sind und sich seit dem ersten Projekt des Jahres 1892 bis heute unverändert erhalten haben, gehören unter anderen:

Die Anordnung mehrerer Luftschrauben,

deren starre Anbringung am Schiffsgerüst ungefähr in Höhe des Widerstandsmittelpunkts

sowie deren Antrieb mittels Kegelräder und schräg nach aufwärts führender Welle, alles Anordnungen, die viele Vorteile für sich haben und von denen abzugehen bis jetzt kein hinreichender Grund vorgelegen hatte.

Sämtliche Schiffe waren bisher mit 4 Schrauben ausgestattet. Bei den ersten 6 Schiffen arbeiteten zwei Maschinen auf je zwei Schrauben. Am Luftschiff L Z 6 wurde nachträglich im Jahre 1910 ein dritter Motor eingebaut und dieser in die hintere Gondel gesetzt. Es waren dort je eine Maschine mit einer Schraube verbunden, während in der vorderen Gondel nach wie vor eine Maschine zwei Schrauben antrieb, so, wie dies auch bei den heutigen Schiffen noch der Fall ist. Nur im L Z 18, dem Marineluftschiff LII, waren vier Maschinen eingebaut worden.

Die Arbeitsübertragung vom Motor zur Schraube geschah schon beim ersten Schiff, wie bereits eingangs erwähnt, durch Kegelräder. Die Anordnung dieser Übertragung ist in Figur 1 dargestellt; da die Zeichnung maßstäblich ausgeführt ist, so können die Größenverhältnisse unmittelbar miteinander verglichen werden. Die mit den Getrieben übertragenen Arbeiten waren folgende:

Getriebe Nr.	Jahr	PS
1	1900	15
2	1905	86
3	1909	115
4	1913	180

Der große Fortschritt, der zwischen dem Getriebe von 1900 und 1905 bemerkbar ist, hängt damit zusammen, daß in diese Jahre die Hauptentwicklung des Automobilbaus fällt.

Beim Getriebe 1909 war man — es war dies das einzige Mal — abgegangen von der Kegelradübertragung. Von dem vorzüglichen Wirkungsgrad, welcher nämlich der Stahlbandübertragung eigen ist, verführt, hatte man diesen Antrieb für das Luftschiff Z VI gewählt. Der ruhige, gleichmäßige Lauf, der damit erzielt wurde, und das geringe Gewicht hatten tatsächlich viel Bestechendes; aber bald

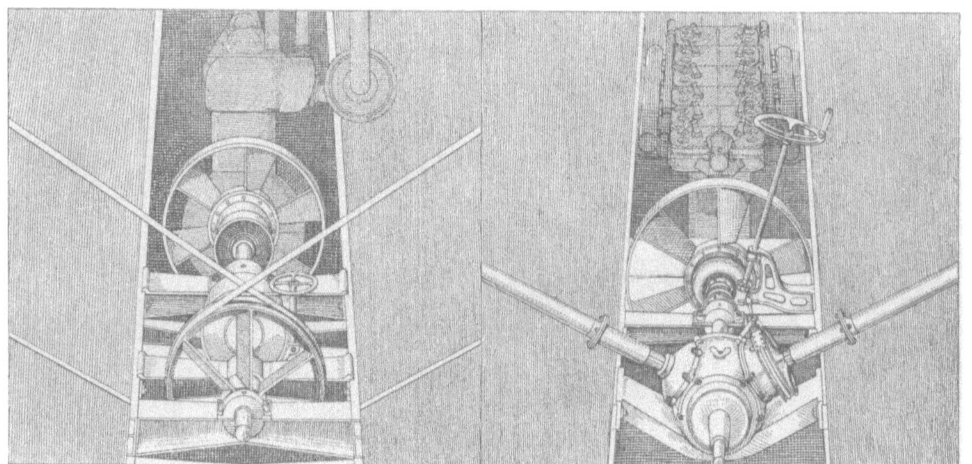

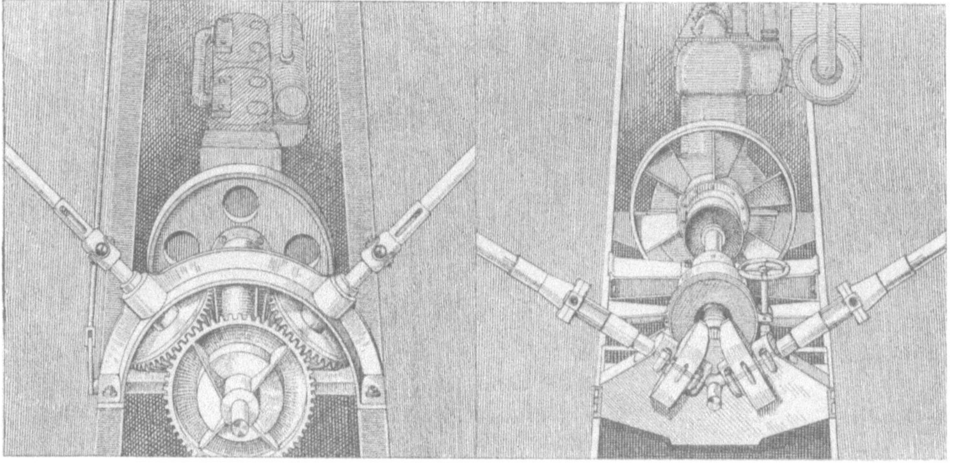

Fig. 1. Getriebe.
Oben links Ausführung 1900, rechts 1905.
Unten links 1909, rechts heutige Ausführung des Getriebes.

zeigte sich, daß der Betrieb mit diesem Stahlband nur beschränkte Zeit aufrecht erhalten werden konnte. Die Grundbedingung für diese Art Antrieb, die peinlich genaue und unverrückbar feste Lagerung der treibenden und getriebenen Scheibe, konnte am Luftschiffgerippe nicht erfüllt werden. Die Folge hiervon war, daß, trotzdem die Versuche mit Ausdauer fortgesetzt wurden, jeweils nach längerer oder kürzerer Zeit das Stahlband riß. Die Fahrt des Luftschiffes Z VI nach Berlin erlitt auf dieseWeise verschiedene Störungen.

In Figur 2 ist das Getriebe von 1900, in Figur 3 dasjenige von 1913 in photographischer Abbildung dargestellt.

In der Art und Weise, wie die Schraubenvorgelege, das an der Schraube selbst befindliche Kegelradgetriebe, mit dem Schiffskörper verbunden sind, hat sich

Fig. 2.   Getriebe (1900).

im Laufe der Jahre nicht viel geändert. Es ist auch in der Konstruktion dieser Vorgelegeböcke nicht viel Spielraum gegeben, besonders wenn dabei noch für einen möglichst geringen Luftwiderstand der Böcke Sorge getragen werden muß. Die Ausführungen der Jahre 1900 bis heute, die in den Figuren 4 bis 6 dargestellt sind, zeigen demnach keine erheblichen Verschiedenheiten. Die Darstellung der Figur 7 läßt dies noch besser erkennen. Dieses Bild zeigt in maßstäblicher Gegenüberstellung ·die Veränderungen, welche die Luftschrauben in den Jahren 1900 bis heute erfahren haben. Leistungen und Durchmesser sind aus folgender Tabelle zu ersehen:

Luftschraube Nr.	Jahr	PS	Durchmesser
1	1900	7,5	1,1 m
2	1905	43	3,0 ,,
3	1909	57	4,0 ,,
4	1913	180	4,6 ,,

Fig. 3.   Getriebe (1913).

Die noch heute in Verwendung befindlichen zweiflügeligen Schrauben haben den gleichen Durchmesser wie die vierflügeligen Schrauben, nämlich 4,6 m. (Fig. 8.) Die Schraube des ersten Schiffes hatte einen Durchmesser von nur 1,1 m. Wenn dieser auch für die Aufnahme von nur 7,5 PS vollkommen genügt hatte, so lag darin doch von vornherein der Grund für einen schlechten ideellen Wirkungsgrad, der etwa 55% betragen hat; der tatsächliche Wirkungsgrad wird wohl nicht viel größer als 40% gewesen sein. Schon die dreiflügelige Schraube des zweiten Schiffes (Bild 9) vom Jahre 1905 mit 3 m Durchmesser, die wir noch bis zum LZ 5 in Gebrauch finden, war auch nach heutigen Begriffen gut konstruiert und den Verhältnissen angepaßt, sie hatte bis zu 42 PS aufzunehmen.

Fig. 4.   Anordnung der Schrauben am Schiff (L Z 1).

Fig. 5.   Anordnung der Schraube am Schiff (L Z 2).

Fig. 6.   Anordnung der Schraube am Schiff (L Z 11).

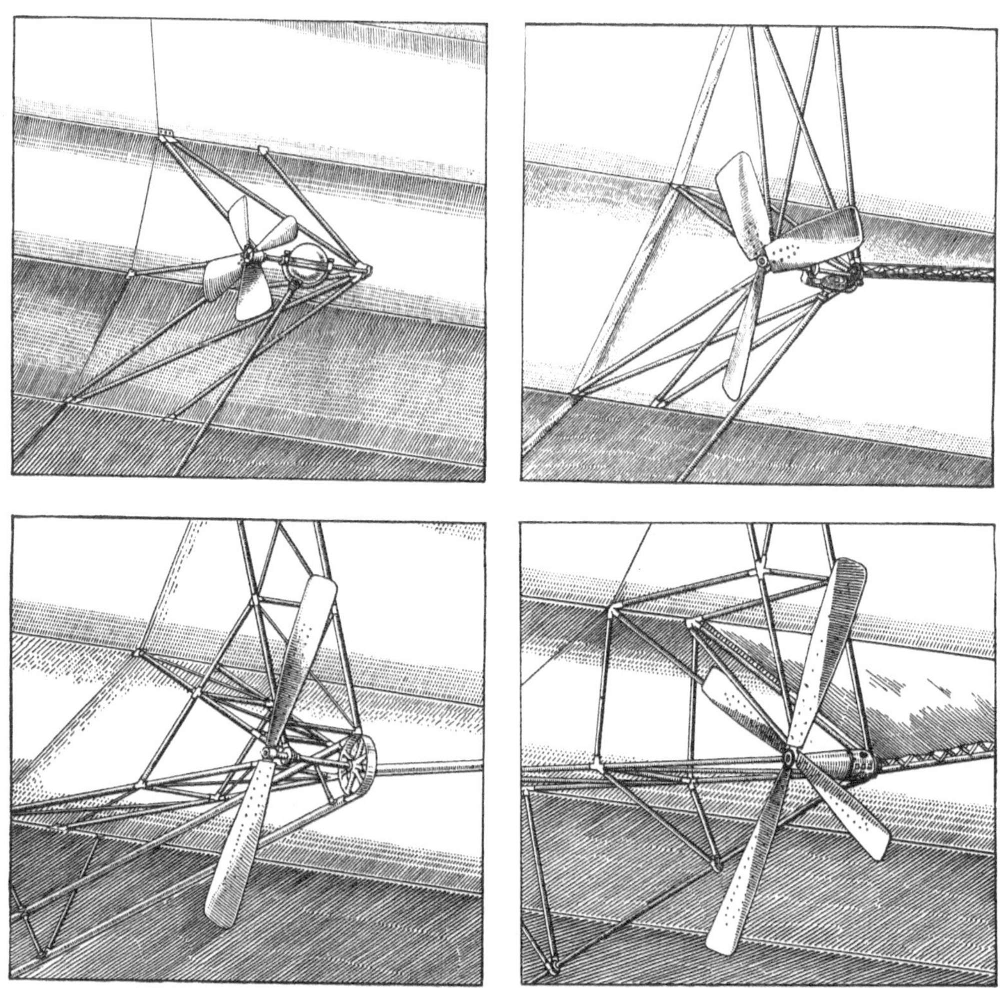

Fig. 7.   Propeller.
Oben links Ausführung 1900, rechts 1905.   Unten links 1909, rechts heutige Ausführung.

Die Schraubenflügel bestanden, ebenso wie diejenigen der erstmals am LZ 6 verwendeten zweiflügeligen Schrauben von 4 m Durchmesser (Fig. 10), aus Aluminiumblech, das auf Armen aus Chromnickelstahl aufgenietet war. Um den Querschnitt möglichst günstig zu gestalten, war auf der Saugseite ein Rückenblech aufgenietet. Bei diesen zweiflügeligen Schrauben war es mehrere Male, so bei der bekannten Fahrt des LZ 6 nach Berlin im Jahre 1909, vorgekommen, daß da, wo der Flügelarm an der Nabe ansetzt, infolge der Vibrationen Ermüdungsbrüche eintraten und der Flügel abflog. Diesem Umstand sowie auch dem Bestreben, die Oberfläche der Flügel besonders auf der Saugseite noch glatter zu gestalten, verdankt die heutige Bauweise (Fig. 13 und 18) ihre Entstehung. Bei diesen Schrauben von 4,6 m Durchmesser ist das Flügelblech nahtlos

Fig. 8. Propeller L Z 1.

Fig, 9. Propeller L Z 2.

über die Flügelarme gezogen. Letztere sind durch große Elastizität vor Ermüdungsbrüchen geschützt. Außerdem ist durch die eigenartige Konstruktion erreicht, daß sich ein etwaiger Bruch rechtzeitig durch Flattern der Schrauben anmelden würde. Seit Annahme dieser Bauweise ist denn auch kein Flügel mehr abgeflogen.

Schraubenprüfungen.

Schon die Schrauben des ersten Schiffes wurden vor ihrem Einbau in das Luftschiff einer Prüfung in Fahrt unterzogen. Sie wurden zu diesem Zweck von dem für sie bestimmten Motor angetrieben in ein Boot gesetzt und zum Vortrieb dieses Bootes benutzt (Fig. 11). Mit diesem Boote wurde eine Geschwindigkeit von 3 bis 4 Sekundenmetern erzielt. Wenn auch diese Geschwindigkeit nur halb so groß war als die vom Luftschiff erwartete und daher die am Luftschraubenboot gewonnenen

Ergebnisse keine volle Gültigkeit für den Betrieb der Schrauben am Luftschiff hatten, so zeugen diese Prüfungen doch von der Gründlichkeit mit der Graf von Zeppelin bei der Erbauung seines ersten Schiffes zu Werke ging. Außerdem wurde es doch durch dieses Verfahren möglich, da Konstruktionsgrundlagen und Erfahrungen damals mangelten, auf dem Wege des Versuchs, günstige Steigungen und Umdrehungszahlen zu ermitteln. Ferner ließen diese Versuche damals schon erkennen, daß die einfache Schraube noch so sinnreichen aber komplizierteren anderen Konstruktionen vorzuziehen war. So selbstverständlich das heute klingt,

Fig. 10.

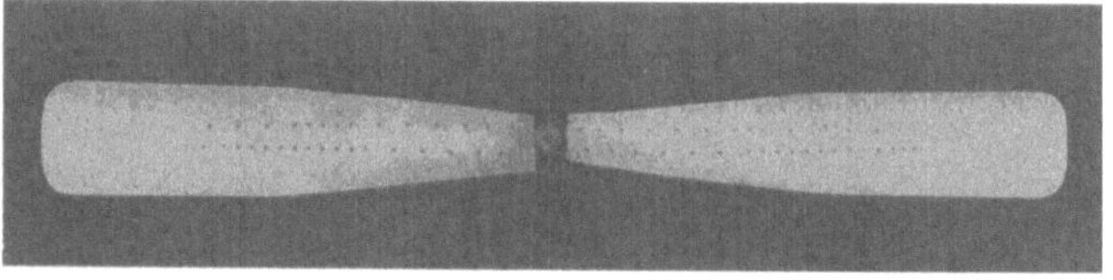

Fig. 11.   Luftschraubenboot.

so wenig selbstverständlich war es vor 15 Jahren; es darf nur an die mannigfachen und abenteuerlichen Gebilde erinnert werden, die noch den Propellerprüfwagen der „Ila" in Frankfurt vorübergehend zierten.

Noch die Schrauben des LZ 2 wurden auf dem Luftschraubenboot geprüft. Bei den späteren Schrauben beschränkte man sich auf die. Berechnung und das Ausprobieren der günstigsten Übersetzung nach Einbau in das Schiff.

Erst im Jahre 1910 fand wieder auf Vorschlag des mit dem Marineluftschiff L II verunglückten Marinebaumeisters Pietzker eine Untersuchung der Schrauben statt auf dem Propellerprüfwagen der „Ila". Diese von Herrn Béjeuhr vorgenommenen Versuche hatten zwei wertvolle Wirkungen im Gefolge:

1. waren nun Grundlagen geschaffen, auf denen man für eine Neukonstruktion aufbauen konnte;

2. war der Wunsch beim Luftschiffbau Zeppelin sehr rege geworden, sich eine
eigene Propellerprüfeinrichtung zu schaffen, um selbst die im eigenen Werk her-
gestellten Schrauben prüfen oder sie mit Schrauben fremder Herkunft vergleichen

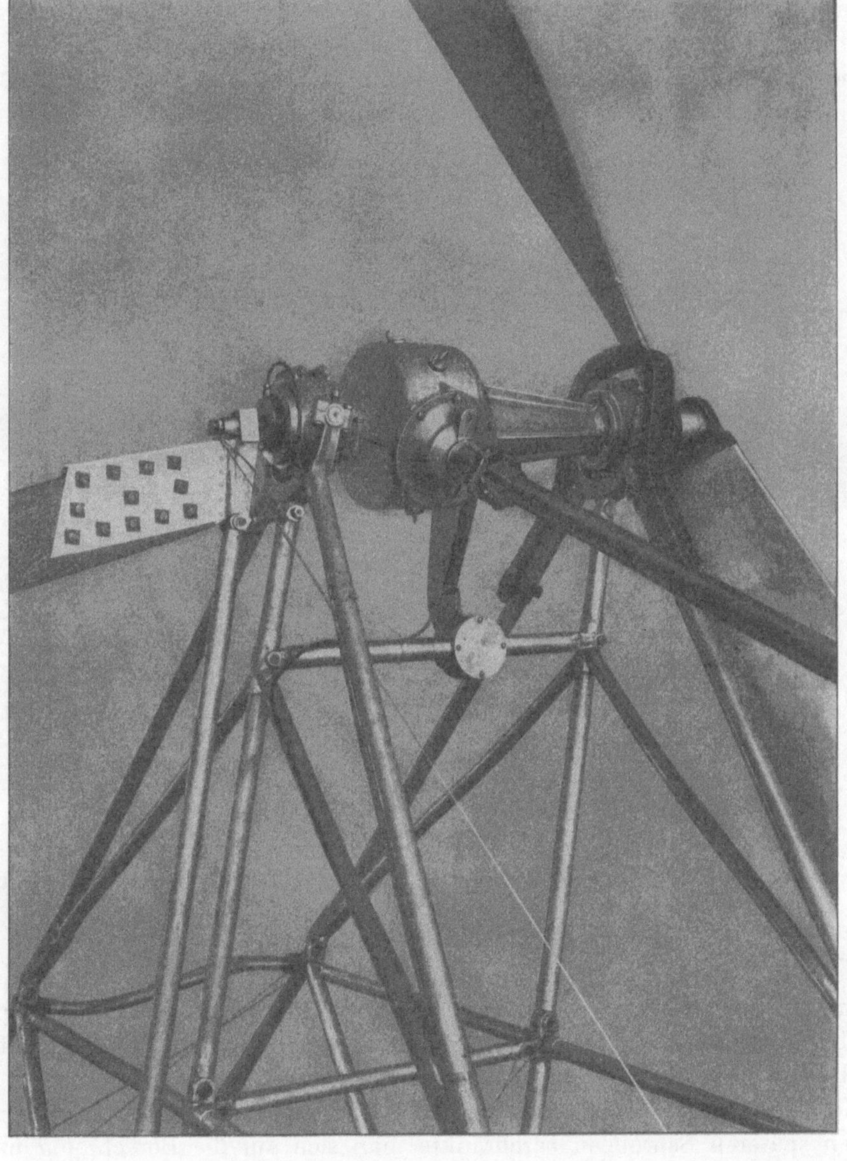

Fig. 12.   Schraubenprüfeinrichtung.

zu können. Nach vielen Erwägungen wurde der Vorschlag des Herrn Direktors
Dürr angenommen, keine ständige Einrichtung zu schaffen, die beispielsweise
in einem großen Ringgleis und Prüfwagen bestehen konnte, sondern die Schrauben
am fahrenden Schiff selbst zu prüfen. Alle anderen Methoden hätten stets
Zweifel hinterlassen, ob nicht doch unter den geänderten Verhältnissen auch die

Prüfungsergebnisse sich anders gestaltet hätten. Außerdem bot die Prüfung der Schrauben am Luftschiff selbst noch folgende Vorteile:

1. Unabhängigkeit vom Wind, ausgenommen selbstverständlich böiger Wind;

2. infolge der unbeschränkten Fahrbahn Möglichkeit, stets im Beharrungszustande die Messungen vornehmen zu können;

3. die Möglichkeit, unabhängig von der zu prüfenden Schraube die Luftschiffsgeschwindigkeit beliebig verändern zu können;

4. Feststellung der Beeinflussung zweier hintereinander angebrachter Schrauben.

Diesen Vorteilen standen freilich als Nachteile gegenüber:

1. die hohen Kosten, welche die Versuche der besonders hierfür zu machenden Fahrten wegen verursachen mußten;

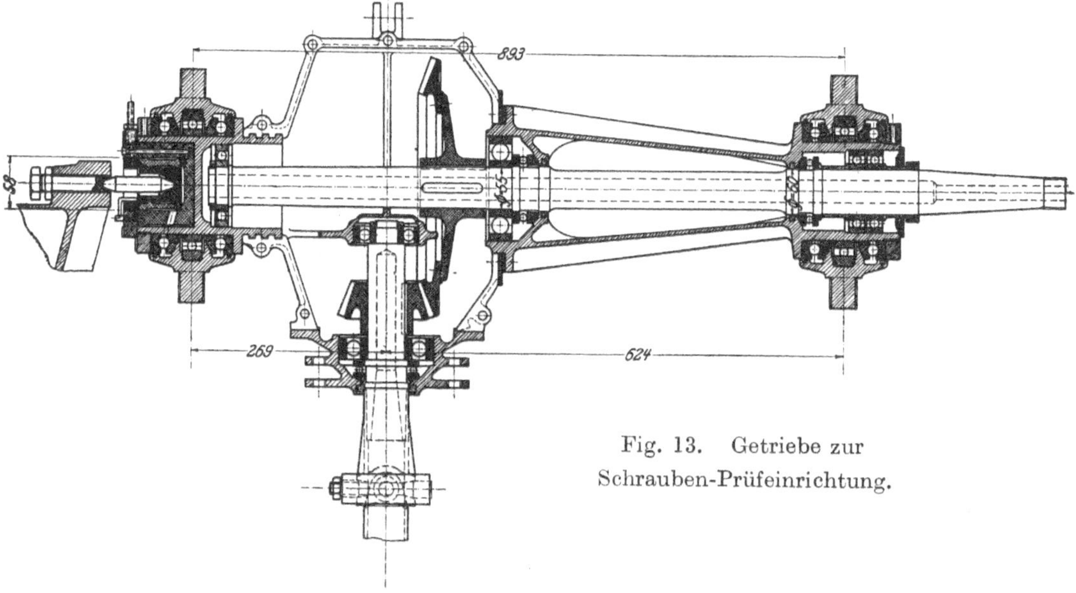

Fig. 13.   Getriebe zur Schrauben-Prüfeinrichtung.

2. die Schwierigkeit, an dem doch stets in Schwankungen befindlichen Schiff Messungen zu machen.

Für die Messungen wurde das Schiff LZ 12, der spätere Z III, der im Frühjahr 1912 fertiggestellt wurde, ausersehen. Vor der Anbringung am Schiff sollte die Vorrichtung in der Halle am Stand ausprobiert und bei dieser Gelegenheit gleichzeitig der Wirkungsgrad des Getriebes festgestellt werden.

Die Schraubenprüfeinrichtung.

Die Prüfeinrichtung war im allgemeinen derjenigen des Propellerprüfwagens der „Ila" nachgebildet. Ein Unterschied bestand darin, daß für die Druckmessung nicht Druckzylinder mit verhältnismäßig großen Hüben, sondern Meßdosen mit 1—2 mm Hub verwendet wurden[1]). Die Figur 12 zeigt die Anordnung. Zur Messung des Schubs ist der Propellerbock in Scharnieren so beweglich angeordnet, daß

---

[1]) Die Meßdosen waren geliefert von der Mannheimer Maschinenfabrik M o h r & F e d e r h a f f.

6*

die Propellerwelle in der Achsrichtung sich verschieben kann und dabei mit der Meßdose gegen einen festgelagerten Schubbalken drückt.

Fig. 14. Gesamtanordnung der Prüfeinrichtung am Stand.

Fig. 15. Anordnung des Motors.

Zur Messung des Drehmoments ist das Getriebegehäuse selbst drehbar gelagert. Die Art der Lagerung, auf die besondere Sorgfalt verwendet wurde, ist aus Figur 13 zu ersehen, es zeigt auch den Einbau der Meßdose zur Messung des Schubs und den Anschluß der schrägen Welle durch ein Kreuzgelenk.

Den Zusammenbau der ganzen Einrichtung für die Messungen am Stand zeigt Figur 14. Schub und Drehmoment werden an den dort sichtbaren Manometern angezeigt. Ein drittes Manometer dient als Kontrollinstrument. Da auch der Wirkungsgrad des Getriebes gemessen werden sollte, war der Motor auf einem Pendelrahmen aufgestellt (Fig. 15). Man konnte demnach die Drehmomente auf der Motorwelle und der Propellerwelle unmittelbar wägen. Für die Übertragung war dieselbe Rohrwelle von 8 m Länge eingebaut worden, die nachher am Schiffe selbst zur Verwendung kam. Die geringe Neigung und das am oberen Getriebe nötige Kardangelenk verursachten für den ruhigen Lauf der Welle außerordentliche Schwierigkeiten. Erst nachdem die Welle mit zwei Zwischenlagern

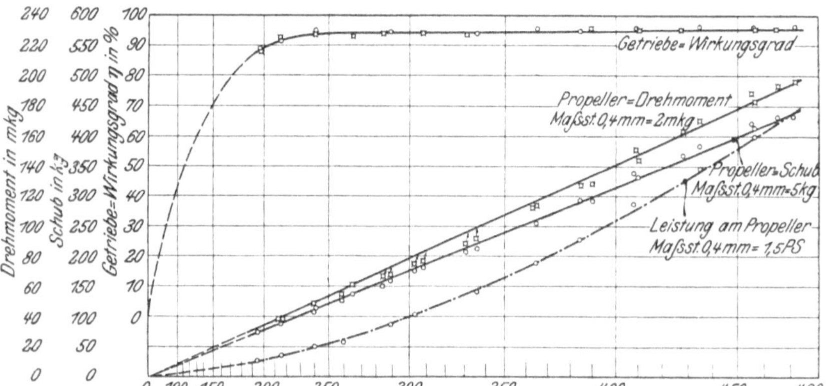

Fig. 16. Standversuch mit 2flügl. Rohrpropeller, 4,6 m ⌀; 45 cm Flügelbreite zur Bestimmung des Getriebe-Wirkungsgrades. Übersetzg.: 60/45; 31/86.

versehen worden war, konnte die Vorrichtung in Betrieb genommen werden. Das Kreuzgelenk mußte, um die Genauigkeit der Drehmomentmessung nicht zu beeinflussen, beibehalten werden[1]).

Standversuch zur Ermittelung des Getriebewirkungsgrades.

Mit dieser Einrichtung war nur eine einzige Schraube, die normale zweiflügelige Schraube untersucht worden; die Versuchsergebnisse sind auf Bild 16 dargestellt. Das Schaubild zeigt, inwieweit die durch den Versuch ermittelten Punkte als dem quadratischen Gesetz folgend gefunden wurden.

Der Schubkoeffizient ψ[2]) berechnet sich hieraus zu 0,017, der Drehmomentskoeffizient μ zu 0,00319, der Schub pro PS zu 4,17 und das Verhältnis von Schub zu maximalem Schub zu 62%. Inwieweit diesen Feststellungen Wert beizulegen ist, davon wird später noch die Rede sein.

---

[1]) Die Rechnung ergibt, daß bei einer ungelagerten Länge der Welle von 4 m deren Steifigkeit durch Weglassen des im Abstande von 0,4 m vom Drehpunkt angebrachten Kreuzgelenks um das Neunzigfache zunimmt.

[2]) Siehe Zeitschrift für Flugtechnik und Motorluftschiffahrt 1914, Heft 5, S. 75.

Der Wirkungsgrad des Getriebes ist einwandfrei gemessen, er ergibt sich bei Belastung zu 95% für die 2malige Übersetzung, also zu 97,5% für die einmalige Übersetzung. Dieser hohe Wirkungsgrad, der übrigens auch bei Kegelradübersetzungen für Wasserturbinen erreicht und überschritten wird, erklärt sich in erster Linie aus der äußerst knappen Dimensionierung der Kegelräder im Vergleich zur Größe der Belastung.

Fig. 17. Prüfeinrichtung am Schiff.

Versuche während der Fahrt.

Nachdem nun erkannt war, daß die Prüfeinrichtung am Stand zur Zufriedenheit arbeitete, wurde sie am Luftschiff eingebaut. Es war dafür der Platz des hinteren Steuerbordpropellers vorgesehen worden.

Figur 17 zeigt die Einrichtung schräg von oben gesehen. Auf dem Bild sind auch ersichtlich eine 1 m vor der Schraube fest angebrachte Stauröhre[1]) und eine 1 m hinter der Schraube verschieblich angebrachte Stauröhre. Die mit diesen ausgeführten Luftgeschwindigkeitsmessungen werden noch eingehend besprochen werden.

---

[1]) Es wurden Stauröhren System Brabbée verwendet.

Figur 18 zeigt die Anordnung der Anzeigeinstrumente in der hinteren Gondel. Außer den Anzeigemanometern für Schub und Drehmoment und dem Kontrollmanometer ist der mit den Stauröhren durch Schläuche verbundene Differenzzugmesser zu sehen[1]). Ein gleiches Instrument war in der vorderen Gondel angebracht zur Messung der Schiffsgeschwindigkeit. Es war zu diesem Zweck mit einer Stauröhre verbunden, die sich in einem Abstand von 5 m unter dem Rand der vorderen Gondel befand[2]). Zur Vornahme der Versuche wurden 19 Fahrten an möglichst böenfreien Tagen in den Vormittagsstunden unternommen. Sie fanden in der Zeit vom 26. April bis 26. Mai 1912 statt. Es war besonders Gewicht gelegt auf gleich-

Fig. 18. Meßinstrumente in der Gondel.

mäßig horizontale Lage des Schiffes während der Fahrt, eine Forderung, die durch die günstigen Windverhältnisse über dem Bodensee erfüllbar war. Es gelang denn auch, die Längsschwankungen des Schiffes während der Fahrt auf $\pm$ 1′ zu beschrän-

---

[1]) Beschreibung des Instruments in Zeitschrift für Flugtechnik und Motorluftschiffahrt 1911, Heft 19, Mitteilungen des LZ I.

[2]) Beschreibung der Anordnung in Zeitschrift für Flugtechnik und Motorluftschiffahrt 1911, Heft 19, Mitteilung des LZ I. Aus den Versuchen, die in der Göttinger Modellversuchsanstalt vorgenommen wurden (Zeitschrift für Flugtechnik und Motorluftschiffahrt 1913, Heft 20, S. 267) ergab sich, daß an der Stelle des Luftschiffs, an der die Stauröhre angebracht war, eine um ca. 3 % zu große Eigengeschwindigkeit gemessen wird. Die bis in die letzte Zeit fortgesetzten Versuche am Luftschiff selbst, bei denen die mit Stauröhre gemessene Geschwindigkeit mit der durch Abfahren einer Strecke bestimmten Geschwindigkeit verglichen wurden, haben die Gültigkeit dieser Modellversuche für das Luftschiff selbst nicht erwiesen. Die Staurohrgeschwindigkeiten waren teils größer, teils kleiner als die durch Abfahren der Strecke ermittelten Geschwindigkeiten.

ken.   Da größere Abweichungen von der horizontalen Lage einen Fehler in der Messung der Schubkräfte ergeben hätten, wurde in solchen Fällen die Ablesung des Schubs unterlassen und die Wiederkehr der horizontalen Lage abgewartet. Zur Vornahme der Messungen waren drei Beobachter nötig: einer in der vorderen Gondel zur fortdauernden Messung und Registrierung der Geschwindigkeit, ein Beobachter an den Schub- und Drehmomentsmanometern und dem Tachometer, ein Beobachter an den Zugmessern für die Luftgeschwindigkeit vor und hinter der Schraube; diesem oblag auch die Leitung der Versuche[1]).   Die Verständigung mit der Schiffsführung geschah durch Glockensignale.   Die Reihenfolge der Versuche auf einer Fahrt war folgende:

1. Die zu untersuchende Schraube befand sich allein in Betrieb;
2. zusammen mit der hinteren Backbordschraube, diese mit halber Kraft;
3. zusammen mit hinterer Backbordschraube, diese mit voller Kraft;
4. zusammen mit allen Motoren:
    a) vorne beide Schrauben in Betrieb;
    b) vorne Steuerbordschraube allein in Betrieb;
    c) vorne Backbordschraube allein in Betrieb.

Jeder Versuch wurde bei fünf verschiedenen Umdrehungszahlen der untersuchten Schrauben ausgeführt und diese Umdrehungszahlen solange eingehalten, bis in der Schiffsgeschwindigkeit Beharrungszustand eingetreten war.

Die Luftgeschwindigkeit hinter der Schraube wurde bei jeder Umdrehungszahl an fünf verschiedenen Stellen des Schraubenradius gemessen.   Da bis zum Eintritt des Beharrungszustandes zwei bis drei Minuten gewartet werden mußte, wenn die Schritte von einer zur nächsten Umdrehungszahl nicht zu groß waren, dauerten die auf einer Fahrt unternommenen Versuche ungefähr zwei Stunden.

Vor Antritt der Fahrt wurde regelmäßig zur Kontrolle der Prüfeinrichtung bei einigen Umdrehungszahlen ein Standversuch gemacht.

Zum Versuch kamen fünf Schrauben:
1. eine zweiflügelige normale Schraube ⎫
2. eine vierflügelige normale Schraube ⎬ wie sie bisher in Benutzung waren,
3. eine vierflügelige Versuchsschraube,
4. eine vierflügelige Schraube mit einseitig aufgenieteten Blechen.
5. eine zweiflügelige Holzschraube fremder Herkunft.

Aus verschiedenen Gründen sollen im folgenden nur die mit den ersten drei Schrauben gemachten Versuche besprochen werden.

Die Schrauben sind durch Bild 19 mit Tabelle gekennzeichnet: die Bauart der drei Schrauben ist die bei den Z-Schiffen übliche: Nahtloser hohler Aluminiumflügel über Flügelhalter aus CrN-Stahl gezogen und darauf vernietet (Fig. 12 und 17). Die normale zweiflügelige Schraube hat die gleichen Flügel wie die vierflügelige Schraube.   Letztere ist also nur durch Zusammensetzen zweier zweiflügeliger Schrauben entstanden.

Die vierflügelige Versuchsschraube hat gleichen Durchmesser und gleiche Flügelbreite wie die erstgenannten Schrauben.   Die Querschnittformen sind bei beiden

---

[1]) Die Beobachter waren in oben genannter Reihenfolge: Dipl.-Ing. Cl. Dornier, Ing. W. Schüle (†) und der Verfasser.

Schraubenarten nicht wesentlich voneinander verschieden, dagegen weichen sie in den Steigungsverhältnissen erheblich voneinander ab. Die Steigung der Versuchsschraube ist durchschnittlich 1,7 mal so groß als die Steigung der anderen Schrauben. Außerdem ist aber auch das Steigungsverhältnis in den verschiedenen Radien verschieden. Bei den normalen Schrauben haben wir von innen nach außen abnehmende Steigung an der Eintrittskante und etwa konstante Steigung an der Austrittskante. Bei der Versuchsschraube ist das Verhältnis umgekehrt: konstante

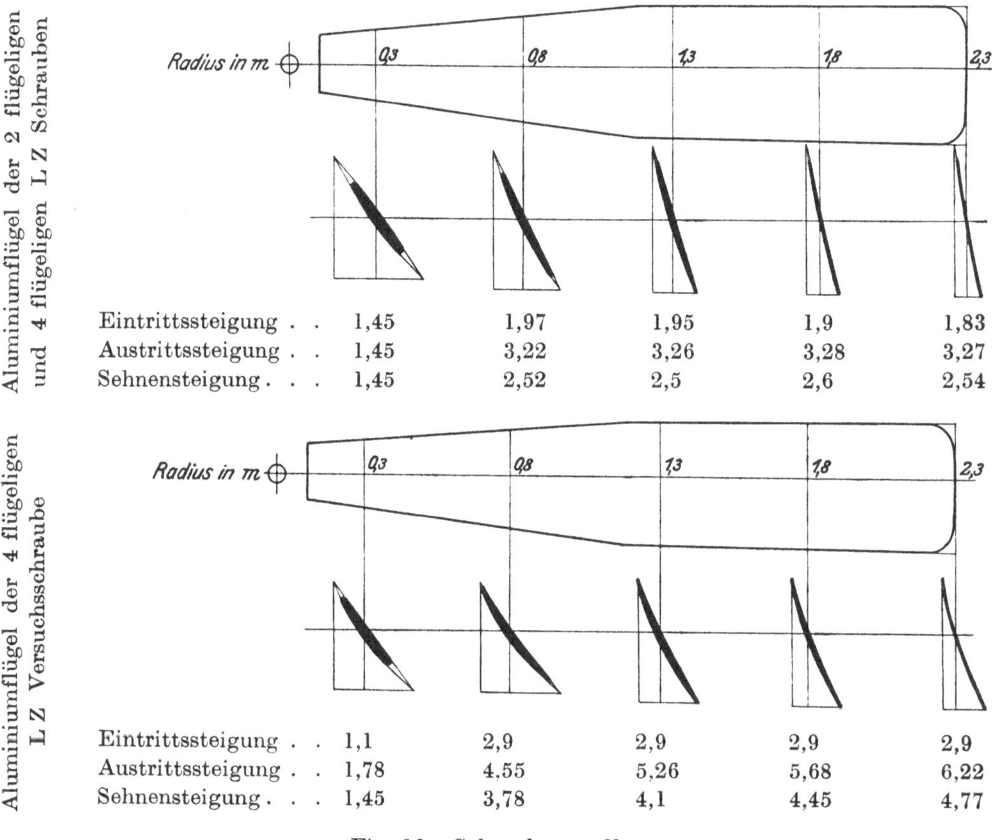

Fig. 19. Schraubenprofile.

Eintrittssteigung und von innen nach außen zunehmende Austrittssteigung. Bei konstanter Eintrittssteigung ist der Ablenkungswinkel, also die Differenz zwischen Austritts- und Eintrittswinkel, über den ganzen Schraubenradius konstant[1]). Auch in der Sehnensteigung kommt der Unterschied in den Steigungsverhältnissen dieser beiden Schrauben, wenn auch etwas verschleiert zum Ausdruck. Es wird später gezeigt werden, in welch charakteristischer Weise bei den Versuchen dieser Unterschied zum Vorschein kam.

Erwähnt dürfte noch werden, daß die Querschnitte, wenn man sie mit Querschnitten von hölzernen Schrauben vergleicht, außerordentlich dünn erscheinen.

---

[1]) Diese Schraube ist vom Verfasser des Buches „Beitrag zur Berechnung der Luftschrauben unter Zugrundelegung der Rateauschen Theorie" Dipl.-Ing. Cl. Dornier nach den in diesem Buch entwickelten Anschauungen konstruiert.

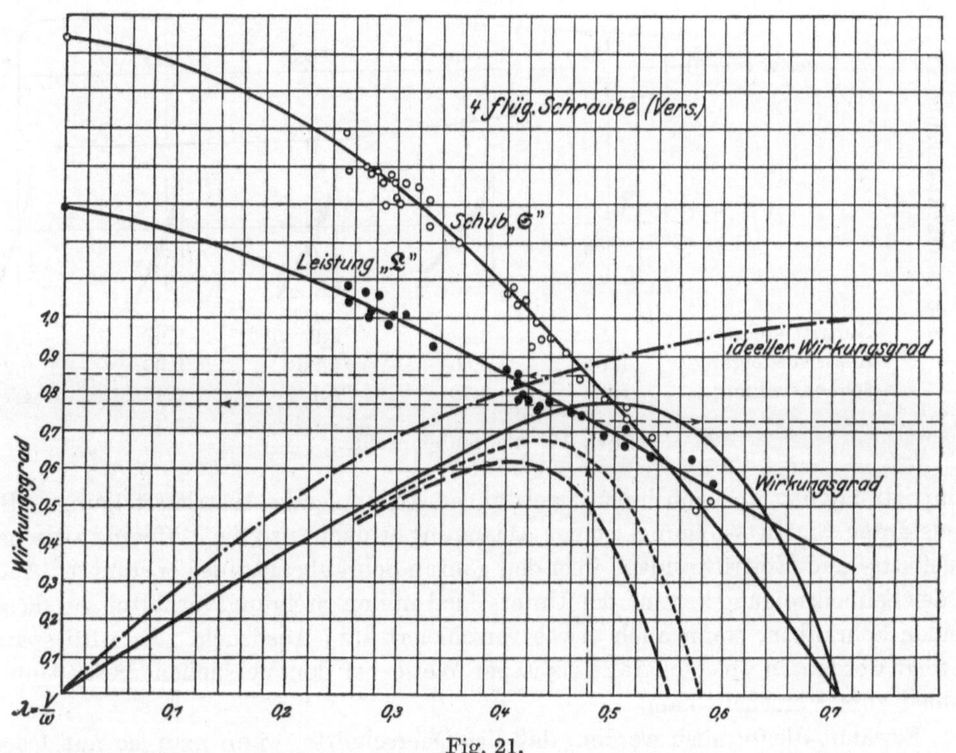

Fig. 20.

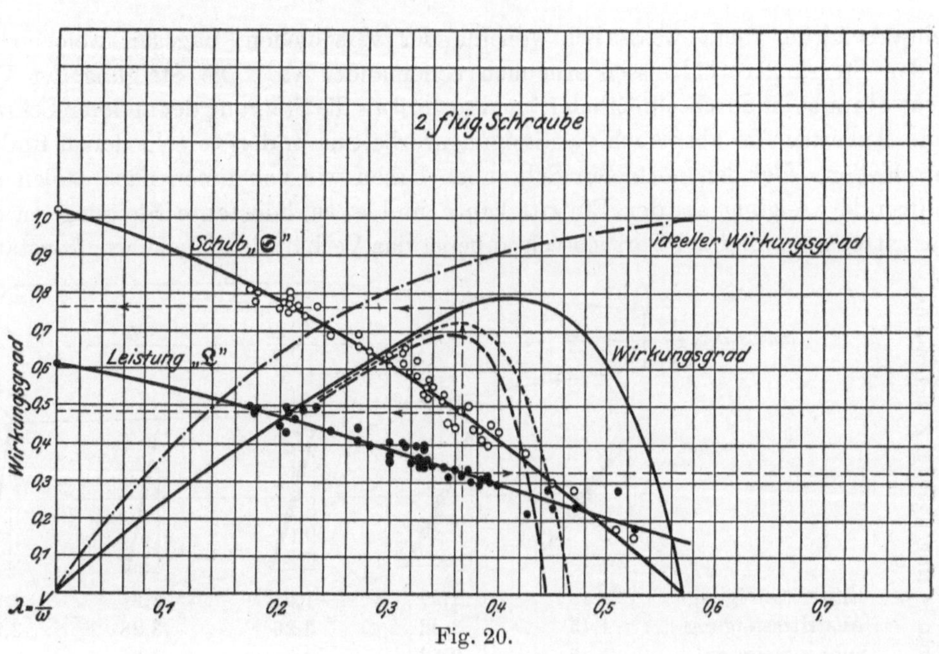

Fig. 21.

In den Figuren 20, 21, 22[1]) sind nun die auf der Fahrt ermittelten Werte in bekannter Weise abhängig von λ, in diesem Fall ausgedrückt durch $\dfrac{V}{\omega}$, aufgetragen

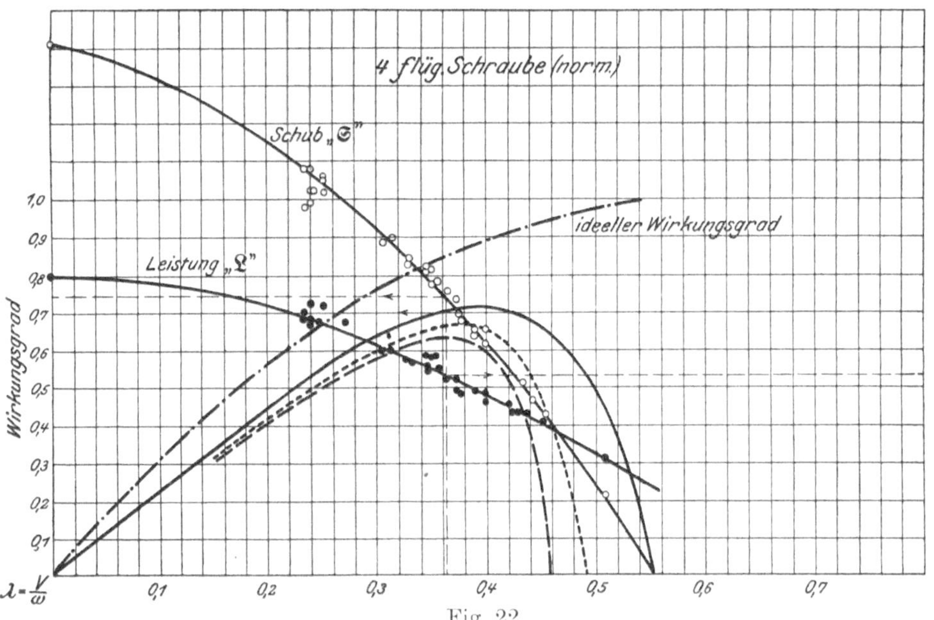

Fig. 22.

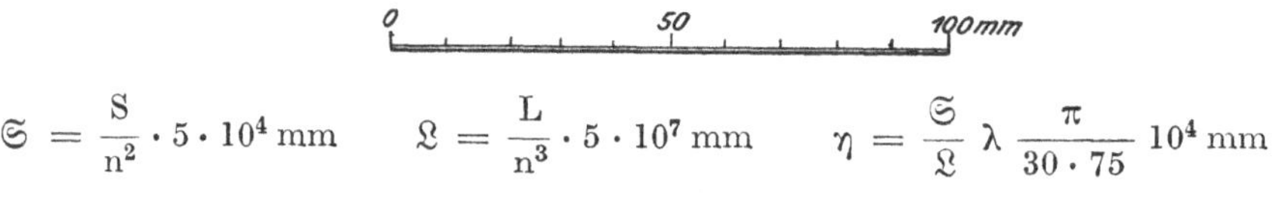

$$\mathfrak{S} = \frac{S}{n^2} \cdot 5 \cdot 10^4 \text{ mm} \qquad \mathfrak{L} = \frac{L}{n^3} \cdot 5 \cdot 10^7 \text{ mm} \qquad \eta = \frac{\mathfrak{S}}{\mathfrak{L}} \, \lambda \, \frac{\pi}{30 \cdot 75} \, 10^4 \text{ mm}$$

Fig. 20—22. Schraubendiagramme.

(Marschgeschwindigkeit durch Winkelgeschwindigkeit). Schub und Leistung waren aus bestimmten äußeren Gründen[2]) nicht in Form des dimensionslosen Schub- und Drehmomentskoeffizienten ψ und μ, sondern in der Form von $\mathfrak{S}$ und $\mathfrak{L}$ auf- getragen, wobei

$$\mathfrak{S} = \frac{S}{n^2} 5 \cdot 10^4 \text{ in mm} \qquad \mathfrak{L} = \frac{L}{n^3} 5 \cdot 10^7 \text{ in mm}$$

S = Schub in kg, n = Umdr. p. Min., L = Leistung in PS.

Die Versuchspunkte sind bis auf wenige ganz verstreut liegende Punkte eingetragen.

Wie zu erwarten war, wird bei den beiden normalen Schrauben infolge ihrer gleichen Steigung der Schub bei angenähert dem gleichen λ zu 0.

Bei der Versuchsschraube mit ihrer größeren Steigung liegt dieser Punkt bei einem erheblich größeren λ.

Die Wirkungsgradkurven zeigen äußerst charakteristische Unterschiede. Obgleich die Flügel der beiden normalen Schrauben einander vollkommen gleich

---

[1]) Die mühevolle und zeitraubende Auswertung der Versuche geschah durch die Herren Dornier und Schüle †.

[2]) Mitteilungen des LZ VI, Zeitschrift für Flugtechnik und Motorluftschiffahrt 1912, Heft 20.

sind, weichen die η-Kurven wesentlich voneinander ab. Um die Wirkungsgradkurven besser miteinander vergleichen zu können, hat Herr Betz[1]) nach einem
Vorschlag von Prof. Prandtl die η-Kurven abhängig von einer als Belastungs-
maß bezeichneten Größe $\varkappa = \dfrac{\lambda}{\lambda + \sqrt{\varphi}}$ aufgetragen. Hierdurch kommen die
charakteristischen Unterschiede der η-Kurven klar zum Vorschein. Für den Prakti-
ker haften der Methode noch 2 Nachteile an: Schub- und Leistungskurve können
auf diesem Diagramm nicht aufgetragen werden, und der Begriff „Belastungsmaß"
ist nicht leicht praktisch zu erfassen. Es wurde daher versucht, die Kurven ab-

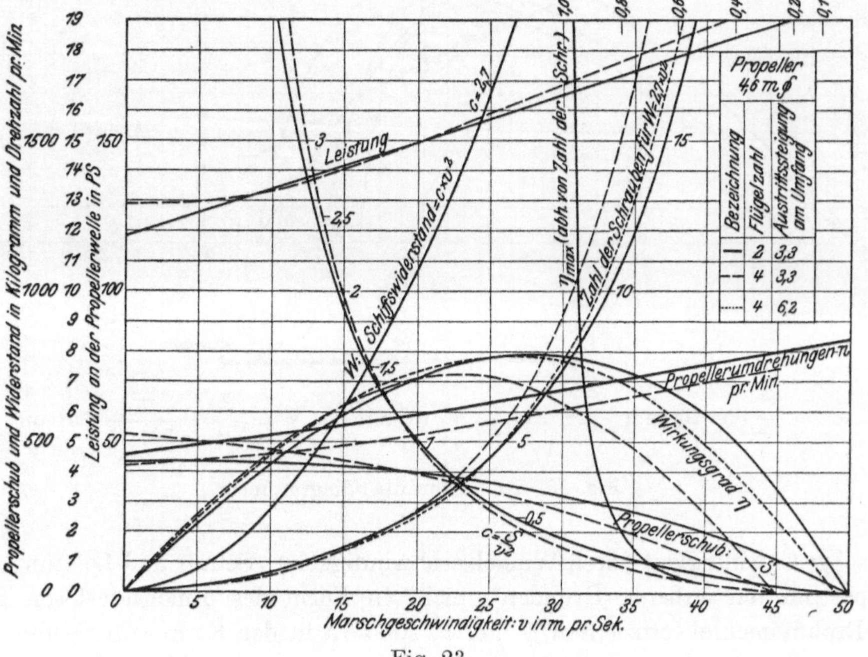

Fig. 23.

hängig von der Geschwindigkeit aufzutragen; dies hat den Vorteil, daß dann neben
den Verhältnissen der Schraubeneigenschaften gleichzeitig die Widerstandsver-
hältnisse des Fahrzeugs und das Zusammenwirken dieser Verhältnisse sowie
auch das Zusammenarbeiten mehrerer Schrauben übersehen werden kann. Das
Auftragen der Kurven in Abhängigkeit von der Geschwindigkeit kann beispielsweise ausgeführt werden, wenn die Umdrehungszahl konstant gehalten wird;
λ wird dann proportional v. Da dies aber praktisch nicht brauchbare Werte gibt,
wurde in Figur 23 ein anderer Weg eingeschlagen.

Diagramm zur Untersuchung und Veranschaulichung verwickelter Antriebsverhältnisse.

Es wurde die Schraube in Verbindung mit ihrem Motor betrachtet;
es entspricht dann, natürlich bei ganz geöffnetem Vergaser, jeder Marsch

---

1) Zeitschrift für Flugtechnik und Motorluftschiffahrt 1914, Heft 5, S. 76.

geschwindigkeit eine ganz bestimmte Umdrehungszahl und damit ein ganz bestimmter Schub und eine ganz bestimmte Leistung.

Um die Kurven der Maschineneinheit: Motor—Luftschraube aufzeichnen zu können, ist es notwendig, die Leistungskurve des Motors zu kennen, wie sie beispielsweise in Fig. 24 dargestellt ist. Man wird diese Kurve, um sich das Auftragen bequemer zu machen, so umzeichnen, daß auf der Abszisse schon die Schraubenumdrehungszahlen als Ordinaten die Leistungen an der Propellerwelle (Motorleistung mal Wirkungsgrad der Übertragung) aufgetragen sind. Immerhin erfordert die Arbeit, die Luftschraubenkurven 20—22 mit der Motorleistungskurve 24 zu verquicken, einige Kunstgriffe und die Kontrolle für jeden Punkt, ob Leistung und Umdrehungszahl für beide Kurvenarten miteinander im Einklang stehen.

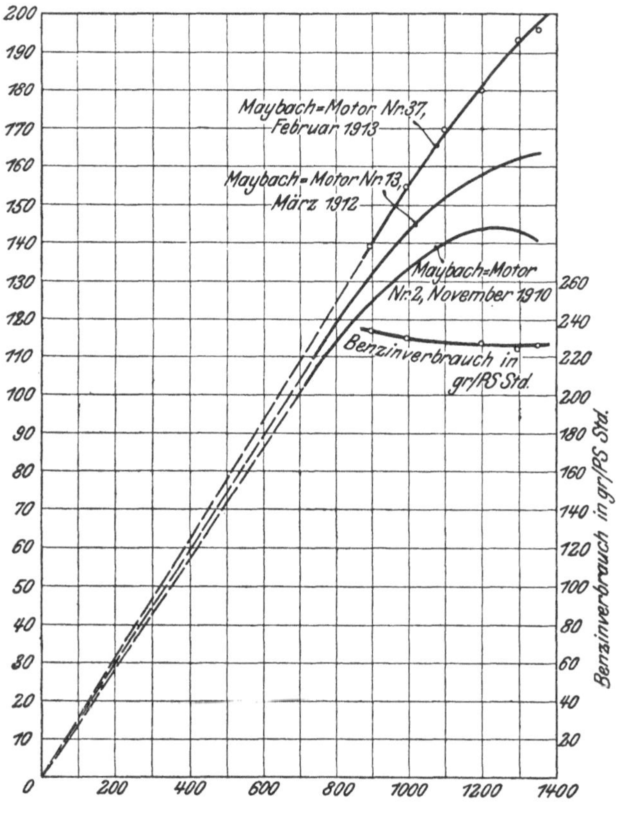

Sind die Schrauben auf der Motorwelle aufgekeilt, so ist auch die Lage der verschiedenen Kurven zueinander auf dem Diagramm eindeutig. Ist zwischen Motor und Schraube eine Übersetzung eingeschaltet, so kann durch Veränderung der Übersetzungen die Lage der Kurven zueinander beliebig verschoben werden. Die Wahl dieser Übersetzungen wird man natürlich nach irgendeinem praktischen Gesichtspunkt treffen. Bei der Aufstellung der gezeichneten Kurven wurde beispielsweise davon ausgegangen, daß bei drei zusammenarbeitenden Schrauben die Maschinenumdrehungszahl 1200 betragen soll. Es ist das ein rein praktischer und natürlicher Gesichtspunkt, daß eine gewisse Maschinendrehungszahl nicht überschritten werden soll. Betrachten wir die abhängig von der Fahrzeuggeschwindigkeit v als Abszisse aufgetragenen Kurven näher, so sehen wir, daß die Schubkurven das gewohnte Aussehen haben (siehe auch Fig. 20, 21, 22), die Leistungskurven dagegen nehmen mit wachsendem v zu, wie dies den tatsächlichen Verhältnissen auch entspricht, denn auch die Kurve der Umdrehungen wächst mit dem v. Wird die Schubkurve gleichzeitig als Widerstandskurve aufgefaßt, was dann zutrifft, wenn nur eine Schraube am Fahrzeug vorhanden ist, so kann man aus ihr eine Kurve der Momentanwerte der scheinbaren Widerstandskoeffizienten ableiten.

Fig. 24. Bremsversuch mit Motor Nr. 37.

Dieser Koeffizient c ist dann $\dfrac{S}{v^2}$. Die Kurve hat den Charakter der Kotangentenlinie, läuft also von $+\infty$ auf 0. Kennt man von einem Fahrzeug den Widerstandskoeffizienten c, er sei beispielsweise $= 1,0$, so kann man unmittelbar sehen, daß mit der betreffenden Schrauben-Motoreinheit bei der einen Schraube 19,8, bei der anderen 20,0 m/sec erreicht werden. Hat das Fahrzeug zwei Schrauben, so nimmt das c auf die Hälfte $= 0,5$ ab. Die Geschwindigkeiten werden dann 25,6 m/sec betragen. Die Widerstandskurve eines bestimmten Fahrzeuges stellt sich auf diesem Diagramm als Parabel mit dem Scheitel im Ordinaten-O-Punkt dar. Schiffswiderstand $W = c\,v^2$. Suchen wir den Schnittpunkt zwischen Widerstandskurve und Schubkurve, so erkennen wir, welche Geschwindigkeit dieses bestimmte Fahrzeug mit einer Schraube erreichen wird. (Hier beispielsweise 12,5—12,9). Suchen wir auf diese Weise die Schnittpunkte der Widerstandskurve auf mit den Schüben von 2, 3, 4 usw. Schrauben, so bekommen wir die Kurve der Schraubenzahlen für das betreffende Fahrzeug. Sie ist die reziproke Kurve der c-Kurve, also ähnlich einer Tangentenlinie. Sie ist aufgestellt für ein bestimmtes Schrauben-Maschinenaggregat und ein bestimmtes Fahrzeug. Bei fünf Schrauben werden beispielsweise 25 bzw. 26 m/sec erreicht.

Durch diese Darstellungsweise ist es nun ermöglicht, die Wirkungsgradkurven in einwandfreier Weise miteinander zu vergleichen. Die ausgezogene Linie bezieht sich auf die normale zweiflügelige Schraube, die gestrichelte auf die normale vierflügelige, die punktierte auf die vierflügelige Versuchsschraube. Man sieht, wie für Fahrzeuge von großem Widerstand (großes c auf der c-Kurve) oder bei einer geringen Schraubenzahl die eine Schraube besser ist, für einen geringen Widerstand oder viele Schrauben die andere. Die vierflügelige Schraube ist besser für den ersten Fall, die zweiflügelige für den zweiten. Die vierflügelige Versuchsschraube wird beiden Fällen gerecht.

Bei der Aufstellung der Kurven sind zwei Vereinfachungen gemacht worden:

1. Es ist vorausgesetzt, daß je ein Motor je eine Schraube antreibt,

2. daß die Schrauben sich nicht gegenseitig beeinflussen. Bei den bisherigen Z-Schiffen trifft beispielsweise die erste Voraussetzung nicht zu, denn der Motor in der vorderen Gondel treibt gleichzeitig zwei Schrauben an. Auch diesem Fall kann im Diagramm leicht Rechnung getragen werden, und zwar auf folgende Weise: Bei drei Maschinen und drei vierflügeligen Schrauben würde eine Geschwindigkeit von 21 m erreicht bei einem η der vierflügeligen Schrauben von 71,5%. Nun arbeitet aber der vordere Motor gleichzeitig an 2 zweiflügeligen Schrauben; jede dieser vorderen zweiflügeligen Schrauben hat also nur die Hälfte von $\frac{1}{3} = \frac{1}{6}$ der Gesamtleistung aufzunehmen, es liegen demnach für deren η die Verhältnisse vor, als wären sechs Schrauben vorhanden. Es läßt sich nämlich leicht nachweisen, daß bei einer bestimmten Schraube und einem bestimmten Fahrzeug das η nicht abhängig ist von der Leistung und der Geschwindigkeit, sondern nur von der Zahl der Schrauben[1]). Wir bekommen also für die zweiflügelige

---

[1]) Dies geht aus dem für den Schraubenschub (S) einerseits und für den Fahrzeugwiderstand (W) andererseits geltenden quadratischen Gesetz hervor; ersteres besagt, daß

Schraube $\eta = 78,5\%$. Das Durchschnitts-η wird dann: $\dfrac{2 \cdot 71,5 + 78,5}{3} = 73,8$, die Nutzarbeit also um $2,3\%$ größer, als vorher ermittelt; die Geschwindigkeit wird dann $\sqrt[3]{1,023} = 1,008$ mal so groß, also 21,17 statt 21,0 m sec.

Auf die zweite Voraussetzung soll nun noch eingegangen werden: Dadurch, daß bei den Z-Schiffen die hinteren Schrauben in der Verlängerung der Achse der vorderen Schrauben angebracht sind, werden sie von diesen beeinflußt. Um diese Beeinflussung kennen zu lernen, hatte man, wie bei der Beschreibung der Versuche schon erwähnt, die vor der zu untersuchenden Schraube befindliche Schraube einmal mit voller, einmal mit halber Leistung und einmal gar nicht mitlaufen lassen. Bei der Auswertung der Versuche ergaben sich dann je dreierlei Kurven für Schub, Leistung und Wirkungsgrad. Auf den Bildern 20,21 und 22 sind nur die Wirkungsgradkurven eingezeichnet, und zwar gelten die gestrichelten Kurven für den Fall, daß die vordere Schraube mit halber Leistung arbeitete, die punktierten Kurven für den Fall, daß die vordere Schraube mit voller Leistung lief. Die Beeinflussung tritt deutlicher zutage aus folgender Zahlentafel.

Einfluß der vorderen Schrauben auf die hinteren Schrauben
bei $v = 18$ m/sec und $L = 150$ PS.

	Zweiflügel. norm.		Vierflügel. norm.		Vierflügel. Vers.	
	ungestört	gestört	ungestört	gestört	ungestört	gestört
n	590	625	520	555	455	475
S	387	375	392	348	415	362
η	69	66,5	70	62	74	64,5

Man sieht auch hier die verschiedene Beeinflussung der verschiedenen Schrauben. Während die Umdrehungszahlen bei allen um $5-6\%$ zunehmen, ist der Einfluß auf den Wirkungsgrad sehr verschieden, am kleinsten bei der zweiflügeligen Schraube, am größten bei der vierflügeligen Versuchsschraube. Die ungünstige Beeinflussung kann aus einer von der vorderen Schraube herrührenden Erhöhung der Luftgeschwindigkeit vor der hinteren Schraube nicht erklärt werden; nur eine geringe Geschwindigkeitserhöhung konnte zeitweise festgestellt werden. Die Beeinflussung kann vielleicht ihren Grund in einer veränderten Struktur der Luft haben. Systematische Versuche nach dieser Richtung dürften als sehr interessant zur Vornahme empfohlen werden.

$S = \text{const}_1 \cdot n^2$, solange $\dfrac{v}{n}$ eine Konstante $(= \lambda)$ bleibt. Man kann also auch schreiben:

$S = \dfrac{\text{const}_1}{\lambda^2} \cdot v^2$. Der Fahrzeugwiderstand $W = \text{const}_2 \cdot v^2$. Da im Beharrungszustand

$W = S$, ist, so ergibt sich, daß $\text{const}_2 = \dfrac{\text{const}_1}{\lambda^2}$ und hieraus, daß für ein bestimmtes Fahrzeug λ eine Konstante ist. Zu einem bestimmten λ aber gehört, wie aus den Figuren 20, 21 und 22 hervorgeht nur ein bestimmter η-Wert.

Sind x Schrauben am Fahrzeug im Betrieb, so kann dies so aufgefaßt werden, als habe der von jeder Schraube zu überwindende Widerstand um das x fache abgenommen, arbeite also an einem Fahrzeug vom Widerstand $\dfrac{\text{const}_2}{x} \cdot v^2$; diesem aber ist ein anderes, größeres λ zugeordnet, dem nun wiederum ein anderer, bestimmter η-Wert entspricht.

Luftgeschwindigkeitsmessungen vor und hinter der Schraube.

Wie bei der Beschreibung der Schraubenprüfungseinrichtung schon erwähnt, waren vor und hinter der Schraube Stauröhren angebracht, um die Luftgeschwindig-keit dort zu messen. Diese Messungen wurden am Stand und während sämtlicher Schraubenprüffahrten aus-geführt.

Figur 25 zeigt die er-mittelten Geschwindigkei-ten zunächst am Stand an der zweiflügeligen Schraube bei $n = 410$.

Die Geschwindigkeiten sind gemessen je in 1 m Abstand vor der Schraube und hinter der Schraube[1]). Es sollen also unbekümmert darum, was zwischen diesen beiden Ebenen vor sich geht, die Verhältnisse in diesen beiden Ebenen ins Auge ge-faßt werden. Kurve 1 stellt die Verteilung der Geschwin-digkeit (v_1) vor der Schraube dar, Kurve 2 (v_2) hinter der Schraube. Es soll nun zur Ermittlung des Schubs in der Meßebene hinter der Schraube, zunächst der Schübe auf der Flächenein-heit, geschritten werden. Der Schub ist bekannter-maßen[2]) $= \mu\,Q\,v$. Die Luft-menge Q ist bei Ermittlung

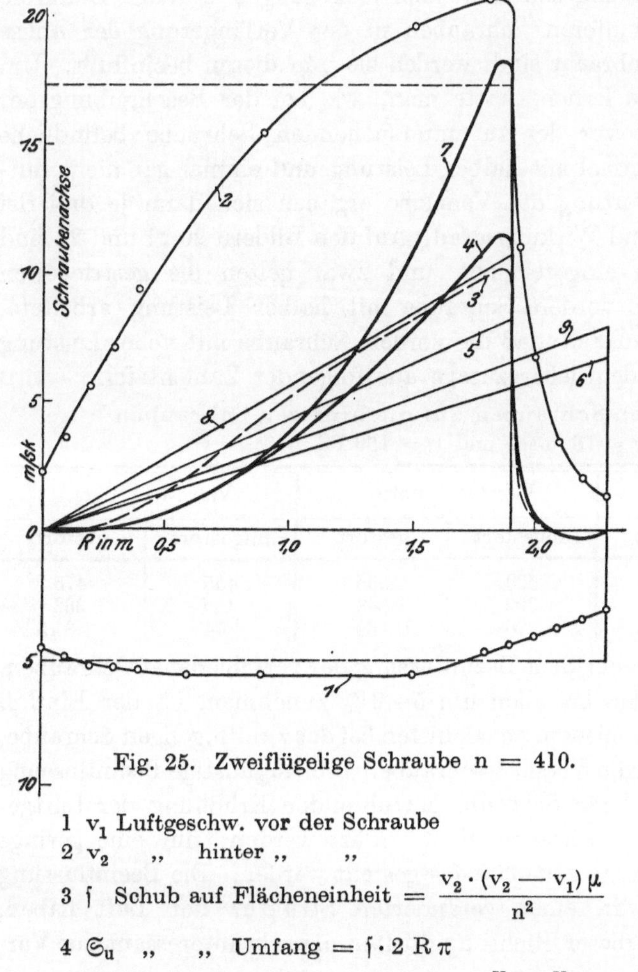

Fig. 25. Zweiflügelige Schraube $n = 410$.

1 v_1 Luftgeschw. vor der Schraube

2 v_2 „   hinter „   „

3 $\int$ Schub auf Flächeneinheit $= \dfrac{v_2 \cdot (v_2 - v_1)\,\mu}{n^2}$

4 $\mathfrak{S}_u$ „   „ Umfang $= \int \cdot 2\,R\,\pi$

7 $\mathfrak{L}_u$ Schubarbeit auf Umfang $= \mathfrak{S}_u \cdot \dfrac{v_2 - v_1}{2}$

Fläche 7 $\Sigma(\mathfrak{L}_u)$ Schubarbeit $L_s = \dfrac{\text{Fläche} \times n^2}{75} = 29{,}4$ PS

„ 8 „   „   „   28,0 „

„ 9 „   „   „   25,4 „

Äußere Arbeit $L_a = \dfrac{S \cdot v_1}{75} = 23{,}1$ PS

gemessene Gesamtarbeit $L = 84$ „

$L_s + L_a = 52{,}5$ „ $= 0{,}62 \cdot L$

---

[1]) Im Abstand von 0,5 m vor und hinter der Schraube wurde auch versucht, den rei-nen statischen Druck zu mes-sen. Die größten ermittelten Drücke waren: auf der Saug-seite — 16 mm WS., auf der Druckseite + 4 mm WS.

[2]) Prof. Bendemann, Zeitschrift d. Vereins deutscher Ingenieure 1910, Heft 20, S. 790.

des Schubs auf der Flächeneinheit ausgedrückt durch die Geschwindigkeit v_2. Der Schub ist dann $\dfrac{v_2\,(v_2 - v_1)\,\mu}{n\,2}$. Die Kurve 3 stellt diese spezifischen Schübe abhängig vom Radius aufgetragen dar. Die Verteilung der spezifischen Schübe über die gesamte Schraubenfläche wäre dann dargestellt durch einen Rotationskörper, der durch Rotation der Kurve 3 um die Schraubenachse entsteht.

Zur Ermittlung des ganzen Schubs müßte der spezifische Schub 3 über die Schraubenfläche integriert werden. Dies kann durch Herstellung einer planimetrierbaren Kurve 4 geschehen. Sie ist dadurch entstanden, daß die Ordinaten der Kurve 3 mit dem Umfang, der zu dem Radius, auf dem sie stehen, gehört, multipliziert wurden.

Nach Ausführung der Planimetrierung und der Vermehrung um n^2 findet man einen Schub von 329 kg. Der gemessene Schub betrug 340 kg. Ebenso wurde verfahren für die beiden anderen Schrauben (Fig. 26). In allen Fällen findet man eine gute Übereinstimmung zwischen den aus der Geschwindigkeit ermittelten und den unmittelbar gemessenen Schüben. Nachdem nun auf diese Weise der Weg, aus der Geschwindigkeitsverteilung für die Wirkung der Schraube weitere Anhaltspunkte zu bekommen, sich als gangbar erwiesen hatte, wurde dazu übergegangen, die Schubarbeit zu bestimmen und die Größe der Beeinflussung, die sie erfährt, durch die ungleichmäßige Verteilung von Geschwindigkeit und Schub über die Schraubenfläche. Die Schubarbeit, wieder ganz allgemein, ist dargestellt durch $\dfrac{Q\,v^2}{2}$ oder $\dfrac{P\,v}{2}$, in unserem Falle also $= \mathfrak{S}_u \cdot \dfrac{v_2 - v_1}{2}$. Auf diese Weise ist Kurve 7 entstanden. Planimetriert gibt sie 29,4 PS. Wäre die Geschwindigkeit ganz gleichmäßig verteilt über die Schraubenfläche, so wäre unter Berücksichtigung der Kontraktion die planimetrierbare Schubkurve dargestellt durch Dreieck 5, die Leistungskurve durch Dreieck 8. Wäre vollends die Kontraktion nicht vorhanden,

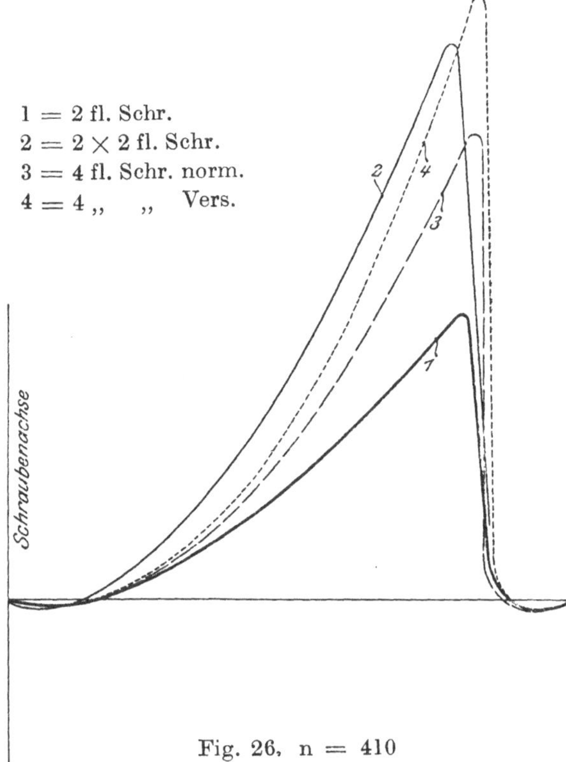

Fig. 26, n = 410

1 $\Sigma(\mathfrak{S}_u) \cdot n^2 = S = $ Schub $=$ 329 kg	(gemessen: 340 kg)
2 　„　　„　　„　658 „	„　680 „
3 　„　　„　　„　495 „	„　485 „
4 　„　　„　　„　627 „	„.　645 „

so würde die Leistungskurve 9 entstehen. Kurve 8 entspricht 28 PS, Kurve 9 25,4 PS. Interessant ist nur das Verhältnis 29,4 zu 28 PS. Die letztere Leistung ist um 5% geringer als die erste. Soviel wird also an Leistung verloren durch die ungleichmäßige Geschwindigkeitsverteilung.

Daraus, daß die Geschwindigkeit vor der Schraube nicht 0 ist, sehen wir, daß wir es nicht mit einem reinen Standversuch zu tun haben. Es wird nämlich auch äußere Arbeit geleistet, dargestellt durch das Produkt aus Schub mal v_1; sie beträgt 23,1 PS. Es wurde tatsächlich äußere Arbeit geleistet, denn in der Halle, in der der Versuch angestellt war, wurde eine Windströmung aufrecht erhalten, die auch während mehrerer Sekunden nach Stillsetzen der Schrauben bestehen blieb.

Schubarbeit und äußere Arbeit zusammen betragen 52,5 PS. Dies bezogen auf die wirklich aufgewendete Arbeit von 84 PS. ergibt einen Gesamtwirkungsgrad oder Gütegrad von 62%.

In Figur 27, 28, 29 ist dargestellt, wie sich die spezifischen Schubkurven mit zunehmender Fahrt oder zunehmendem λ verändern. Während, wie gezeigt war, am Stand die gemessenen mit den planimetrierten Werten gut übereinstimmten, nimmt diese Übereinstimmung mit zunehmendem λ ab. Eine Erklärung hierfür konnte noch nicht gefunden werden.

Die Kurven der normalen zweiflügeligen (Fig. 27) und vierflügeligen (Fig. 28) Schrauben sind einander ähnlich, sie sind nur durch den Maßstab voneinander verschieden. Anders die Kurven der vierflügeligen Versuchsschraube (Fig. 29). Diese laufen spitzer zu. Besser zu sehen ist dieser Unterschied in Fig. 30. Man

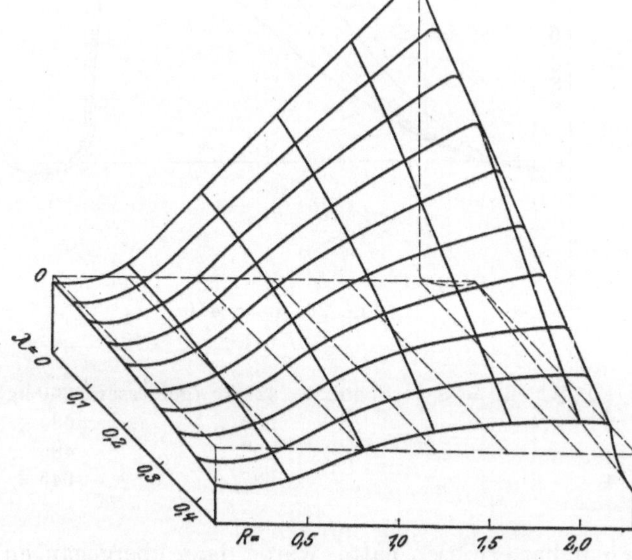

Fig. 27. Zweiflügelige Schraube.

Fig. 28. Vierflügelige Schraube normal.

sieht die Gleichartigkeit der Kurven e und f und den anderen Charakter der Kurve g.

Mit dieser Feststellung war der Hauptzweck dieser Untersuchungen erfüllt: Es war jetzt durch Versuch festgestellt, welchen Einfluß eine variable und eine ziemlich konstante Steigung des Schraubenflügels auf die Verteilung von Geschwindigkeit und Schub über die Schraubenfläche ausübt.

Nun ist noch zu untersuchen, wie sich dieser Einfluß auf die zu leistende Schubarbeit äußert. Von vornherein ist schon klar und aus den Versuchen am Stand zu ersehen, daß bei ungleichmäßiger Verteilung eine größere Schubarbeit geleistet werden muß. Aus den Schubarbeitskurven k und l ist der Einfluß deutlich zu erkennen. Während bei der Schraube mit konstanter Steigung bei 20 m Geschwindigkeit und 400 kg Schub eine Schubarbeit von 24,4 PS aufzuwenden ist, erfordert die Schraube mit veränderlicher Steigung 26,5 PS. Es ist also

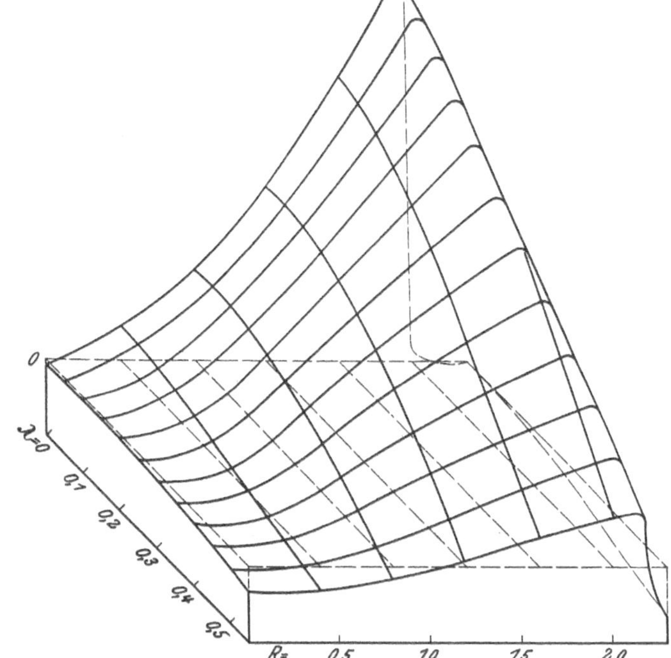

Fig. 29. Vierflügelige Versuchs-Schraube.

ein Unterschied von 8,5 v. H. vorhanden[1]). Auf die Gesamtleistung bezogen, bedeuten diese 8,5 v. H. 1,4 v. H. oder, in Geschwindigkeit ausgedrückt, statt 20 m 20,1 m/sec. Man sieht also, daß solche Einzelheiten in der Schraubenkonstruktion doch sehr an Bedeutung zurücktreten, gegenüber der richtigen Wahl von Gesamtsteigung und Umdrehungszahl und der günstigen Gestaltung der Flügelquerschnitte. Sollte es freilich gelingen, was übrigens sehr unwahrscheinlich ist, eine Schraube zu bauen, bei der die Geschwindigkeit vollkommen gleichmäßig verteilt ist, so würden immerhin beï sonst gleichen Verhältnissen in unserem Beispiel 3,4 Proz. der Gesamtleistung gewonnen oder 20,25 m/sec erreicht werden.

Zum Schlusse seien noch für eine Schraube, es ist die vierflügelige Versuchsschraube, die einzelnen aufgewendeten Arbeiten abhängig von λ aufgetragen dargestellt (Fig. 31). Die Schubarbeit ist hierbei berechnet aus Schub mal $\frac{v}{2}$, wobei v nach

---

[1]) Gegenüber einer ganz gleichmäßigen Verteilung des Schubs beträgt bei beiden Schrauben der Mehraufwand an Schubarbeit 18 bzw. 28 Proz.

		Schubarbeit	
Fläche	mm²	mkg	PS
k	3220	1830	24,4 (1,18)
l	3510	1990	26,5 (1,28)
m	2730	1550	20,6 (1)
n	2540	1450	19,3 (0,93)

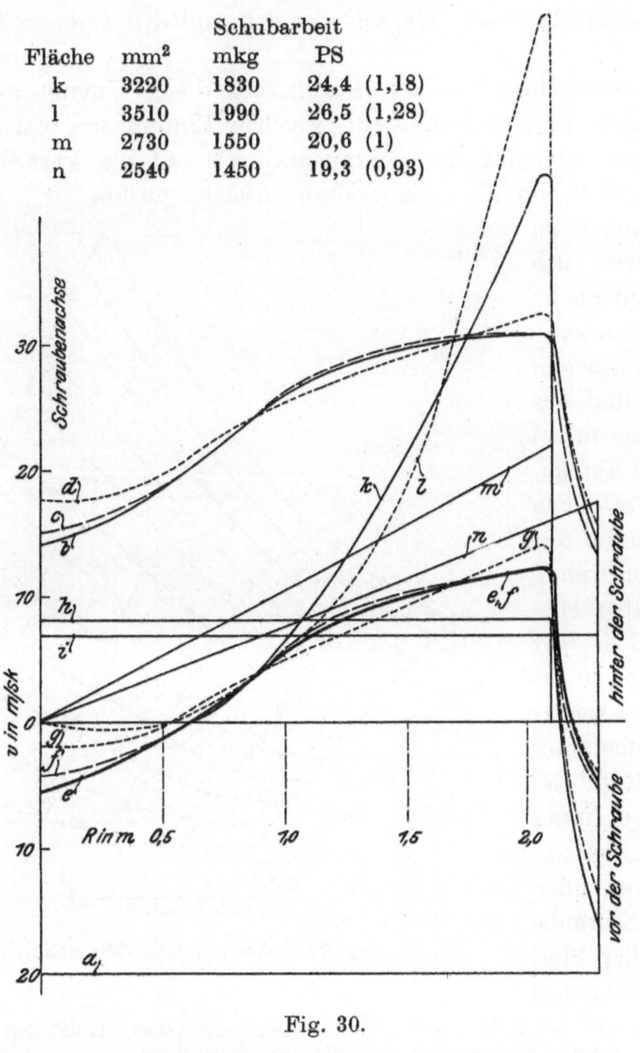

Fig. 30.

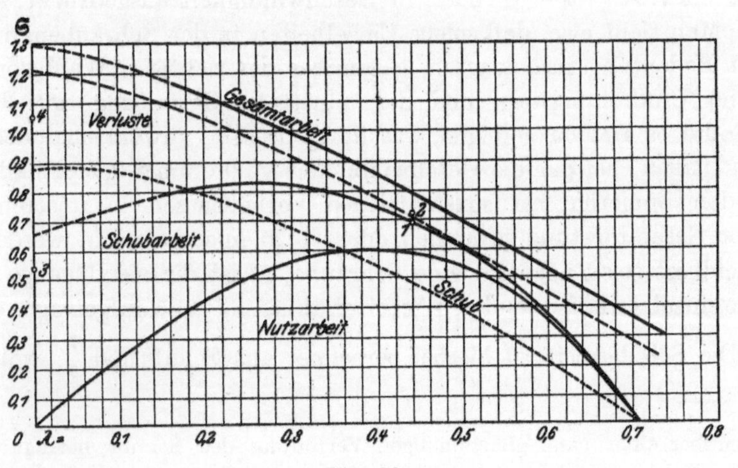

Fig. 31.

Prof. Bendemann ausgedrückt ist durch die Gleichung

$$v = V \cdot \left(\sqrt{\frac{2\,P}{\mu\,F_1 V^2}} + 1 - 1 \right)[1].$$

Die beiden eingetragenen Punkte 1 und 2 stellen die aus dem vorher gezeigten Diagramm ermittelten Schubarbeitswerte dar, der obere Punkt für ungleich mäßig verteilte Geschwindigkeit, der untere für gleichmäßig verteilte. Dieser liegt, wie ja zu erwarten war, auf der errechneten Kurve. Man sieht aus der Lage des oberen Punkts, daß für Verluste durch Flügelreibung, Wirbelungen, falschgestellte Eintrittswinkel usw. nicht mehr viel übrig bleibt; es sind 8,5 Proz. Diese Verluste haben an einer Stelle ein Minimum; es ist dies bei λ 0,48—0,50 der Fall. Von diesem Punkt aus werden sie mit zunehmendem und abnehmendem λ größer. Es kommt dies daher, daß die Eintrittssteigung nicht mehr mit dem Eintrittswinkel der Luft zusammenfällt. Bei der vorliegenden Schraube mit der konstanten Eintrittssteigung von 2,9 m liegt dieser Punkt des Zusammenfalls von Eintrittssteigung und Lufteintrittswinkel zwischen $\lambda = 0{,}46$ und 0,48, fällt also ziemlich zusammen mit dem Minimum der Verluste und mit dem maximalen Gütegrad ζ der Schraube.

Die am Stand gewonnenen Werte für äußere Arbeit, Schubarbeit und Gesamtarbeit passen, wie man sieht, durchaus nicht in das System. Dies kommt in erster Linie daher, daß der Standversuch infolge der bewegten Luftmenge kein reiner ist, wie früher schon erwähnt[2]. Es ist zu vermuten, daß beim reinen Standversuch, der wohl nur durch Extrapolation wird gefunden werden können, Schub und Leistung höher liegen als hier ermittelt. Aber auch unter Berücksichtigung der Geschwindigkeit der bewegten Luft passen die Punkte nicht in das Diagramm; vielleicht kommt dies daher, daß der Standversuch nicht im Freien, sondern in der Bauhalle gemacht wurde.

Wenn auch durch dieses Diagramm keine restlose Verteilung der Einzelarbeiten, aus denen sich die gesamte aufgewendete Arbeit zusammensetzt, erzielt wird, so gibt es doch einen Begriff und einige Anhaltspunkte für diese Verteilung. Sollte es noch gelingen, den Standversuch in so einwandfreier Weise auszuführen, daß die bei ihm gewonnenen Meßwerte auf den durch die Fahrt ermittelten Kurven liegen, so wird es vielleicht auch möglich werden, auf Grund des Standversuchs allein die Fahrtkurven mit genügender Genauigkeit zu konstruieren und damit in der Beurteilung fertiger Schrauben eine wesentliche Vereinfachung herbeizuführen.

---

[1] Zeitschr. d. Vereins d. Ing. 1910, Nr. 20, S. 791.

[2] Herr Betz weist in seiner mehrfach erwähnten Arbeit auch auf diesen Mißstand hin (Zeitschr. für Flugtechnik und Motorluftschiffahrt 1914, Heft 5, S. 75.).

Zur Festlegung einiger aeromechanischer Begriffe.

Von

R. Knoller-Wien.

Ein großer Teil unserer aeromechanischen Kenntnisse ist nicht im Wege der strengen hydrodynamischen Theorie gewonnen worden. Weil die Anwendung derselben auf die technisch wichtigen Probleme fast in allen Fällen außergewöhnliche Schwierigkeiten bietet, hat man die Lösungen unter Zugrundelegung vereinfachender Vorstellungen und durch Deutung von Versuchsergebnissen gesucht. Erst jetzt ist man daran, den Anschluß an die strenge Theorie herzustellen.

Dieser eigentümliche Entwicklungsgang hat seine Spuren in der Unsicherheit einzelner Grundanschauungen und der mangelnden Schärfe mancher Begriffsumgrenzung hinterlassen. Die Klarstellung einiger Punkte soll im folgenden versucht werden.

Druckeinheit. Die wichtigsten Widerstandskräfte, jene, welche von der Trägheit der Flüssigkeit herrühren, wachsen mit dem Quadrate der linearen Körpergröße. Sie werden daher durch ein Druckmaß gemessen. Da sie außerdem proportional dem Einheitsgewichte γ der Flüssigkeit und dem Quadrate der Geschwindigkeit sind, werden die Angaben für beliebige Flüssigkeiten und Geschwindigkeiten gültig, wenn ein Druckmaß $p = $ konst. $\gamma \cdot v^2$ gewählt wird. Ein solches Maß ist beispielsweise der Strömungsdruck $p = \gamma \dfrac{v^2}{2\,g}$ gleich dem statischen Drucke einer Flüssigkeitssäule von der Geschwindigkeits- oder Steighöhe. Er wird in der Hydraulik ganz allgemein als dynamische Druckeinheit verwendet, insbesondere auch zur Messung der Strömungswiderstände.

Als Maß der Bewegungswiderstände in freier Flüssigkeit findet man in älteren Quellen (so auch in der ausführlichen Zusammenstellung von Widerstandsversuchen bei Grashof) dieselbe Einheit in Gebrauch. Beurteilt man die Widerstandserscheinungen nach dem Satze vom mechanischen Antriebe, so erscheint die Wahl einer doppelt so großen Druckeinheit natürlicher; man schreibt sie bequemer $p = \mu\,v^2$, wo μ die Masse der Raumeinheit, die Dichte der Flüssigkeit bezeichnet. Nach Newtons Meinung sollte dies der Widerstand der Flächeneinheit einer querstehenden Platte sein. Lilienthal und Lößl haben nach Versuchen in turbulenten Strömungen und mit Rundlaufvorrichtungen von ungeeigneten Größenverhältnissen an das Zutreffen dieser Beziehung geglaubt und bezogen daher ihre Widerstandsangaben auf die Einheit $\mu\,v^2$. Obwohl nun der Irrtum dieser Anschauung zweifellos erkannt ist und die Methode der Hydrodynamik immer weitere Gebiete erobert, hat sich die Einheit fortgeerbt. Ehe dies zur unabänderlichen

Regel geworden ist, sollte über die Zweckmäßigkeit und Bedeutung einer solchen Einführung Klarheit bestehen.

Vom Standpunkte der Wissenschaft betrachtet, dürfte nach den vorgebrachten Andeutungen die Verwendung einer anderen als der hydrodynamischen Einheit kaum zu rechtfertigen sein. Es sind aber auch einige Punkte von nicht zu unterschätzender praktischer Bedeutung zu berücksichtigen; denn die wichtigsten Grundzahlen, die beim Bau der Luftfahrzeuge gebraucht und dazu von den Versuchsanstalten der Industrie geliefert werden, fußen auf der Druckeinheit. Dies gilt, wenn man Widerstandsziffern angibt und besonders dann, wenn man die bei einem bestimmten Drucke gewogenen Widerstände unmittelbar mitteilt, wie es bei Untersuchungen an ganzen Flugzeugmodellen zweckmäßig ist. Es fördert nicht die Klarheit, wenn man dabei nur die Windgeschwindigkeit angibt; diese wird selbst weder gemessen noch geregelt und bedingt außerdem die Festsetzung eines Normalzustandes. Macht man hingegen diese Angabe nur nebenher und beiläufig, als Erläuterung der Druckangabe, so kann man sie mit einer beliebigen, passend scheinenden Dichte berechnen, z. B. mit $\mu = 0{,}120$, wie es 15^0 C und 735 mm entspricht.

Es wird nun dabei sehr störend empfunden, daß die Newtonsche Druckeinheit keine anerkannte und mit einer Vorstellung zu verbindende Benennung hat, und daß sie sowie die Widerstandsziffern nicht leicht anders als durch die Widerstandsformel zu definieren ist. Bei Angabe der gewogenen Widerstände wird man, um Irrtümer zu vermeiden, etwa beifügen müssen: Gemessen bei einem Strömungsdruck von 20 mm Wassersäule, entsprechend einem Einheitsdruck von 40 kg/m² oder rund 18 m/sec Geschwindigkeit.

Als Name der Einheit könnte vielleicht Reaktionsdruck gewählt werden, der eine wenn auch nicht ganz einfache Vorstellung und Definition von $p = \mu\,v^2$ ermöglicht. Dies würde aber nicht einige weitere, z. T. zufällige Nachteile dieser Einheit beseitigen. So gibt es keine einfache Körperform mit dem Widerstande Eins; jener der kreisrunden Platte in wirbelfreier Strömung beträgt kaum mehr als die Hälfte. Dies hat zur Folge, daß der Ersatz von Körperformen durch gleichwertige Normalflächen unvorstellbar wird und daher außer Gebrauch kommt, obwohl das Verfahren an sich beispielsweise zur Berechnung der vielgestaltigen Nebenwiderstände eines Flugzeuges sehr anschaulich und zweckmäßig ist. Ferner liegen die technisch wichtigen Auftriebe von Flügelflächen etwa zwischen 0,25 und 0,50 $\mu\,v^2$. Dabei ist eine Angabe mit zwei Stellen, also einer Abstufung von rund 3 v. H., zu ungenau und nicht dem Stande des Versuchswesens entsprechend. Andererseits ist eine dreistellige Angabe übertrieben und führt zur Verlautbarung unsicherer Zahlen. Ähnliches gilt für die bildliche Darstellung, die etwa 200 m als Einheit verlangt. Man wird dadurch von selbst auf den Ausweg gebracht, von Haus aus die doppelten Einheitswerte $2\,\zeta$ usw. auszurechnen, wofür die zweistellige Angabe ausreichend und passend ist, und die unmittelbar aufgetragen werden können.

Alle diese Nachteile verschwinden mit der Rückkehr zur hydrodynamischen Druckeinheit $p = \gamma\,\dfrac{v^2}{2\,g}$; sie kann, ohne Irrtümer befürchten zu müssen, nach

Belieben als hydrodynamischer Druck, Strömungs- oder Geschwindigkeitsdruck bezeichnet werden. Sie läßt sich als größter Oberflächendruck, als Ausflußdruck oder durch die Geschwindigkeitshöhe definieren und macht die Normalfläche begreiflich und herstellbar.

Einheitswiderstände. Die übliche Ausdrucksweise für die Widerstandskräfte ist die durch die Druckeinheit, eine Fläche und eine Widerstandsziffer. Beispielsweise für den Auftrieb und den Stirnwiderstand eines Flügels

$$A = \zeta_A \, F \, \mu \, v^2, \; W = \zeta_W \, F \, \mu \, v^2$$

Ein weites Gebiet der Aeromechanik beschäftigt sich mit den Beziehungen zwischen Widerstand, Anstellwinkel, Bahnneigung usw. oder der Widerstände untereinander. Dabei sind die absoluten Widerstandsgrößen gleichgültig, und es bedeutet daher eine überflüssige Erschwerung der z. T. schon sehr umständlichen Schreibweise, den Faktor $\mu \, v^2$ mitzuführen. Andererseits ist es mißlich, mit den bloßen Widerstandsziffern zu arbeiten, weil dadurch die Vorstellbarkeit sehr leidet. Es ist nicht leicht, sich damit vertraut zu machen, daß die Widerstandsziffern gerichtete Größen und nach den Regeln der Statik zusammensetzbar sind. Auch die bildliche Darstellung verliert von ihrer Anschaulichkeit.

Die Schwierigkeit wird umgangen, wenn man sich gewöhnt, statt der Widerstandsziffern Einheitswiderstände, also Einheitsauftrieb usw. einzuführen. Es ist dann ohne Überlegung klar, daß dafür alle Beziehungen wie bei den Kräften gelten. Im Verlaufe einer Untersuchung kann man übrigens unbedenklich von Auftrieb usw. kurzweg sprechen. Diese Ausdrucksweise ist auch wissenschaftlich einwandfrei, wenn man sich vorstellt, daß die Kräfte statt in Gewichtseinheiten in Widerstandseinheiten von der Größe p F angegeben sind. Es empfiehlt sich, zur Bezeichnung dieselben Buchstaben wie für die Widerstände selbst zu verwenden. Entweder gibt man, wo es nötig scheint, an, in welcher Einheit der Ausdruck zu lesen ist, oder man bedient sich zur Unterscheidung verschiedener Schriftarten; z. B.: $A = p \, F \, a \sin \alpha$ und $A = a \sin \alpha$. Die derzeit übliche Bezeichnung ζ_A usw., wo die Richtung durch den Zeiger angegeben wird, ist für praktische Zwecke, wie die Verlautbarungen der Versuchsanstalten, nicht sehr glücklich gewählt und ebensowenig für theoretische Untersuchungen, da dorten die Zeiger für die so vielfach notwendige Kennzeichnung besonderer Werte vorbehalten werden sollten.

Stabilitätsmaß. Die Stabilitätseigenschaften eines Luftschiffes, welches schwimmt, d. h. von statischen Auftriebskräften unveränderlich vertikaler Richtung getragen wird, sind so wie beim Schiff am deutlichsten aus der Lage des Metazentrums zu erkennen. Dieses ist der Angriffspunkt der Auftriebskräfte, der bei vollkommener Eintauchung mit dem Verdrängungsschwerpunkte zusammenfällt, mithin im Schiff unverrückbar festliegt und eindeutig durch die Körperform bestimmt ist. Die Größe der Stabilität wird durch den Vertikalabstand des Metazentrums vom Drehpunkte bzw. Gewichtsschwerpunkte des Schiffes, die metazentrische Höhe, gemessen. Es ist das Aufrichtungsvermögen für die Einheit der Verdrehung aus der Gleichgewichtslage gleich dem Gesamtauftriebe mal der metazentrischen Höhe.

Will man dieselbe Beziehung für die dynamischen Auftriebskräfte der Flügelflächen aufstellen, so stößt man auf Schwierigkeiten. Denn es kommt den Widerstandskräften keine feste Richtung im Raume zu, höchstens eine solche bezüglich der Fläche selbst. Ist letzteres der Fall, ändert sich also mit der Windrichtung nur der Ort, nicht aber die Richtung der Widerstandskraft, wie es bei der ebenen Platte in reibungsloser Flüssigkeit zuträfe, so kann man für jeden Anstellwinkel einen, nur von der Flügelform abhängigen Punkt angeben, der wie das Metazentrum die Eigenschaft hat, daß sein in der Auftriebsrichtung gemessener Abstand vom Drehpunkte bzw. Schwerpunkte mit dem Auftriebe multipliziert das Aufrichtungsvermögen für die Einheit des Verdrehungswinkels angibt. Da aber in Wirklichkeit mit dem Anstellwinkel auch die Richtung der Widerstandskraft schwankt, ist es nicht mehr möglich, eine einzige, nur von der Flügelform abhängige metazentrische Punktreihe anzugeben. Die Gestalt dieser Linie wird nun in nicht sehr übersichtlicher Weise von der Lage des Dreh- bzw. Schwerpunktes beeinflußt, kann also erst nach Festlegung derselben bestimmt werden.

In allen Fällen bleibt aber die mechanische Vorstellung sehr unklar, da diese Metazentren nicht die Angriffspunkte der wirklichen Widerstandskräfte sind, sondern von gedachten Kräften mit relativ zum Winde unveränderlicher Richtung. Verständlicher wird dies beim frei schwebenden Flügel, wo das Aufrichtungsvermögen gleich dem Momente der Schwerkraft in bezug auf das jeweilige Metazentrum wird, so als ob letzteres ein Aufhängepunkt wäre. Doch ist die Heranziehung einer statischen Richtkraft, die außer jedes unmittelbaren Zusammenhanges mit den Widerstandsvorgängen steht, zur Definition der Stabilität nicht erwünscht. Alles deutet darauf hin, daß als Stabilitätsmaß bei Flügelflächen dem Produkte aus metazentrischer Höhe, Auftrieb und Änderung des Anstellwinkels geringe Eignung zukommt.

Es scheint daher natürlicher, die tatsächlichen Angriffspunkte der Widerstandskräfte anzugeben; sie liegen auf der Hüllkurve aller Widerstandslagen. Der Zusammenhang mit dem Anstellwinkel kann durch eine Bezifferung angegeben werden, oder er folgt aus der zugehörigen Widerstandslinie, am besten der N-T-Kurve (Fig. 1). Eine Tangente SG parallel zu P gibt den Ort des Widerstandes an, eine Parallele $S_i G$ zur Tangente der N-T-Kurve bestimmt hingegen den Ort des Widerstandszuwachses dP, bei einer kleinen Änderung des Anstellwinkels. Es ist ein Vorteil, daß man hier die ruhende Fläche im veränderlichen Winde betrachten kann, wodurch vorerst die Annahme eines Drehpunktes unnötig wird.

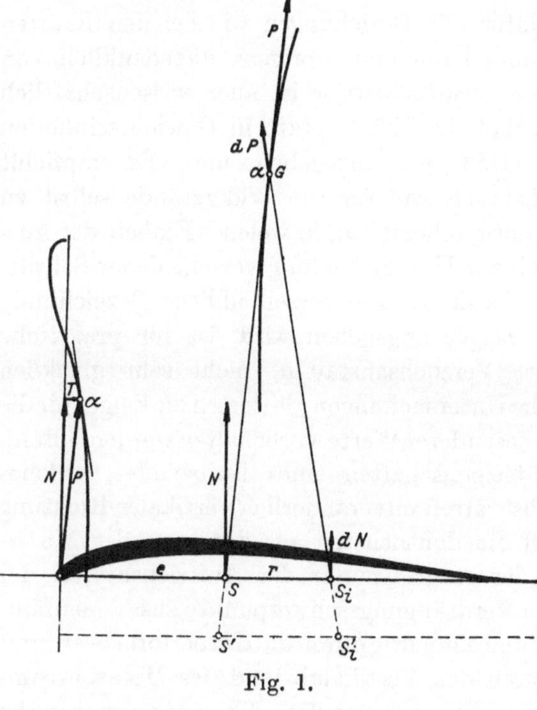

Fig. 1.

Das Aufrichtungsvermögen für einen beliebigen Drehpunkt, bezogen auf die Einheit des Widerstandszuwachses, wird unmittelbar gemessen durch den Abstand des Drehpunktes von der Zuwachsrichtung, der Stabilitätsarm genannt sei. Wie man sieht, genügt aber nicht die bloße Kenntnis der Lage des Drehpunktes zum Angriffspunkte G.

Die Angriffspunkte werden auch, wohl nach französichem Vorbilde, Metazentren genannt, was kaum zu rechtfertigen sein dürfte. Ihr Abstand vom Drehpunkte steht durchaus nicht in jener Beziehung zur Stabilität, die der eingangs aufgestellten metazentrischen Gleichung entspricht. Eine besondere Benennung ist auch unnötig, da ihnen keine Eigentümlichkeit zukommt, die nicht jeder Angriffspunkt aufwiese. Die richtige Verwendung dieser letzteren Bezeichnung würde überdies die mechanische Ketzerei bloßstellen, die durch ihre Übertragung auf die Druckmittelpunkte der Flächen noch manchmal begangen wird.

Das Verfahren ist einfach und unzweideutig; leider ist es aus praktischen Gründen kaum verwendbar. Die Angriffspunkte liegen meist in großer Entfernung vom Flügelprofil, auf einer sehr flach verlaufenden Kurve mit Kehrpunkten im Unendlichen. Bei Drehpunktslagen nahe am Flügel, wie sie die Regel bilden, ist daher eine ungenaue Projektion auf weite Entfernung notwendig, was ein grundsätzlicher Fehler des Verfahrens ist. Aus demselben Grunde werden ja zur Ortsangabe der Widerstände nicht die Angriffspunkte verwendet, sondern die Druckpunkte S auf einer passend gewählten Vergleichsfläche. Dabei wird die Projektion nur ausnahmsweise und auf kurze Entfernungen nötig.

Genau dasselbe kann aber mit demselben Vorteile für die Lagen des Zuwachses d P geschehen. Gibt man neben den Druckpunkten S der Widerstände die Druckpunkte S₍ᵢ₎ der Zusatzkräfte an, so stellen ihre Abstände r voneinander den Stabilitätsarm dar, bezogen auf den Widerstandszuwachs d N normal zur Vergleichsebene und einen in dieser gelegenen Drehpunkt. Für andere Vergleichsebenen sind die beiden Druckpunkte durch Projektion parallel zu P und d P bestimmbar; ebenso der Angriffspunkt, für den r = 0 wird. Sind die Druckpunktslagen S für verschiedene Anstellwinkel etwa durch ihre Abstände e vom vorderen Flügelrande mit einiger Schärfe bekannt, so können die Stabilitäts-

Fig. 2.

arme nach der einfachen Beziehung $r = N \dfrac{d\,e}{d\,N}$ berechnet werden. Verzeichnet man die Linie der e über den Normalwiderständen N, so ist r ihre Subtangente (Fig. 2).

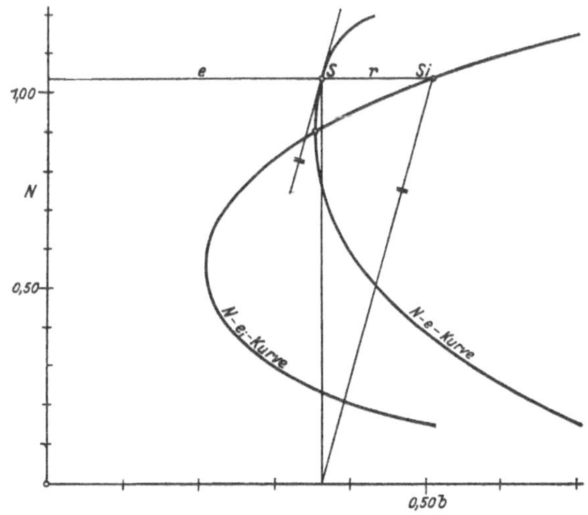

Die Messung des Aufrichtungsvermögens der Widerstandskräfte durch einen Stabilitätsarm und den Widerstandszuwachs dürfte in dieser Form allen billigen Forderungen an Klarheit und Handlichkeit genügen.

Zählung des Anstellwinkels. Für den planmäßigen Vergleich von Flügelformen ist die einheitliche Festlegung der Nullrichtung des Profiles, deren Neigung zur Windrichtung als Anstellwinkel bezeichnet wird, von Wichtigkeit. Bei Platten, deren Profile eine Symmetrieachse besitzen, ist diese die natürliche Nullinie. Bei Profilen mit zwei scharfen Enden wird wohl stets die Verbindungslinie derselben, die Profilsehne, gewählt werden, die auch am besten als Größenmaß dient.

Die meistverwendeten Flügelformen haben jedoch mindestens eine gerundete Kante. Man zählt ihre Anstellwinkel gewöhnlich von der druckseitigen Profiltangente und mißt die Größe nach der Projektion auf diese. An Einfachheit läßt

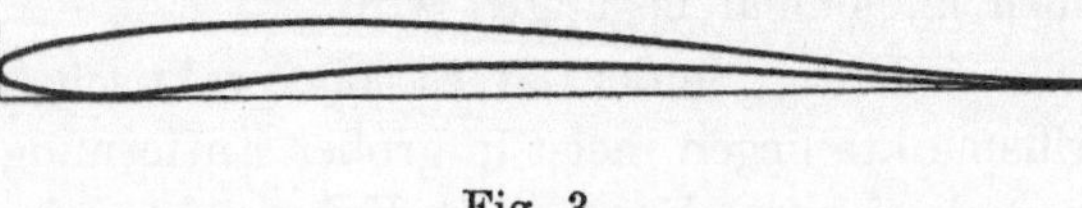

Fig. 3.

dieses Verfahren nichts zu wünschen übrig, besonders für Flügel mit ebener Druckseite. Es erscheint aber unnatürlich bei schwach gewölbten Profilen (Fig. 3), macht einen stetigen Übergang zum scharfendigen Profil sowie zur symmetrischen Platte unmöglich und versagt gänzlich bei Formen mit konvexer Druckseite, wie sie bei Propellern in der Nabennähe die Regel bilden.

Diese Mängel ließen sich vermeiden, wenn jeder Flügel durch Umkleidung einer geometrischen Kernfläche erzeugt würde. Richtung und Größe könnten dann an der Kernlinie des Profiles durch ihre Sehne gemessen werden. Ein schönes Beispiel bilden dafür die vom Kreise abgeleiteten Profilformen von Joukowsky. Außerdem ist die Kernlinie ein wertvoller Behelf zur Kennzeichnung und Einteilung der Flügelformen, da sie die eindeutige Angabe von Art und Grad der Wölbung ermöglicht.

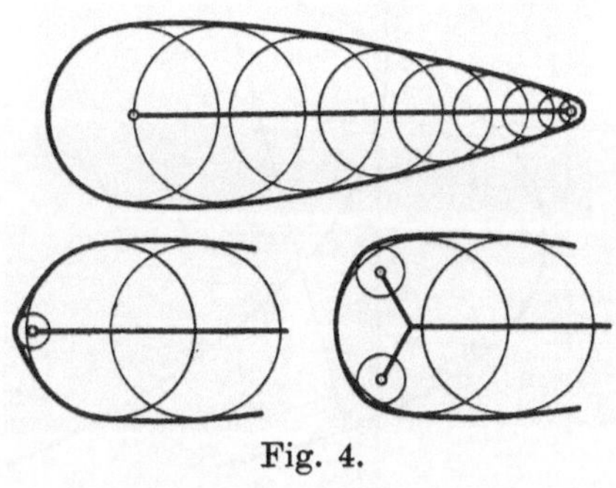

Fig. 4.

Es liegt nahe, als Kernlinie den Ort aller Mittelpunkte der dem Profile eingeschriebenen Kreise zu betrachten. Die Ausmittelung kann aber zeichnerisch nur durch Probieren geschehen und wird auf rechnerischem Wege höchst umständlich. Das Verfahren ist auch nicht immer eindeutig, da jedem, selbst dem flachsten Knick des Umrisses ein bis zu diesem reichender Zweig der Kernlinie entspricht (Fig. 4). Die Größenmessung scheint bedenklich, da bei eiförmigen Querschnitten die Länge der Kernlinie stark einschrumpft, beim Kreise sogar zu einem Punkt. Daraus ist zu schließen, daß die Kernlinie stets bis zum Umfange reichen sollte.

Ein nahezu einwandfreies, einfaches Verfahren ergibt sich, wenn man als Nullinie einen Durchmesser des Profiles wählt, d.h. eine Gerade, die den Umriß beiderseits rechtwinklig trifft. Die Zahl der Durchmesser ist in der Regel gering, meistens auf zwei beschränkt, und immer gibt einer die längste Gerade im Profil an; abgesehen von Ausnahmefällen soll dieser größte Durchmesser als Nullinie und Größenmaß gelten. Seine Enden sind die Berührungspunkte des kleinsten umschriebenen Kreises, der als Grenzfall zweier symmetrischer Kreise gefunden wird (Fig. 5). An ausgeführten Flügeln kann die Nullinie praktisch durch Anschlagen einer Schublehre mit flach gekerbten Schenkeln bestimmt werden. Die Halbierungspunkte aller zur Nullinie winkelrechten Sehnen bilden eine leicht angebbare Kernlinie. Dieses Verfahren ergibt einen zwanglosen Übergang zu den spitzigen und den symmetrischen Profilen; seine Anwendung wird zur Selbstverständlichkeit, wenn Flügelformen durch Überlagerung von gekrümmten Kernlinien mit symmetrischen Plattenprofilen erzeugt werden.

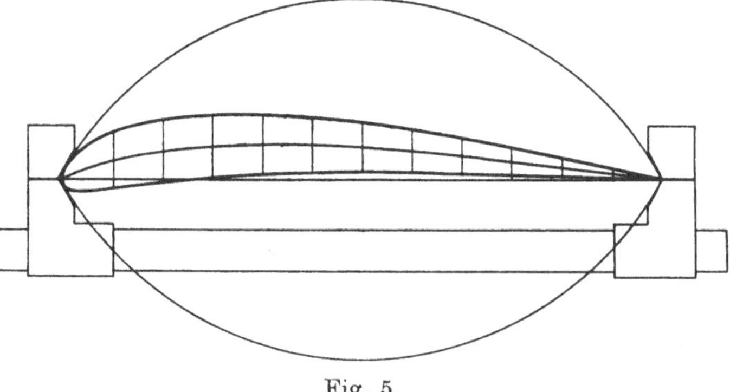

Fig. 5.

Diskussion.

Prof. Dr. **Prandtl**:

Meine verehrten Herren! Wenn ich zunächst zu dieser Sache das Wort nehme, so ist die Veranlassung dazu die, daß ich mich für die in Deutschland üblich gewordene Bezeichnung in gewissem Maße verantwortlich fühle, weil sie einem Vorschlag von mir entstammt. Ich möchte hier ausdrücklich sagen, daß ich diesen Vorschlag damals nur gemacht habe, um dem Bedürfnis noch einer einheitlichen Bezeichnung entgegenzukommen. Ich habe mit diesem Vorschlag gar kein tiefer liegendes Ziel verknüpft, sondern ich habe eben angeknüpft an das, was vorher vorhanden war. Ausgehend von dem Newtonschen Luftwiderstandsgesetz, das man auch in den Fällen, wo es nicht genau zutrifft, formal beibehalten kann, sagte ich, wir brauchen die Zusammenstellung der Faktoren $\dfrac{\gamma}{g}$, F und v², und dazu einen Koeffizienten, der je nach der Fläche, auf die man sich in der Formel bezieht, besonders bezeichnet wird. Dies Verfahren schloß sich im übrigen auch dem bis dahin bei den Luftwiderstandsleuten Gebräuchlichen an.

Das ist ein ganz äußerlicher Gesichtspunkt, und wenn nun sachliche Gesichtspunkte auftreten, die darauf hinweisen, daß man es anders machen soll, so möchte ich sagen, daß ich auf dem, was ich selbst vorgeschlagen, nicht weiter bestehen will. Man wird sich natürlich fragen müssen, ob es vom sachlichen Standpunkt aus erwünscht ist, jetzt alle bisherigen Koeffizienten mit 2 zu multiplizieren. Es ist selbstverständlich klar, daß für den Übergang Schwierigkeiten entstehen werden.

Aus dem Betrieb unserer Göttinger Versuchsanstalt kann ich bestätigen, daß wir uns öfter als einmal fragen mußten: Ist der Faktor 2 auch nicht vergessen? Im übrigen werden Versuchsanstalten über einen Faktor 2 nicht dauernd stolpern und dieser Gesichtspunkt ist daher für die Praxis wohl nicht maßgebend. Wir würden uns mit dem Faktor 2 auch zurechtfinden können. Etwas anderes ist es, wenn wir die bisher von den Theoretikern des Luftwiderstandes verwendete Bezeichnungsweise, also die mit dem sogenannten „Reaktionsdruck" annähmen, daß wir uns da im Widerspruch befänden mit dem, was von den Wasserbauern und Schiffbauern gepflegt wird. Diese rechnen seit alter Zeit mit der „Geschwindigkeitshöhe". Das ist begreiflich, weil man im Wasserbau die Druckhöhe mit demselben Medium mißt, in dem die Bewegung stattfindet, also die Geschwindigkeitshöhe unmittelbar der Steighöhe vom Wasser in einem Pitotrohr entspricht. Wenn unsere Instrumente so gebaut werden könnten, daß wir die Luftgeschwindigkeit in Luftsteighöhe messen würden, so wäre man wohl beim Luftwiderstand zu derselben Festsetzung gekommen wie im Wasserbau. Mir scheint dieser Gesichtspunkt gerade wichtig, da allgemein anerkannt ist, daß Widerstandsfragen bei Wasserbewegung und Luftbewegung grundsätzlich dieselben Fragen sind. Da man geradezu einen Luftwiderstand durch Versuche im Wasser bestimmen kann, und umgekehrt, scheint es sehr erwünscht, daß man mit den Wasserbauern einig geht, und ich würde sehr dankbar dafür sein, wenn einer der anwesenden Wasserbauer und Schiffbauer uns bestätigen würde, daß auch von ihrer Seite der Wunsch noch Gleichheit der Bezeichnungen in Aero- und Hydromechanik besteht. Ich selbst bin von Dr. Blasius-Hamburg (früher an der Versuchsanstalt für Wasserbau und Schiffbau in Berlin) schon vor Jahren auf diesen Punkt aufmerksam gemacht worden. Dr. Blasius hat mir auch jetzt geschrieben, ich möchte, da er nicht nach Dresden kommen könne, seine Wünsche hier vertreten und wegen der Einheitlichkeit dafür stimmen, den Faktor ½ anzunehmen und also den „Reaktionsdruck" durch den „Geschwindigkeitsdruck" zu ersetzen.

Wenn man sich hierüber entschieden hat, so wird man auch daran denken müssen, eine einheitliche Bezeichnung der neuen Luftwiderstandsziffern vorzuschlagen. Nun möchte ich allerdings sagen, daß das wohl kaum in einer so großen Versammlung diskutiert werden kann. Das muß der Ausschuß, über den ich heute vormittag berichtet habe, tun. Ich möchte hier nur dies sagen: Es ist einerseits sehr bequem, so wie Herr Knoller es macht, einfach mit Einheits-Widerständen zu rechnen, was eigentlich nur das bedeutet, daß man ein anderes Maßsystem benutzt, in dem die gerade in Rede stehende Fläche und ihre Geschwindigkeit = 1 gesetzt ist. Andrerseits wird es in manchen Fällen Schwierigkeiten geben: 1. Wie soll man es aussprechen? 2. Wie soll man es halten, wenn die Geschwindigkeit z. B. schwankt (Stabilitätsuntersuchungen)? Darüber wird man besser heute gar nicht diskutieren.

Vorsitzender Major **v. Parseval**:

Es wäre vielleicht zweckmäßig, diesen Fall der Kommission für Einheit der Formelzeichen zur Behandlung zu übergeben.

Wenn sich niemand mehr zum Worte meldet, so würden wir jetzt zur Diskussion der Stabilitätsfrage der Flugzeuge übergehen. Vielleicht darf ich mir einige Bemerkungen erlauben, und zwar, ob es nicht möglich ist, eine Momentengleichung aufzustellen, so daß die Momente, welche auf eine Flugfläche wirken, als Funktionen des Anstellwinkels ausgedrückt werden. Dann hätte man durchweg endliche Werte in der Bezeichnung für die Stabilität. Wird dagegen die Stabilität als der Hebelarm einer Kraft ausgedrückt, so bekommt in einem gewissen Moment der Hebelarm einen unendlich großen Wert, dann nämlich, wenn der Auftrieb Null, das resultierende Moment aber endlich ist. Wir haben hier in diesem Fall auf der Flugfläche am vordern Rand negative, am hintern Rand positive Kräfte. Die Differenz dieser Kräfte kann Null werden, während ein nicht ganz kleines Moment auf die Fläche wirkt. Setzt man den resultierenden Auftrieb 0 und den Hebelarm gleich x, so wird $x = \dfrac{M}{0} = \infty$.

Infolgedessen würde es sich empfehlen, das Moment M als Funktion des Anstellwinkels auszudrücken. Das ist leicht möglich. Man müßte dann, um in der Bezeichnungsform zu bleiben, das Moment als ein Volumen darstellen mal dem Flächendruck und einem Koeffizienten. Man könnte das Volumen entweder dadurch gewinnen, daß die Flugfläche F mit ihrer Tiefe multipliziert wird oder dadurch, daß man den Ausdruck $F^{3/2}$ anwendet.

Das wäre eine Darstellungsform, die uns über die Schwierigkeiten beim Auftrieb 0 hinwegbringen würde.

Prof. **Knoller**:

Ich möchte dazu bemerken, daß in meiner ersten Arbeit über die Stabilität die Ortsangabe der Druckkräfte ausschließlich durch Momentenkurven geschah. Auch in der später in unserer Zeitschrift erschienenen Stabilitätsuntersuchung ist dieses Darstellungsverfahren erläutert und die Beziehung zu den Druckpunktskurven festgestellt. Die Größe des Momentes an sich läßt aber noch nicht die Stabilitätseigenschaften erkennen. Diese müßten erst aus den Änderungen des Momentes abgeleitet werden durch Verfahren, die wesentlich durch das gewählte Stabilitätsmaß bestimmt werden. Unklarheiten, die in letzterem begründet sind, werden durch die Darstellungsweise nicht behoben.

Prof. **Prandtl**:

Wenn ich ein paar Worte sagen darf, so möchte ich nur dem Ausdruck geben, daß ich meine: Die Bezeichnungen, die der Herr Kollege Knoller für die Stabilität angeführt hat, sind einerseits durchführbar, andrerseits praktisch. Ich glaube, daß das Unendlichwerden des Stabilitätsarmes gerade auf dem flugtechnischen Anwendungsgebiet niemals vorkommt; denn es kommt dann vor, wenn kein Auftrieb mehr vorhanden ist, und gerade für die Körper ohne Auftrieb verliert es das

Interesse, so daß ich meine, daß eine Bezeichnung, die uns gerade davon frei macht, die Stabilität auf eine bestimmte Drehung zu beziehen, von Wert wäre. Bei dem Knollerschen Maß ist nun freilich eine geringe Variation mit der gewählten Ebene vorhanden, doch glaube ich, daß das praktisch nicht viel Bedeutung hat, und ich sehe auch keinen Weg, es besser zu machen.

Dr. Quittner:

Es ist allerdings richtig, daß der Druckmittelpunkt nur dann ins Unendliche rückt, wenn der Auftrieb gleich Null geworden ist. Aber trotzdem ist diese Unstetigkeit der Wanderung des Druckmittelpunktes in vielen Fällen — besonders bei mehr theoretischen Untersuchungen — sehr störend, und zur Veranschaulichung der Stabilitätsverhältnisse ist die Druckpunktverschiebung überhaupt nicht sehr geeignet, da man aus ihr das rückdrehende Moment bei einer kleinen Änderung des Anstellwinkels nicht ohne weiteres ersehen kann.

Die von Herrn Prof. von Parseval und mir in der Versuchsanstalt für Flugwesen der Berliner Technischen Hochschule versuchsweise angewandte Methode, außer dem Druckpunkt auch das Moment der resultierenden Druckkraft um die Vorderkante der Tragfläche in Funktion des Anstellwinkels anzugeben, bringt den Vorteil, daß man eine von Unstetigkeitspunkten freie Kurve erhält und damit auch eine Genauigkeit der zeichnerischen Darstellung, wie sie bei den in der Nähe der Unstetigkeitsstelle sehr steil verlaufenden Druckpunktskurven nicht erreichbar ist. Aber wenn es sich um Berechnung der stabilisierenden Momente für den nicht mit der Vorderkante zusammenfallenden Schwerpunkt des Flugzeugs handelt, so ist wieder eine umständliche Umrechnung erforderlich.

Wenn durch die neue Darstellungsweise mit Hilfe des „Stabilitätsarmes" erreicht werden könnte, daß man ohne umständliche Rechnungen oder Konstruktionen für jede beliebige Lage des Schwerpunktes das einem bestimmten kleinen Ablenkungswinkel entsprechende rückführende Moment berechnen könnte, so wäre darin ein sehr bedeutender Vorzug dieser Darstellungsweise gelegen. Leider ist das jedoch nicht der Fall, denn um das Moment zu erhalten, muß man den Stabilitätsarm r erst mit der Änderung der Normalkraft dN multiplizieren, so daß nicht r selbst, sondern das Produkt $r\,\dfrac{dN}{d\alpha}$ das Maß für die Stabilität ist. Man müßte also außer r auch $\dfrac{dN}{d\alpha}$ — oder was praktisch nicht sehr verschieden ist $\dfrac{dP}{d\alpha}$ (P = Auftrieb) — in Funktion von α kennen und möglichst in Kurvenform aufzeichnen. Auch der Mangel, daß die Methode ohne weiteres nur für eine bestimmte Lage des Schwerpunktes anwendbar ist (nämlich wenn er mit dem Druckpunkt zusammenfällt), ist ebenso vorhanden wie bei anderen Darstellungsweisen, und bei mehreren gekoppelten Flächen dürfte deshalb die Berechnung der Stabilität des ganzen Systems aus den Stabilitätsarmen der Einzelflächen kaum in einfacher Weise ausführbar sein. Ich habe daher den Eindruck, daß die Darstellung mittels des Stabilitätsarms doch nur in vereinzelten Fällen von wirklichem Vorteil sein dürfte. Übrigens scheint auch der Vortragende ähnlicher Ansicht zu sein, da er in seiner

Untersuchung „Über Längsstabilität der Drachenflugzeuge"[1]) nicht den Stabilitätsarm benutzt, sondern eine Methode, die von der von Herrn Prof. von Parseval und mir versuchten sich nur dadurch unterscheidet, daß die Momente nicht auf die Vorderkante, sondern auf die Mitte der Tragfläche bezogen sind, und daß an Stelle des Anstellwinkels (bzw. des ideellen Anstellwinkels α_i) der dem letzteren fast genau proportionale Normaldruck N als Abszisse gewählt wurde.

Prof. **Knoller**:

Zur Frage des Unendlichwerdens des Druckpunktsabstandes möchte ich noch erwähnen, daß dieses stets durch entsprechende Wahl der Vergleichslinie vermieden werden kann. Dazu muß diese die Kurve der Angriffspunkte berühren.

Im übrigen glaube ich wohl, daß der Stabilitätsarm r allein die Stabilitätseigenschaften genügend kennzeichnet. Für sehr viele Aufgaben handelt es sich unmittelbar um die Beziehung zwischen Momentänderung und Kraftänderung; die Rückführung auf den Anstellwinkel erfolgt häufig ohne Notwendigkeit. Wenn es aber erforderlich oder erwünscht ist, kann es ohne Umstände geschehen. Das Verhältnis $\dfrac{dN}{d\alpha}$ oder $\dfrac{dA}{d\alpha}$ ist innerhalb weiter Grenzen ein Festwert; diese Annahme ist bei allen theoretischen Untersuchungen üblich und wurde eben auch von Dr. Quittner gemacht. Es handelt sich also im allgemeinen nur darum, den Stabilitätsarm mit einer Zahl zu multiplizieren, die bekanntlich in erster Linie durch das Streckungsverhältnis des Flügels und in geringem Maße durch seinen Wölbungsgrad bestimmt ist. Eine Ausnahme wäre allerdings für die großen Anstellwinkel, oberhalb der Proportionalitätsgrenze zu machen; dafür lassen sich aber auch, sofern es nötig scheint, vereinfachende Annahmen vereinbaren. Immer gibt aber in dem technisch wichtigen Bereiche der Stabilitätsarm r an sich den Stabilitätscharakter an. Die Vermutung, daß die Anwendung des vorgeschlagenen Stabilitätsbegriffes bei der Stabilitätsberechnung gekoppelter Flächen unzweckmäßig sei, trifft nicht zu. Die Ableitung mittels der Momentenkurven ist nur aus Bequemlichkeit aus meinen älteren Arbeiten in die späteren Veröffentlichungen, deren Ziel in einer ganz anderen Richtung lag, übernommen worden. In meinen Vorlesungen benutze ich bereits die wesentlich kürzere Ableitung mit ausschließlicher Verwendung des Stabilitätsarmes.

Regierungs- und Baurat **Krey**:

Hat die absolute Größe des Anstellwinkels überhaupt eine solche Bedeutung, daß es sich lohnt, uns hier länger damit zu beschäftigen? Meines Erachtens ist das nicht der Fall. Der Anstellwinkel hat bei den Tragflächen etwa dieselbe Bedeutung wie die Steigung bei den Schrauben. Auch bei den Schrauben stoßen wir auf die gleichen Schwierigkeiten, wenn wir die absolute Größe der Steigung angeben wollen. Die Steigung der Druckseite, die meist der Berechnung zugrunde gelegt wird, ist für die Wirkung der Schraube nicht allein maßgebend; außerdem ist sie oft sowohl radial als auch tangential veränderlich. Noch weniger bestimmt ist die

---

[1]) Zeitschr. d. österr. Ing.- u. Arch.-Ver. 1913, Nr. 36, 37.

Steigung der Soogseite. Eine für bestimmte Wirkungen gleichwertige Ersatz steigung kann man aber nicht von vornherein angeben; auch müßte diese für verschiedene Tourenzahlen bzw. verschiedene Slips verschieden groß sein. Trotzdem arbeiten wir in der Versuchsanstalt für Wasserbau und Schiffbau dauernd mit der Steigung und es bereitet das praktisch auch gar keine Schwierigkeiten. Da es nur auf die relativen Werte ankommt, so legen wir irgendeine mittlere Steigung der Druckseite zugrunde und tragen danach die durch die Versuche festgestellten Messungsergebnisse auf. Die Annahme der Steigung beeinflußt die Messungsergebnisse in keiner Weise; denn wenn wir die Annahme ändern, so erhalten wir dieselben Kurven für die Ergebnisse, nur um einen bestimmten Betrag nach rechts oder nach links verschoben bzw. mit anderem Maßstabe. Dasselbe würde entsprechend auch für die Anstellwinkel gelten. Man braucht sich daher nicht darüber zu streiten, wie man den Anstellwinkel allgemein annehmen soll. Er wird nur in jedem Einzelfalle besonders festgelegt werden können.

Prof. Dr. Prandtl:

Verzeihen Sie, daß ich zum dritten Male das Wort nehme. Ich möchte nur zur Erwiderung sagen, daß in der Luftfahrt das Bedürfnis positiv vorliegt. Die Flugzeugkonstrukteure rechnen mit dem Anstellwinkel und sie müssen wissen, auf welchen Anstellwinkel ein gewisser Widerstandswert bezogen ist.

Bei Schrauben ist es ohnehin komplizierter. Da kann man ohne Zeichnung überhaupt nicht wissen, was man vor sich hat. Aber auch, wenn man den Flügelumriß und dazu die Steigung angibt, so weiß man noch recht wenig. Um die Schraube gut zu kennzeichnen muß vielmehr eine Anzahl von Flügelprofilen angegeben werden. Trotzdem ist jedoch ein praktisches Bedürfnis vorhanden, die hauptsächlichsten Charakteristiken der Schraube festzulegen durch einfache Zahlenwerte.

Ich möchte noch erwähnen, daß es sehr viele Fälle gibt, wie z. B. beim Modell eines Vogels, wo man gar nicht weiß, wie man einen Anstellwinkel messen soll. In der Mitte ist der Rumpf. An diesen setzt der Flügel an, aber weder an der Ansatzstelle, die meist das eigentliche Flügelprofil noch nicht aufweist, noch auch weiter außen, wo der Anstellwinkel sich kontinuierlich ändert, läßt sich eine bevorzugte Stelle finden. Man ist hier auf ganz willkürliche Festsetzungen angewiesen, wenn man nicht etwa einen bestimmten Mittelwert des Anstellwinkels einführen will, der natürlich umständlich zu ermitteln wäre.

Regierungs- und Baurat Krey:

Auf den Einwand des Herrn Professor Prandtl möchte ich erwidern, daß ich nicht habe bestreiten wollen, daß ein praktisches Bedürfnis vorliegt, mit dem Anstellwinkel zu arbeiten; wohl aber möchte ich die Notwendigkeit und Möglichkeit bezweifeln, mit einer bestimmten, absoluten Größe dieses Anstellwinkels zu rechnen, die man bei allen Flügelformen in der gleichen Weise festsetzt. Es kommt nur auf die relativen Werte an. Bei gleichen oder ähnlichen Flügelformen mag es ja vorteilhaft sein, sich über die Art der Festsetzung des Anstellwinkels zu einigen; sobald man aber eine andere Form hat, hat diese Festsetzung für die Praxis gar keinen Wert, denn die Wirkung einer anderen Form ist bei gleicher Annahme des Anstellwinkels doch eine ganz andere. Bei beliebiger Flügelform stoßen wir daher, wenn wir allgemein einen absoluten Wert des Anstellwinkels festlegen wollen, auf die gleichen Schwierigkeiten, als wenn wir bei Schrauben durchaus den Begriff der Steigung festlegen wollen.

Prof. **Knoller**:

Ich glaube, daß die letzterhobenen Einwände schon durch Prof. Dr. Prandtl hinreichend entkräftet worden sind; wenige Flugtechniker dürften eine Vereinbarung über die Zählung des Anstellwinkels für überflüssig oder unmöglich halten. Ich glaube übrigens ein Verfahren gezeigt zu haben, welches gerade bei verschieden geformten, spitzen oder runden, hohlen oder doppeltkonvexen Profilen anwendbar ist; es mag aber noch zweckmäßigere geben.

Ich glaube, daß eine Einigung bezüglich der Druckeinheit, der Widerstandsbezeichnung und der Zählung des Anstellwinkels dringend erwünscht ist. Bezüglich des Stabilitätsmaßes habe ich hauptsächlich eine Klarstellung angestrebt und der Verwendung falscher Benennungen entgegenzuarbeiten versucht.

Über Längsstabilität und Längsschwingungen von Flugzeugen.[1]

Von

Th. v. Kármán und **E. Trefftz.**

Die Stabilität von Flugzeugen ist in den letzten Jahren vielfach behandelt worden, und zwar nach sehr verschiedenen Methoden. Es fehlt nicht an ganz einfachen Betrachtungen, denen zwar der Vorteil der Durchsichtigkeit nicht abgesprochen werden kann, die aber naturgemäß nur unter sehr vereinfachten Bedingungen richtig sind. Und es fehlt auch nicht an ausführlichen exakten Rechnungen, bei denen jedoch die unmittelbar anschaulichen, konstruktiv wichtigen Gesichtspunkte nicht selten in dem Labyrinth langer Formeln verloren gehen. Wenn nun der auf die Längsstabilität bezügliche Teil meiner „Vorlesungen über Aerodynamik" an dieser Stelle veröffentlicht werden soll, trotzdem er namentlich den Theorien von C. Runge und R. Knoller gegenüber nur in der Darstellungsweise neues enthält, so darf dies vielleicht dadurch entschuldigt werden, daß ich

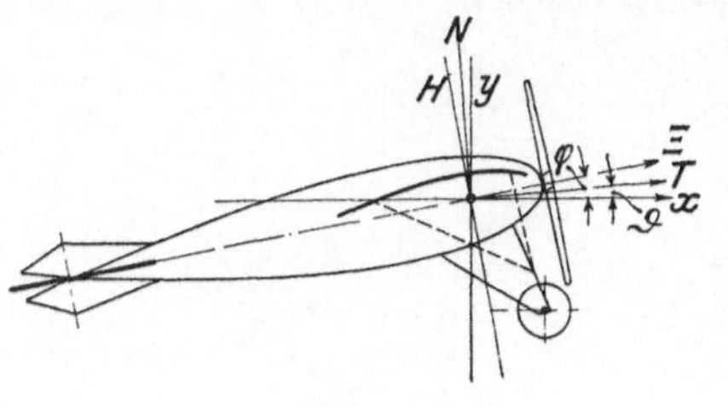

Fig. 1.

versucht habe, zwischen analytischer Rechnung und mechanischer Anschaulichkeit einen goldenen Mittelweg einzuschlagen. Als wesentliches Hilfsmittel zu diesem Zweck bewährte sich der Gedanke, die Größen, die mit der Steuerfähigkeit und Stabilität unmittelbar zu tun haben und lediglich durch diese bestimmt werden, von jenen Größen zu trennen, die durch sonstige Gesichtspunkte (z. B. Tragfähigkeit, Ökonomie des Fluges usw.) beurteilt werden müssen. Wie weit es dadurch gelungen ist, das umständliche Problem der Stabilität durchsichtig darzustellen, mag der Leser beurteilen.

§1. Geometrische Größen. Für die Längsstabilität kommen nur Verschiebungen und Verdrehungen in der Flugebene in Betracht, und so begnügen wir uns, um Lage und Bewegungszustand des Flugzeuges festzulegen, mit ebenen Koordinatensystemen. Wir legen namentlich drei Achsenkreuze durch den Schwerpunkt des Flugzeuges, die folgendermaßen bestimmt werden sollen (vgl. Fig. 1).

X, Y sei ein raumfestes Koordinatensystem, wobei X die horizontale Flugrichtung bedeutet.

---

[1] Der Vortrag ist des leichteren Verständnisses halber in erweiterter Form abgedruckt. Die Paragraphen 8—11 sind von dem zweiten, die übrigen von dem ersten Verfasser.

Ξ, H sei ein körperfestes System, die Ξ-Achse ist parallel zur Propellerachse.

T, N sei ein Koordinatensystem, das so gerichtet ist, daß T die **Flugbahntangente**, N die nach oben gerichtete **Normale** angibt.

Wir führen nun zwischen den Koordinatenachsen folgende Winkel ein:

φ sei der Winkel zwischen X und Ξ, d. h. zwischen der Propellerachse und der Horizontalen.

ϑ sei der Winkel zwischen X und T, d. h. der Neigungswinkel zwischen der Flugbahntangente und der Horizontalen.

Aus dieser Festsetzung der Winkel folgt unmittelbar, daß der **Anstellwinkel** der Tragflächen, der für die Kräfte maßgebend ist, durch Abweichungen gegen den gleichmäßigen horizontalen Flug um den Winkel $\alpha = \varphi - \vartheta$ geändert wird, falls die Tragflächen nahe zum Schwerpunkt angeordnet sind. Bei Dämpfungsflächen, Steuerflächen und weit vom Schwerpunkt angeordneten Tragflächen muß noch berücksichtigt werden, daß diese infolge der Drehung um den Schwerpunkt eine erhebliche vertikale Geschwindigkeit besitzen können, die für die Kräfte auch als Änderung des Anstellwinkels in Rechnung zu setzen ist. Liegt z. B. eine Fläche in der Entfernung l hinter dem Schwerpunkt, und besitzt das Flugzeug eine Drehgeschwindigkeit um den Schwerpunkt vom Betrage $\omega = \dfrac{d\varphi}{dt}$, so hat die betreffende Fläche eine nach unten gerichtete Geschwindigkeit von der Größe $l\dfrac{d\varphi}{dt}$; diese entspricht offenbar einer Vergrößerung des Anstellwinkels um den

Betrag $\dfrac{l\dfrac{d\varphi}{dt}}{U}$, wobei U die normale Fluggeschwindigkeit bezeichnet. Wir können also die Änderungen des Anstellwinkels ansetzen

für die Tragfläche
$$\alpha = \varphi - \vartheta$$

für die Dämpfungs- oder Steuerfläche
$$\alpha_{\mathrm{d}} = \varphi - \vartheta + \frac{l\dfrac{d\varphi}{dt}}{U}$$

§ 2. Die aerodynamischen Größen. Wir legen den Auftrieb und den Widerstand der Tragflächen fest durch zwei Funktionen:

$$A = \zeta_{A}\,\frac{\gamma}{g}\,F\,U^2$$

$$W = \zeta_{W}\,\frac{\gamma}{g}\,F\,U^2,$$

wobei ζ_{A} und ζ_{W} nur Funktionen des Anstellwinkels sind. Es folgt daraus, daß die Variationen des Auftriebes und Widerstandes durch die Zusatzwerte

$$\delta A = 2\zeta_{A}\,\frac{\gamma}{g}\,F\,U\,u + \zeta'_{A}\,\frac{\gamma}{g}\,F\,U^2\cdot\alpha$$

$$\delta W = 2\zeta_{W}\,\frac{\gamma}{g}\,F\,U\,u + \zeta'_{W}\,\frac{\gamma}{g}\,F\,U^2\cdot\alpha$$

gegeben sind, wobei

$$\zeta_A' = \frac{d\zeta_A}{d\alpha} \text{ und } \zeta_W' = \frac{d\zeta_W}{d\alpha},$$

ferner u die Variation der Fluggeschwindigkeit bedeutet. Beziehen wir alle Kräfte auf das Gewicht des Flugzeuges,

$$G = \zeta_A \, F \, \frac{\gamma}{g} \, U^2$$

so wird

$$\frac{\delta A}{G} = 2 \, \frac{u}{U} + \frac{\zeta_A'}{\zeta_A} \, \alpha$$

$$\frac{\delta W}{G} = 2 \, \frac{u}{U} \, \frac{\zeta_W}{\zeta_A} + \frac{\zeta_u'}{\zeta_A} \, \alpha.$$

Die Verhältniszahlen

$$\frac{\zeta_A'}{\zeta_A} \text{ und } \frac{\zeta_W}{\zeta_A}$$

wollen wir als Auftriebsvermehrung und Widerstandsvermehrung bezeichnen; sie haben offenbar die einfache Bedeutung, daß sie in Bruchteilen des Gesamtauftriebes angeben, um wieviel Auftrieb und Widerstand sich ändern, sobald man den Anstellwinkel um eine Einheit vergrößert. (Der reziproke Wert von $\frac{\zeta_A'}{\zeta_A}$ ist — bei Annahme einer linearen Auftriebsfunktion — identisch mit dem sogenannten wirksamen Anstellwinkel, ausgedrückt im absoluten Bogenmaß.) Die Verhältniszahl $\frac{\zeta_W}{\zeta_A} = \varepsilon$ ist schließlich der reziproke Gütegrad der Tragfläche oder der sogenannte Gleitwinkel, eine Größe, die aus den Experimenten ebenso wie die zwei anderen Verhältniszahlen wohl bestimmt ist.

Für die — als nichttragend angenommene — Steuerfläche (Dämpfungsfläche) vom Betrage f führen wir eine Auftriebsfunktion

$$A_d = \zeta_d \, \frac{\gamma}{g} \, f \, U^2$$

ein. Die Zusatzkraft beträgt alsdann

$$\delta A_d = \zeta_d' \, \frac{\gamma}{g} \, f \, U^2 \, \alpha_d.$$

Es ist dabei zu berücksichtigen, daß der Auftrieb A für den normalen Flug verschwindet, so daß der mit der Geschwindigkeitsänderung u proportionale Anteil klein von der zweiten Ordnung wird. Dividieren wir wieder mit dem Gewicht G, so erhält man

$$\frac{\delta A_d}{G} = \frac{\zeta_d'}{\zeta_A} \, \frac{f}{F} \, \alpha_d$$

Die Verhältniszahl $\delta = \frac{\zeta_d'}{\zeta_A} \, \frac{f}{F}$ nennen wir Dämpfungsfaktor.

Außer den Kräften, die auf die Tragfläche bzw. auf die Dämpfungsfläche wirken, müßten wir genau genommen die Änderung der Kräfte in Betracht ziehen, die auf den Rumpf und Spannungsdrähte usw. ausgeübt werden. Dies ist nun in zweifacher Weise möglich. Einmal kann man diese Kräfte in einen schädlichen

Widerstand zusammenfassen und den als eine nur von der Geschwindigkeit abhängige Größe einführen. Anderseits kann man Modellversuche an vollständigen Flugzeugmodellen im Luftkanal ausführen, so wie dies z. B. Eiffel getan hat; in diesem Falle erhält man die Kräfte, die auf das vollständige Modell wirken, als Funktion des Winkels und der Geschwindigkeit. Wir wollen einen ähnlichen Weg einschlagen, indem wir die Größen ζ_A, ζ_W und ε auf vollständige Flugzeugmodelle beziehen. Alsdann bedeuten $\dfrac{\zeta'_A}{\zeta_A}$, $\dfrac{\zeta'_W}{\zeta_A}$ und ε nicht die Auftrieb- bzw. Widerstandsvermehrung und den Gleitwinkel der Tragfläche, sondern des Flugzeuges; in unsern später folgenden Berechnungen sind sie als solche in Rechnung gesetzt worden. Allerdings müssen wir dann darauf achten, daß die Dämpfungsflächen nicht doppelt gerechnet werden.

§ 3. **Die statische Stabilität.** Das Maß für die statische Stabilität ist das Moment um den Schwerpunkt, das bei einer Verdrehung des Flugzeuges um den Winkel α sich einsetzt und die Drehung rückgängig zu machen sucht. Dieses Moment hängt von zwei Faktoren ab: von der Verschiebung der Resultierenden der Luftkräfte an der Tragfläche und von dem Moment, das von der Steuerfläche aus eingreift. Wir führen das Moment der Tragflächenkräfte um den Schwerpunkt als eine weitere Funktion

$$M_1 = \zeta_R \frac{\gamma}{g} F U^2 \rho$$

ein, wobei

$$\zeta_R = \sqrt{\zeta_A{}^2 + \zeta_W{}^2} = \zeta_A \sqrt{l + \varepsilon^2}$$

den Koeffizienten der Resultierenden bezeichnet und ρ den Hebelarm in bezug auf den Schwerpunkt. Für ein „Flugzeug mit zentralem Schub", d. h. wenn die Propellerachse durch

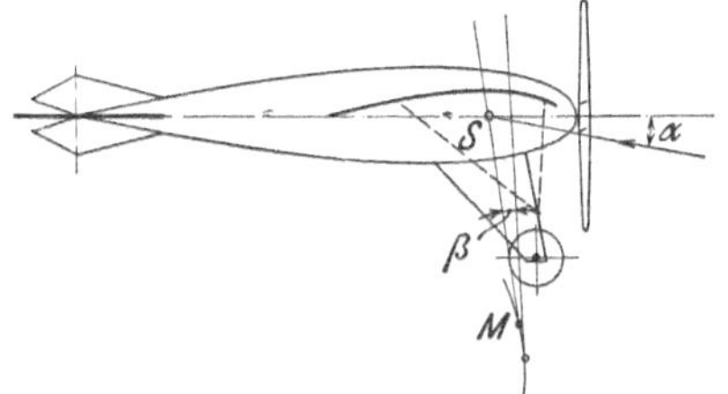

Fig. 2.

den Schwerpunkt geht, muß im Gleichgewichtszustand die Resultierende der Luftkräfte ebenfalls durch den Schwerpunkt gehen, d. h. für $\alpha = 0$ ist $\rho = 0$; alsdann ist das Zusatzmoment bei verdrehter Lage des Flugzeuges

$$\delta M_1 = \zeta_R \frac{\gamma}{g} F U^2 \frac{d\rho}{d\alpha} \alpha.$$

Wir sehen mit der Annäherung $\alpha = \beta$ (Fig. 2)

$$\frac{d\rho}{d\alpha} = \overline{MS} = h$$

die metazentrische Höhe[1]). Damit wird das durch das Gewicht dividierte Moment gleich

$$\frac{\delta M_1}{G} = \frac{\zeta_R}{\zeta_A} \frac{d\rho}{d\alpha} \alpha = \sqrt{1 + \varepsilon^2} \cdot h \cdot \alpha.$$

Der zweite Anteil des Momentes rührt von der Steuerfläche her und beträgt offenbar

---

[1]) Für ein Flugzeug mit „exzentrischem" Schub ist vielleicht der von Herrn Knoller eingeführte Begriff des Stabilitätsarmes praktischer als der der metazentrischen

$$\delta M_2 = - \zeta_d' \, f \frac{\gamma}{g} \, U^2 \, l \cdot \alpha$$

oder dividiert durch das Gewicht

$$\frac{\delta M_2}{G} = - \frac{\zeta_d'}{\zeta_A} \frac{f}{F} l\alpha,$$

für das Gesamtmoment (immer dividiert durch das Gewicht) erhalten wir daher

$$\frac{dM}{G} = \left(h \sqrt{1 + \varepsilon^2} - \frac{\zeta_d'}{\zeta_A} \frac{f\,l}{F} \right)\alpha.$$

Die Bedingung der statischen Stabilität lautet mithin

$$\frac{l}{h} \geq \frac{\zeta_A}{\zeta_A'} \frac{F}{f} \sqrt{1 + \varepsilon^2}.$$

Die Rechnung ist für exzentrischen Schub oder doppelttragende Systeme (tragende Steuerflächen) einfach zu erweitern. Doch wollen wir uns dabei nicht länger aufhalten. Die Länge

$$h_r = l \frac{\zeta_d'}{\zeta_A} \frac{f}{F} - h \sqrt{1 + \varepsilon^2}$$

wollen wir als resultierende metazentrische Höhe bezeichnen. Das Zusatzmoment bei einer Verdrehung um α beträgt alsdann $\delta M = - h_r \, \alpha$.

§ 4. Die Bewegungsgleichungen. Die Zusatzkräfte bestehen aus drei Anteilen: Luftkräfte, Gewicht, Propellerschub. Wir wollen, wie es teilweise bereits angedeutet wurde, folgende Vereinfachungen einführen:

    a) einfachtragendes System,
    b) konstanter Propellerschub,
    c) zentrische Anordnung der Propellerachse.

Alsdann haben wir als Zusatzkräfte folgende Beträge in Rechnung zu setzen

	Luftkräfte	Gewicht	Propellerschub
Tangentialkraft	$- \delta W$	$- G\,\vartheta$	—
Normalkraft	$\delta A + \delta A_d$	—	$S\,(\varphi - \vartheta)$
Drehmoment	$\delta M_1 + l\,\delta A_d$	—	—

Höhe. Die beiden Begriffe hängen wie folgt zusammen. Die Vermehrung des Momentes ist ganz allgemein

$$\delta M_1 = \frac{\gamma}{g} \, F \, U^2 \left(\frac{d\,\zeta_R}{d\alpha} \rho + \zeta_R \frac{d\rho}{d\alpha} \right) \alpha \, .$$

Knoller setzt den Klammerausdruck

$$\zeta_R' \, \rho + \zeta_R \frac{d\rho}{d\alpha} = \zeta_R' \, r,$$

wobei er r als „Stabilitätsarm" bezeichnet. Es ist also der Stabilitätsarm gleich

$$r = \rho + \frac{\zeta_R}{\zeta_R'} \, h$$

und im Spezialfall des zentrischen Schubes ($\rho = 0$)

$$r = \frac{\zeta_R}{\zeta_R'} \, h \quad \text{oder annähernd} \quad r = \frac{\zeta_A}{\zeta_A'} \, h.$$

Dabei bedeutet S den Propellerschub, welcher gleich dem Widerstand im Gleichgewichtszustand ist.

Nun haben wir zu setzen (Massenkräfte = Zusatzkräfte):

Tangentialkraft = Masse × Tangentialbeschleunigung,
Normalkraft = Masse × Zentrifugalbeschleunigung,
Drehmoment = Trägheitsmoment × Winkelbeschleunigung.

Wir haben daher mit Berücksichtigung des Umstandes, daß der Anstellwinkel der Dämpfungsfläche $\alpha = \alpha_d + \dfrac{l\frac{d\varphi}{dt}}{U}$ ist

$$\frac{G}{g}\;\frac{du}{dt} = -\frac{\partial W}{\partial U}\,u - \frac{\partial W}{\partial \alpha}\,\alpha - G\,\vartheta$$

$$\frac{G}{g}\,U\,\frac{d\vartheta}{dt} = \frac{\delta A}{\delta u}\,u + \frac{\partial(A+A_d)}{\partial \alpha}\,\alpha + \frac{\partial A_d}{\partial \alpha}\,\frac{l\frac{d\varphi}{dt}}{U} + W\,(\varphi - \vartheta)$$

$$\frac{G}{g}\,\varkappa^2\,\frac{d^2\varphi}{dt^2} = \frac{\partial M}{\partial \alpha}\,\alpha \qquad -\frac{\partial A_d}{\partial \alpha}\,\frac{l^2\frac{d\varphi}{dt}}{U}$$

($\varkappa$ Trägheitsradius). Dividiert man sämtliche Gleichungen durch das Gewicht und führt man als drei Variable $\dfrac{u}{U}$, α und φ ein, so hat man

$$\frac{U}{g}\,\frac{d}{dt}\left(\frac{u}{U}\right) = -2\,\varepsilon\,\frac{u}{U} - \left(\frac{\zeta'_w}{\zeta_A} - l\right)\alpha - \varphi$$

$$\frac{U}{g}\,\frac{d}{dt}\,(\varphi - \alpha) = 2\,\frac{u}{U} + \left(\frac{\zeta'_A}{\zeta_A} + \varepsilon\right)\alpha + \delta\,\frac{l\frac{d\varphi}{dt}}{U} \qquad\qquad 1)$$

$$\frac{\varkappa^2}{g}\,\frac{d^2\varphi}{dt^2} = -h_r\,\alpha - \delta\,\frac{l^2\frac{d\varphi}{dt}}{U}$$

Setzen wir nach der Methode der kleinen Schwingungen die drei Größen $\dfrac{u}{U}$, α, φ proportional $e^{i\sigma t}$, wobei $\sigma = -\lambda + i\,\nu$ bedeutet (λ Dämpfung, ν Schwingungsfrequenz), so erhalten wir folgende Frequenzdeterminante für σ

$$\begin{vmatrix} 2\varepsilon + \dfrac{U}{g}\sigma & -l + \dfrac{\zeta'_w}{\zeta_A} & 1 \\[2ex] 2 & \left(\dfrac{\zeta'_A}{\zeta_A} + \varepsilon\right) + \dfrac{U}{g}\sigma & \left(-\dfrac{U}{g} + \delta\dfrac{l}{U}\right)\sigma \\[2ex] 0 & h_r & \left(\dfrac{\delta l^2}{U} + \dfrac{\varkappa^2}{g}\sigma^2\right) \end{vmatrix} = 0 \qquad\qquad 2)$$

Wir wollen nun einige Vernachlässigungen einführen, die prinzipiell zwar unwesentlich sind, jedoch die Rechnung vereinfachen. So können wir neben $\dfrac{\zeta'_A}{\zeta_A}$

das Glied ε streichen, ferner neben $\dfrac{U}{g}$ das Glied $\dfrac{l}{U}\,\delta$. Was die erste Vernachlässigung anbelangt, so ist $\dfrac{\zeta'_A}{\zeta_A}$ die Auftriebsvermehrung des vollständigen Flugzeugmodells bei Vermehrung des Anstellwinkels um Eins. Wir können diese Größe auch als reziproken Wert des „wirksamen" Anstellwinkels bezeichnen, wenn der Auftrieb linear angenommen wird. Ist $A = c\,(\alpha_0 + \alpha)$, so ist offenbar

$$\frac{1}{A}\frac{dA}{d\alpha} = \frac{1}{\alpha_0 + \alpha}.$$

Diese Größe ist sicher mehrfach größer als der Gleitwinkel ε. Vergleichen wir die beiden anderen Größen, so wäre z. B. für $U = 25\,\mathrm{m}$, $l = 5\,\mathrm{m}$, $\delta = 1$ das Verhältnis

$$\frac{\dfrac{l}{U}\delta}{\dfrac{U}{g}} = \delta\,\frac{l\,g}{U^2} = \frac{5}{62{,}5} = {}^1/_{12} - {}^1/_{13}$$

so daß wir ohne erhebliche Beeinträchtigung der Resultate die Vernachlässigung uns erlauben können. Rechnen wir dann die Determinante aus, so erhalten wir folgende Gleichung vierten Grades:

$$\left\{\frac{U^2}{g^2}\sigma^2 + \frac{\zeta'_A}{\zeta_A}\sigma + 2\left(1 - \frac{\zeta'_w - \varepsilon\zeta_A}{\zeta_A'}\right)\right\}\left\{\frac{U}{g}\sigma + \frac{\delta l^2}{\varkappa^2}\right\}\frac{U}{g}\sigma +$$

$$\frac{h_r\dfrac{U^2}{g}}{\varkappa^2}\left\{\frac{U^2}{g^2}\sigma^2 + 2\,\frac{U}{g}\sigma\varepsilon + 2\right\} = 0.$$

Eine weitere Vereinfachung der Gleichung können wir erreichen, wenn wir berücksichtigen, daß die Flugzeuge beim normalen Flug so eingestellt werden, daß der Gleitwinkel des gesamten Flugzeuges seinen kleinsten oder wenigstens nahezu kleinsten Wert erreicht. Die Bedingung $\varepsilon = \mathrm{Min.}$ liefert

$$\frac{d\left(\dfrac{\zeta_w}{\zeta_A}\right)}{d\alpha} = \frac{\zeta_A\zeta'_w - \zeta_w\zeta'_A}{\zeta_A^2} = \frac{\zeta'_w - \varepsilon\zeta'_A}{\zeta_A} = 0.$$

Ist diese Bedingung auch nicht streng erfüllt, so ist es doch anzunehmen, daß die Größe $\dfrac{\zeta'_w - \varepsilon\zeta'_A}{\zeta_A}$ klein gegen 1 ist. Mit dieser letzten Vernachlässigung können wir unsere Gleichung in folgender Weise schreiben:

$$\left\{\frac{U^2}{g^2}\sigma^2 + \frac{\zeta'_A}{\zeta_A}\sigma\,\frac{U}{g} + 2\right\}\left\{\frac{U}{g}\sigma + \frac{\delta l^2}{\varkappa^2}\right\}\frac{U g}{\sigma} + \frac{h_r\dfrac{U^2}{g}}{\varkappa^2}\left(\frac{U^2}{g^2}\sigma^2 + 2\,\frac{U}{g}\sigma\varepsilon + 2\right) = 0.$$

Man sieht, daß es sich empfiehlt, $\dfrac{U}{g}\sigma\dfrac{1}{\sqrt{2}} = z$ als Unbekannte einzuführen, und wir erhalten schließlich mit den Bezeichnungen

$$p = \frac{1}{\sqrt{2}} \frac{\delta l^2}{\varkappa^2} = \frac{\zeta'_d}{\zeta_A} \frac{f}{F} \frac{l^2}{\varkappa^2} \frac{1}{\sqrt{2}}, \qquad a = \frac{\zeta'_A}{\zeta_A} \sqrt{2}$$

$$q = \frac{h_r \dfrac{U^2}{2\,g}}{\varkappa^2} = \frac{h_r\,H}{\varkappa^2}, \qquad b = \varepsilon \sqrt{2} \tag{3}$$

die Gleichung

$$(z^2 + a\,z + 1)(p + z)\,z + q\,(z^2 + b + 1) = 0. \tag{4}$$

Die vier Größen charakterisieren vollkommen das Verhalten des Flugzeuges.

§ 5. Der Grenzfall des statisch neutralen Flugzeuges. Ein Flugzeug ist statisch neutral, wenn die resultierende metazentrische Höhe h_r gleich 0 ist. In diesem Falle zerfällt die Gleichung 4 in zwei Gleichungen zweiten Grades, die einfach zu lösen sind. Wir erhalten die vier Wurzeln

$$z_1 = -\frac{a}{2} + \sqrt{\frac{a^2}{4} - 1}, \quad z_2 = -\frac{a}{2} - \sqrt{\frac{a^2}{4} - 1}$$

$$z_3 = -p, \qquad\qquad z_4 = 0.$$

Sämtliche Wurzeln bis auf die Nullwurzel bedeuten aperiodisch gedämpfte Bewegungen, die sich physikalisch sehr einfach deuten lassen:

a) Nimmt man an, daß das Flugzeug nur zu sich parallel schwingen könnte (d. h. ersetzt man den dritten Freiheitsgrad durch die Zwangsbedingung $\varphi = 0$), so lauten die Bewegungsgleichungen nach 1

$$\frac{U}{g} \frac{d}{dt}\left(\frac{u}{U}\right) = -2\,\varepsilon\,\frac{u}{U} - \left(\frac{\zeta'_w}{\zeta_A} - 1\right)\vartheta$$

$$-\frac{U}{g} \frac{d}{dt}\,\vartheta = 2\,\frac{u}{U} + \frac{\zeta'_A}{\zeta_A}\,\vartheta$$

Eliminiert man u, so erhalten wir mit den eingeführten Vernachlässigungen die Differentialgleichung

$$\frac{M^2}{g^2} \frac{d^2\vartheta}{dt^2} + \frac{\zeta'_A}{\zeta_A} \frac{U}{g} \frac{d\vartheta}{dt} + 2\,\vartheta = 0 \tag{5}$$

und die Lösung lautet $\vartheta_0\,e^{-\lambda t}$ wobei

$$\lambda = -\frac{\zeta'_A}{2\,\zeta_A} \frac{g}{U} \pm \sqrt{\left(\frac{\zeta'_A\,g}{2\,\zeta_A\,U}\right)^2 - \frac{2\,g^2}{U^2}}$$

beträgt. Die beiden ersten Wurzeln liefern also die Dämpfung eines mit sich parallel schwingenden Flugzeuges. Diese ist allein bedingt durch die Auftriebsvermehrung a.

b) Nimmt man die Freiheitsgrade der Schwerpunktsbewegung weg und läßt nur die Drehung um den Schwerpunkt frei, so hat man eine einzige Bewegungsgleichung,

$$\frac{\varkappa^2}{g} \frac{d^2\varphi}{dt^2} = -\frac{\zeta'_d}{\zeta_A} \frac{f}{F} \frac{l^2}{U} \frac{d\varphi}{dt} \tag{6}$$

Die Dämpfung dieser ebenfalls aperiodisch gedämpften Bewegung beträgt $\lambda = -p\,\dfrac{g\,t}{U\sqrt{2}}$, in Übereinstimmung mit der Wurzel z_3. Sie ist bestimmt durch p, d. h. durch die dämpfende Wirkung der Flossen.

Wir bezeichnen den Faktor p als Dämpfungsmoment. Es ist ein Maß für die Dämpfungswirkung der Flossen und stellt das Verhältnis der beiden „Flächenträgheitsmomente" $f\,l^2$ und $F\,\varkappa^2$ dar, multipliziert mit dem Verhältnis der beiden Auftriebsfaktoren ζ'_d und ζ_A. Die Größe p ist eine reine Verhältniszahl und wohl eine der wichtigsten konstruktiven Größen des Flugzeuges in bezug auf Stabilität.

§ 6. Der Grenzfall des statisch stark stabilen Flugzeuges. Ist die resultierende metazentrische Höhe h sehr groß, so ist das Flugzeug statisch stark stabil. Für diesen Fall erhalten wir die Wurzeln durch folgende Überlegung:

Es sind zwei Fälle möglich:

a) Sind die Wurzeln der Gleichung vierten Grades klein gegen $\sqrt{q}$, so ist alles, was mit dem großen Parameter q multipliziert ist, überwiegend gegen die anderen Glieder, d. h. wir haben als angenäherte Gleichung

$$z^2 + b\,z + 1 = 0. \qquad 7)$$

b) Der zweite Fall ist der, daß z von derselben Größenordnung ist wie $\sqrt{q}$; dann sind aber nur die höchsten Potenzen von z maßgebend; z^3 ist neben z^4 und z neben z^2 zu vernachlässigen. Wir erhalten also als erste Näherung

$$z^4 + q\,z^2 = 0$$

oder

$$z = \pm\,i\,q. \qquad 8)$$

Man sieht, der Fall a liefert zwei Wurzeln, der Fall b ebenfalls zwei Wurzeln der Schwingungsgleichung. Will man diese physikalisch deuten, so ist dies ebenfalls außerordentlich einfach.

Die beiden ersten Wurzeln entsprechen der sogenannten „Phygoidbewegung", wie sie zuerst in seinem anregenden Buche von Lanchester behandelt worden ist. In der Tat braucht man nur die von Lanchester getroffene Annahme eines konstanten Anstellwinkels gegen die Flugbahntangente in die Bewegungsgleichungen einzuführen, so kommt man zu einer einfachen Schwingungsgleichung zweiter Ordnung, die unmittelbar die Gleichung 7) als Frequenzgleichung liefert. Die zwei weiteren Wurzeln sind noch einfacher zu deuten. Man denke sich das Flugzeug im Windkanal um den Schwerpunkt drehbar befestigt. Erleidet nun das Flugzeug eine Verdrehung φ, so ist das rückdrehende Moment — wie es weiter oben ausgeführt wurde — $G\,h_r\,\varphi$, das Trägheitsmoment $\dfrac{G}{g}\,\varkappa^2$. Die Schwingungsgleichung des Pendels wäre daher — mit Vernachlässigung der Dämpfungswirkung der Flossen —

$$\frac{G}{g}\,\varkappa^2\,\frac{d^2\varphi}{dt^2} + G\,h_r\,\varphi = 0$$

und die Schwingungsfrequenz

$$\nu = \sqrt{\frac{h_r\,g}{\varkappa^2}}\,.$$

Man kann also sagen, $\dfrac{\varkappa^2}{h_r} = L$ ist eine Art Pendellänge, die wir als „Länge des äquivalenten Pendels" bezeichnen wollen. Der Faktor $q = \dfrac{H}{L}$ liefert alsdann das Verhältnis zwischen äquivalenter Pendellänge und der Geschwindigkeitshöhe, die der Fallgeschwindigkeit entspricht. Man kann das statisch stark stabile Flugzeug folgendermaßen charakterisieren: es hat zwei Bewegungstypen: eine Schwerpunktsschwingung (Phygoidbewegung) und eine Pendelschwingung, deren Schwingungszeiten durch die Formeln

$$T_1 = 2\pi \sqrt{\dfrac{H}{g}}$$

$$T_2 = 2\pi \sqrt{\dfrac{L}{g}}$$

ausgedrückt werden können, d. h. die Schwerpunktsschwingung hat eine Schwingungszeit entsprechend einem mathematischen Pendel von der Länge der Geschwindigkeitshöhe, die Drehschwingung eine Schwingungszeit entsprechend der äquivalenten Pendellänge.

Die Verhältniszahl q gibt unmittelbar das Verhältnis der Quadrate beider Schwingungszeiten an. Wir nennen q das Stabilisierungsmoment.

§ 7. **Die Trennung der Stabilitätsparameter p und q.** Die angeführten Grenzfälle zeigten uns die anschauliche Bedeutung der beiden Parameter p und q. Soll bei der Dimensionierung die Rücksicht auf Längsstabilität eine Rolle spielen, so müssen die Werte p und q so bestimmt werden, daß das Flugzeug die gewünschte Schwingungszeit und hauptsächlich die gewünschte Schwingungsdämpfung besitzt. Um diesen Zweck zu erreichen, scheint es das einfachste zu sein, die andern Größen, die in der Frequenzgleichung noch vorkommen, durch Mittelwerte zu ersetzen und so einmal den Einfluß der beiden Parameter p und q zu diskutieren. In unserer vereinfachten Gleichung sind außer p und q nur zwei Größen stehen geblieben: die Auftriebsvermehrung $\dfrac{\zeta'_A}{\zeta_A}$ und der Gleitwinkel $\varepsilon = \dfrac{\zeta_W}{\zeta_A}$. Wir haben nun auf Grund des von Eiffel veröffentlichten Materials für einige der von ihm untersuchten Flugzeugmodelle die Werte dieser beiden Größen für die günstigste Einstellung ermittelt. Dies führt zu der folgenden Tabelle:

Flugzeug	Günstigster Anstellwinkel	$\varepsilon = \dfrac{\zeta_W}{\zeta_A}$	$\dfrac{\zeta'_A}{\zeta_A}$
Balsan	8^0	0,21	5,45
Paulhan-Tatin	9^0	0,18	6,05
M. Farman	8^0	0,24	5,2
Esnault-Pelterie	6^0	0,205	5,75
Nieuport	6^0	0,20	5,5

Den folgenden Berechnungen sind die Mittelwerte

$$a = \frac{1}{\sqrt{2}}\frac{\zeta'_A}{\zeta_A} = 4\left(\frac{\zeta'_A}{\zeta_A} = 5{,}66\right),\ b = \varepsilon\sqrt{2} = 0{,}283 \ (\text{entsprechend } \varepsilon = 0{,}20)$$

zugrunde gelegt. Die Resultate werden durch geringfügige Veränderungen in diesen Größen sicher nur praktisch geringfügige Verschiebungen erfahren, doch kann unser Verfahren unschwer — wenn es von erheblich abweichenden Flugzeugtypen handeln würde, unschwer mit anderen Konstanten durchgeführt werden (vgl. § 11).

Um nun in dem allgemeinen Falle bei beliebigen Werten der beiden maßgebenden Parameter p und q das Verhalten des Flugzeuges beurteilen zu können, müssen wir die Wurzeln der Stabilitätsgleichung:

$$\text{I.} \qquad (z^2 + a\,z + 1)\,(p\,z + z^2) + q\,(z^2 + b\,z + 1) = 0$$

diskutieren, wobei a, b, p und q die oben angegebenen Bedeutungen haben. Ist $z = \lambda + i\,\nu$ eine Wurzel der Gleichung I, so bestimmt sie eine mögliche Schwingung des Flugzeuges von der Form:

$$A\,e^{\lambda\tau} \sin(\nu\,\tau - \alpha),$$

wobei $\tau = \dfrac{g\,t}{U}\sqrt{2}$ bedeutet, d. h. als Zeiteinheit gewissermaßen die Schwingungszeit des Pendels von der Länge $H = \dfrac{U^2}{2g}$ gewählt wurde.

Der reelle Teil λ entscheidet dann über die Stabilität; ist λ positiv, so wächst die Amplitude der Schwingung mit der Zeit an, das Flugzeug ist also instabil; ist λ aber negativ, so nimmt die Amplitude mit der Zeit ab, das Flugzeug ist stabil, Stabilitätsbedingung ist also, daß überhaupt keine Schwingung mit wachsender Amplitude möglich ist, daß also alle vier Wurzeln der Gleichung I einen negativen reellen Teil haben. Der absolute Betrag von λ gibt uns bei einer gedämpften Bewegung an, wie rasch eine solche Schwingung abklingt; wir wählen deshalb λ als Maß für die Dämpfung und werden auch einfach λ als „die Dämpfung" bezeichnen.

Nun wäre es offenbar möglich, die Wurzeln der Gleichung I etwa nach algebraischen Methoden auszurechnen und die Stabilitätsdiskussion nach jenen Methoden durchzuführen; ein solches Verfahren kann jedoch kaum übersichtlich durchgeführt werden. Unser Verfahren besteht demgegenüber darin, daß wir nicht für gegebene Werte von p und q die Wurzeln der Stabilitätsgleichung berechnen, sondern uns vielmehr die Werte von z vorgeben und danach die Werte von q und p bestimmen, die die Gleichung I befriedigen. Tun wir dies für eine hinreichende Menge von z-Werten und markieren uns in einer p, q-Ebene zu jedem Werte von z den zugehörigen Punkt p, q, so erhalten wir ein Diagramm, aus dem wir dann auch umgekehrt für gegebene p und q die Wurzelwerte z entnehmen können.

Dieses wollen wir jetzt für unseren Fall durchführen.

§ 8. **Die reellen Wurzeln der Stabilitätsgleichung.** Zur Abkürzung wollen wir die Gleichung I folgendermaßen schreiben:

$$p\,f(z) + q\,g(z) + h(z) = 0$$

indem wir:

$$f(z) = z\,(z^2 + a\,z + 1)$$
$$g(z) = z^2 + b\,z + 1$$
$$h(z) = z^2\,(z^2 + a\,z + 1) = z \cdot f(z)$$

setzen.

Wir betrachten zunächst die reellen Wurzeln; ist λ eine solche, so stellt Gleichung I eine lineare Beziehung zwischen p und q dar, d. h. alle die Wertepaare p, q, für die die Gleichung I eine bestimmte Wurzel λ hat, liegen in der p, q-Ebene auf einer geraden Linie. Diese Geraden sind also Linien gleicher Dämpfung. — Wir denken uns nun für alle reellen Wurzeln $\lambda = - \infty$ bis $\lambda = + \infty$ diese Geraden gezeichnet. Diese tangieren alle eine Hüllkurve C, die wir in bekannter Weise durch Elimination von λ aus den Gleichungen

$$p\,f\,(z) + q\,g\,(z) + h\,(z) = 0$$
$$p\,f'\,(z) + q\,g'\,(z) + h'\,(z) = 0$$

finden.

Die Hüllkurve C gibt uns nun die Mittel zur Untersuchung der Realität der Wurzeln unserer Gleichung. Da C die Einhüllende für alle die Geraden ist, die einer reellen Wurzel entsprechen, so muß auch jede solche Gerade eine Tangente der Hüllkurve sein, und jede Tangente an die Hüllkurve muß einer reellen Wurzel der Gleichung entsprechen. Konstruieren wir uns also die Hüllkurve für unsere Stabilitätsgleichung, so gibt es für ein Wertepaar p, q so viele reelle Wurzeln als die Zahl der reellen Tangenten, die wir von dem Punkte p, q aus an die Hüllkurve ziehen können. Gebiete, von denen man vier reelle Tangenten an die Hüllkurve ziehen kann, umfassen dann solche Werte des Dämpfungs- und des Stabilisierungsmomentes, für die vier aperiodische, gedämpfte oder ungedämpfte Bewegungen des Flugzeuges möglich sind, Gebiete mit zwei reellen Tangenten solche, für die zwei aperiodische und zwei periodische, und

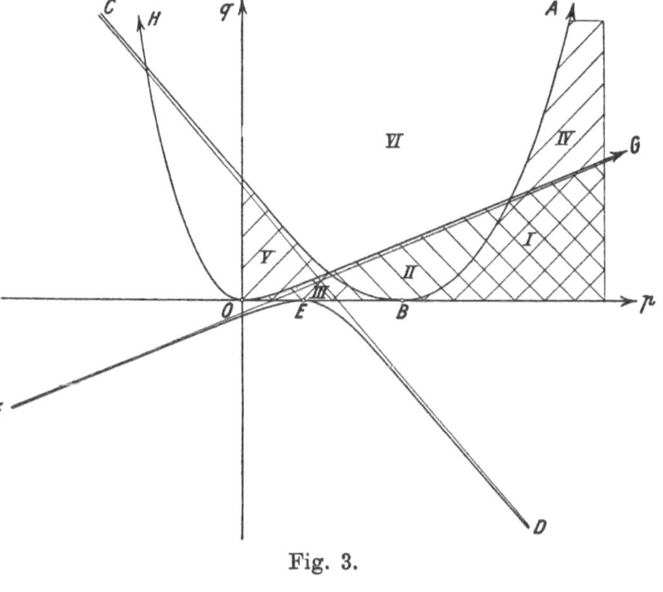

Fig. 3.

schließlich Gebiete ohne reelle Tangenten solche Werte, für die vier periodische Bewegungen möglich sind. Die Hüllkurve selbst begrenzt offenbar die verschiedenen Gebiete; überschreitet man sie, so gehen ein Paar Wurzeln aus dem Reellen ins Komplexe über, oder umgekehrt; sie besteht aus den Werten p, q, für die die Gleichung I reelle Doppelwurzeln hat.

Unsere erste Aufgabe besteht also darin, die Hüllkurve für die Geraden gleicher Dämpfung zu konstruieren. Wir erhalten sie, indem wir für eine genügende Zahl von Werten λ die Geraden gleicher Dämpfung: $\lambda = \text{const}$ zeichnen, so daß die einhüllende Kurve genau genug bestimmt ist. In der Figur 3 sind die Geraden selbst nicht mit eingezeichnet, um die Übersichtlichkeit der Figur nicht zu beeinträchtigen.

Außerdem ist Fig. 3 gegen die wirklichen Verhältnisse etwas verzeichnet, damit die charakteristischen Eigenschaften der Hüllkurve etwas deutlicher hervortreten. Den genauen Zeichnungen sind die Werte $a = 4$, $b = 0,2 \cdot \sqrt{2} = 0,283$ zugrunde gelegt.

Für die Geraden $\lambda = \text{const}$ erhalten wir in der p, q-Ebene den Schnittpunkt mit der p-Achse, indem wir $q = 0$ setzen: $p_0 = -\lambda$; für die Neigung erhalten wir

$$\operatorname{tg} \alpha = -\lambda \frac{\lambda^2 + a\lambda + 1}{\lambda^2 + b\lambda + 1} \,.$$

Wir erkennen, daß für $a = 4$, $b = 0,283$ der Nenner dieses Ausdrucks nicht verschwindet, der Zähler dagegen drei Nullstellen hat,

$$\lambda_0 = 0; \; \lambda_1 = -2 + \sqrt{3} = -0,268; \; \lambda_2 = -2 - \sqrt{3} = -3,732.$$

Für diese Werte wird also die Neigung Null; zwischen den Nullstellen $\lambda_2 = -3,732$ und $\lambda_1 = -0,268$ liegt bei $\lambda = -1,567$ ein minimaler Wert der Neigung, zwischen den Nullstellen $\lambda_1 = -0,268$ und $\lambda_0 = 0$ bei $\lambda = -0,129$ ein maximaler Wert der Neigung. Zeichnen wir jetzt die Geraden, indem wir bei großen negativen Werten von λ beginnen, so erhalten wir folgenden Verlauf der Hüllkurve. A sei der Punkt im Unendlichfernen für $\lambda = -\infty$ ($p = +\infty$, $q = +\infty$; siehe Figur 3).

Bei $\lambda = -3,732$ wird die Gerade horizontal und fällt mit der p-Achse zusammen. Diesen Punkt wollen wir mit B bezeichnen. Hier berührt die Hüllkurve die p-Achse, zwischen A und B hat sie den Charakter einer Parabel. Lassen wir λ weiter von $-3,732$ aus zunehmen, so nähert sich die Hüllkurve einer Asymptoten, die durch die Gerade minimaler Neigung $\lambda = -1,567$ gebildet wird, in der Figur durch C bezeichnet. Wächst jetzt λ von $-1,567$ bis $-0,268$, so kehrt die Hüllkurve auf der anderen Seite der Asymptoten aus dem Unendlichen zurück (D in Figur 3) und berührt bei $\lambda = -0,268$ die p-Achse zum zweiten Male (E). Der Wert $\lambda = -0,129$, für den die Neigung der Geraden gleicher Dämpfung wieder einen stationären Wert (Maximum) hat, liefert wieder eine Asymptote der Hüllkurve, die ziemlich dicht an der p-Achse verläuft. Die Hüllkurve kehrt wieder nach Art einer Hyperbel (F und G in der Figur) aus dem Unendlichen zurück, berührt für $\lambda = 0$ die p-Achse im Koordinatenanfangspunkt und geht dann für die wachsenden positiven Werte von λ parabolisch ins Unendliche (O, H in der Figur).

Die so gewonnene Hüllkurve bestimmt vollständig sämtliche reelle Wurzeln der Stabilitätsgleichung. Wir brauchen nur von dem gegebenen Punkte p, q aus alle möglichen Tangenten zur Hüllkurve zu ziehen: die Schnittpunkte dieser Tangenten mit der p-Achse liefern unmittelbar die entsprechenden Dämpfungswerte, wie dies z. B. in Figur 4 ersichtlich ist.

§ 9. Abgrenzung der Gebiete reeller und komplexer Wurzeln. Von den Gebieten, in die die p, q-Ebene durch die verschiedenen Äste der Hüllkurve und die Koordinatenachsen geteilt wird, können wir uns nun für die Stabilitätsdiskussion von vornherein auf den ersten Quadranten beschränken. Zunächst ist nämlich das Dämpfungsmoment p seiner mechanischen Bedeutung nach eine positive Größe, so daß die linke Halbebene schon an und für sich in Fortfall kommt. Ferner können wir sofort erkennen, daß der vierte Quadrant ($p > 0$, $q < 0$) sicher zum Gebiete der Instabilität gehört; denn man kann von jedem Punkte des vierten Quadranten reelle Tangenten an den Ast O-H der Hüllkurve ziehen, und wir haben oben gesehen, daß die Tangenten an diesen Ast die positiven reellen Wurzeln der Stabilitätsgleichung repräsentieren, d. h. für $q < 0$ gibt es stets aperiodische instabile Bewegungen des Flugzeugs, d. h.: jedes statisch labile Flugzeug ist auch dynamisch labil.

Wir beschränken uns also auf den ersten Quadranten und bemerken zunächst, daß es hier keine aperiodischen wachsenden Bewegungen mehr geben kann, da wir von hier aus keine reellen Tangenten an den Ast O-H der Hüllkurve ziehen können, der diesen Lösungen entspricht. Labilität können also nur die periodischen Bewegungen liefern.

Wir betrachten jetzt die Gebiete, in die der erste Quadrant durch die beiden Äste A-B-C und O-G geteilt wird, und die in der Figur 3 durch I, II, III, IV, V und VI bezeichnet sind. Nehmen wir zunächst die Gebiete I, II und III, die unterhalb des Astes O-G liegen, so er-

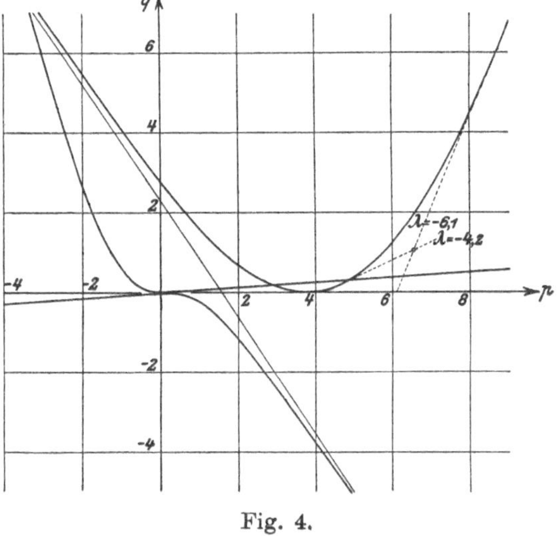

Fig. 4.

kennen wir, daß man von jedem Punkte dieser drei Gebiete zwei reelle Tangenten an die Hüllkurve ziehen kann, die die p-Achse zwischen $p = 0$ und $p = 0{,}268$ schneiden; die eine dieser Tangenten berührt den Ast O-G in der Nähe des Nullpunktes, die andere den Ast E-F, wenn man sich unterhalb, den Ast O-G, wenn man sich oberhalb der Asymptote F-G befindet. Diese Wurzeln mit kleinem λ entsprechen schwach gedämpften Bewegungen des Flugzeuges; sie werden komplex, wenn wir die Hüllkurve längs O-G überschreiten. Nehmen wir zweitens die Gebiete IV, I, III, V, die unterhalb des Astes A-B-C der Hüllkurve liegen, so erkennen wir, daß man von jedem Punkte dieser vier Gebiete zwei reelle Tangenten ziehen kann, die die p-Achse oberhalb $p = 0{,}268$ schneiden; in den Gebieten IV und I berühren beide Tangenten das Stück B-A der Hüllkurve, in III und V berührt die eine Tangente das Stück B-C in der Nähe von C, die andere das Stück B-C oder das Stück D-E, je nachdem man sich oberhalb oder unterhalb der Asymptoten C-D befindet. Diese Wurzeln werden komplex, wenn man die Hüllkurve längs C-B-A überschreitet. Da für diese Wurzeln der Betrag von λ durchweg größer ist als für die obengenannten, werden wir die entsprechenden Bewegungen im Gegensatz zu jenen als „die stark gedämpften" bezeichnen. Es bleibt jetzt nur noch das Gebiet VI übrig. Von hier aus gibt es gar keine Tangenten an die Hüllkurve, also gar keine reellen Wurzeln, alle Bewegungen des Flugzeuges sind periodisch.

Mit dem Gesagten beherrschen wir die aperiodischen Bewegungen jetzt vollständig. In dem ganzen Quadranten gibt es überhaupt keine ungedämpften

Lösungen, von den gedämpften liegen in I und III zwei stark und zwei schwach gedämpfte, in II zwei schwach gedämpfte und in IV und V zwei stark gedämpfte Lösungen.

§ 10. Stabilität der periodischen Bewegungen. Es bleibt uns jetzt noch übrig, zu untersuchen, wie sich die Dämpfung der periodischen Bewegungen verhält. Da liegt zunächst eine Vermutung nahe, die sich auch bestätigt, daß nämlich die periodischen Bewegungen, die aus den stark gedämpften aperiodischen Bewegungen

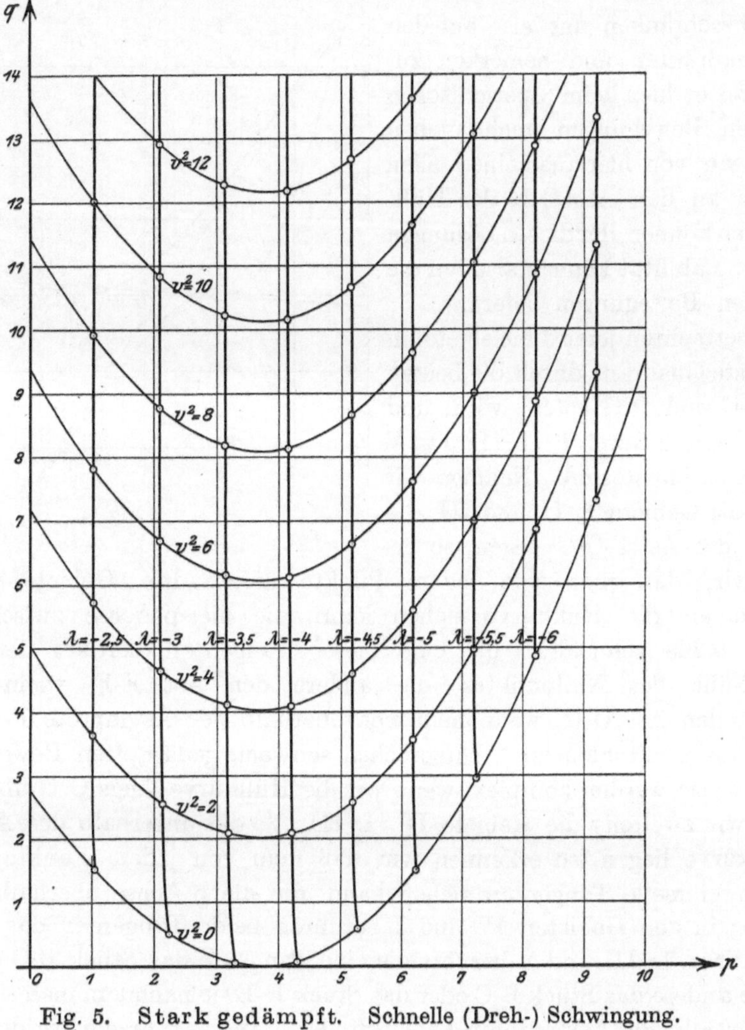

Fig. 5.   Stark gedämpft.   Schnelle (Dreh-) Schwingung.

hervorgehen, wenn wir die Hüllkurve längs C-B-A überschreiten, ebenfalls stark gedämpft sind. Bei den schwach gedämpften wird sich zeigen, daß sie auch instabil werden können, aber jedenfalls können wir die Unterscheidung zwischen stark und schwach gedämpften Schwingungen festhalten, denn für die ersteren bleibt der absolute Betrag von λ oberhalb 2, für die letzteren unterhalb 0,129. Zur Erhöhung der Übersichtlichkeit haben wir deshalb auch in den Zeichnungen die starken von den schwachen Wurzeln vollständig getrennt; Fig. 5 gibt die Dar-

stellung für die stark gedämpften Schwingungen, Fig. 6 für die schwach gedämpften.

Die Darstellung wird hier etwas komplizierter als bei den reellen Wurzeln.
Zunächst müssen wir die Stabilitätsgleichung

$$p\,f(z) + q\,g(z) + h(z) = 0$$

in reellen und imaginären Teil zerlegen.

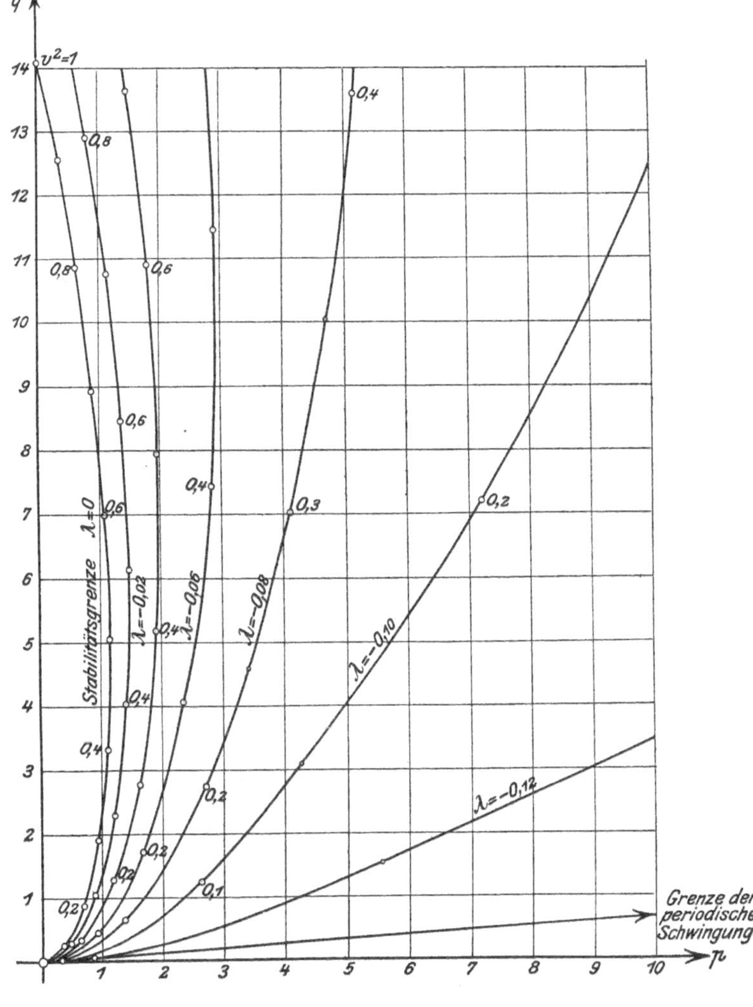

Fig. 6. Schwach gedämpft. Langsame (Verschiebungs-) Schwingung.

Da p und q reelle Größen sind, so sind für komplexes $z = \lambda + i\nu$ lediglich
die drei ganzen Funktionen f, g, und h in reellen und imaginären Teil zu trennen.
Das geschieht am einfachsten nach der Formel von Taylor, z. B.:

$$f(\lambda + i\nu) = f(\lambda) + i\,\nu\,f'(\lambda) - \nu^2\frac{f''(\lambda)}{2!} - i\nu^3\frac{f'''(\lambda)}{3!}$$

$$= f(\lambda) - \nu^2 f''(\lambda) + i\,\nu\left\{ f'(\lambda) - \nu^2\frac{f'''(\lambda)}{3!} \right\}.$$

Die Formel bricht offenbar für eine Funktion n-ten Grades nach dem $n-1$-ten Gliede ab, da die höheren Differentialquotienten alle Null sind.

Auf diese Weise erhalten wir die Zerlegung der Stabilitätsgleichung

$$p\left(f(\lambda) - \nu^2 \frac{f''(\lambda)}{2!}\right) + q\left(g(\lambda) - \nu^2 \frac{g''(\lambda)}{2!}\right) + h(\lambda) - \nu^2 \frac{h''(\lambda)}{2!} + \nu^4 \frac{h^{IV}}{4!} = 0$$

$$p\left(f'(\lambda) - \nu^2 \frac{f'''(\lambda)}{3!}\right) + q\left(g'(\lambda) - \nu^2 \frac{g'''(\lambda)}{3!}\right) + h'(\lambda) - \nu^2 \frac{h'''(\lambda)}{3!} = 0,$$

wo ein beim Imaginärteil heraustretender Faktor ν bereits weggelassen ist.

Im Unterschiede zu den reellen Wurzeln, wo einem gegebenen Werte von λ eine ganze Gerade in der p, q-Ebene entsprach, haben wir hier zwei lineare Gleichungen für p und q, aus denen wir bei gegebenen λ und ν nur ein bestimmtes Wertepaar p, q berechnen. Halten wir λ k o n s t a n t und variieren ν, so erhalten wir eine Kurve in der p, q-Ebene, und zwar eine K u r v e g l e i c h e r D ä m p f u n g. Halten wir dagegen ν k o n s t a n t und variieren λ, so erhalten wir eine K u r v e g l e i c h e r F r e q u e n z ν.

In den Fig. 5 und 6 sind die Kurven gleicher Dämpfung für die stark und für die schwach gedämpften Schwingungen gezeichnet, in 5 auch die Kurven gleicher Frequenz. Wie wir bereits bemerkten, bleiben die stark gedämpften Schwingungen im ganzen Quadranten stabil und stark gedämpft. Die schwach gedämpften dagegen können instabil werden, d. h. λ kann positiv werden; die Grenze des Stabilitätsgebietes erhalten wir in der Kurve $\lambda = 0$ (s. Figur 6). Setzen wir dies in die obenstehenden Gleichungen ein, so erhalten wir die Koordinaten der Stabilitätsgrenze ausgedrückt als Funktion des Parameters ν

$$p = \frac{\nu^2 (\lambda - \nu^2)(a - b)}{(1 - \nu^2 l^2 + a b \nu^2} \qquad q = \nu^2 \frac{a^2 \nu^2 + (1 - \nu^2)^2}{a b \nu^2 + (1 - \nu^2)^2}.$$

§ 11. Näherungsmethode zur direkten Berechnung der Wurzeln. Die Kurven starker Dämpfung zeigen ein sehr einfaches Verhalten. Man sieht an der Figur 5, daß die Dämpfung in guter Näherung nur von p abhängt, und zwar fast genau linear mit p wächst. Ebenso erkennt man, daß die Quadrate der Frequenzen bei festem p sehr nahe linear mit q wachsen.

Dies Verhalten legt den Gedanken nahe, hier Näherungsformeln für die Wurzeln aufzustellen. Dies gelingt nun in der Tat, und zwar dank dem Umstande, daß die stark gedämpften Schwingungen zugleich große Frequenz haben und die schwach gedämpften zugleich schwache Frequenz, d. h. daß zu den großen λ-Werten auch große ν-Werte gehören und zu den kleinen λ-Werten kleine ν-Werte, so daß wir stets zwei Wurzeln von großem absoluten Betrag haben und zwei Wurzeln von kleinem absoluten Betrag.

Wir schreiben die Stabilitätsgleichung:

$$(z^2 + a z + 1)(p z + z^2) + q(z^2 + b z + 1) = 0$$

ausmultipliziert in der Form

$$z^4 + (a + p) z^3 + (ap + q + 1) z^2 + (p + b q) z + q = 0.$$

Bezeichnen wir jetzt die vier Wurzeln durch:

$$\Lambda + \iota N, \qquad \Lambda - \iota N, \qquad \lambda + i \nu, \qquad \lambda - i \nu$$

und setzen ferner zur Abkürzung:

$$\Sigma = (\Lambda + \iota N) + (\Lambda - \iota N) = 2\Lambda$$
$$\Pi = (\Lambda + \iota N)(\Lambda - \iota N) = \Lambda^2 + N^2$$
$$\sigma = (\lambda + \iota \nu) + (\lambda - \iota \nu) = 2\lambda$$
$$\pi = (\lambda + \iota \nu)(\lambda - \iota \nu) = \lambda^2 + \nu^2.$$

Dann ist bekanntlich die Summe aller vier Wurzeln gleich dem Negativen des ersten Koeffzienten, die Summe der Produkte aus je zwei verschiedenen Wurzeln gleich dem zweiten Koeffizienten, die Summe der Produkte aus je drei verschiedenen Wurzeln gleich dem Negativen des dritten Koeffzienten, und schließlich das Produkt aller vier Wurzeln gleich dem absoluten Glied der Gleichung. In Σ, Π und σ, π ausgedrückt lauten diese Beziehungen:

$$\Sigma + \sigma = -(a + p)$$
$$\Pi + \Sigma \sigma + \pi = a p + q + 1$$
$$\Sigma \pi + \Pi \sigma = -(p + b q)$$
$$\Pi \pi = q.$$

Sind nun λ und ν klein gegen Λ und N und damit σ und π klein gegen Σ und Π, so können wir in den beiden ersten Gleichungen die übrigen Glieder gegen die beiden ersten Glieder vernachlässigen und erhalten in erster Näherung:

$$\Sigma = -(a + p) \qquad \Pi = a p + q + 1$$

oder

$$\Lambda = -\frac{a + p}{2}, \qquad N^2 = a p + q + 1 - \left(\frac{a + p}{2}\right)^2 = q + 1 - \left(\frac{a - p}{2}\right)^2;$$

worin die oben gemachten Bemerkungen enthalten sind, daß Λ angenähert nur von p linear abhängt und ebenso N^2 bei festem p von q linear abhängen solle.

Will man nun auch für die Dämpfung und die Frequenz der schwach gedämpften Schwingungen Näherungswerte finden, so geht man mit den eben bestimmten Näherungswerten für Σ und Π in die dritte und vierte der obenstehenden Gleichungen ein und berechnet daraus σ und π.

Diese ersten Näherungswerte kann man nun noch weiter verbessern, indem man mit den Näherungswerten für σ und π wieder in die ersten beiden Gleichungen eingeht und so zweite Näherungen für Σ und Π gewinnt. Mit diesen findet man dann wieder aus den beiden letzten Gleichungen zweite Näherungen für σ und π und so fort. Das Verfahren konvergiert sehr rasch; in den allermeisten Fällen reicht die zweite Näherung vollkommen aus. Ich gebe hier noch ein Beispiel für die Methode, um sie zu erläutern und um die rasche Konvergenz zu zeigen.

Wir wählen $p = 4$, $q = 4$ und rechnen die nacheinander folgenden Näherungen von Σ, Π, σ, π aus, wodurch natürlich auch die Wurzeln selbst gegeben sind.

$$\Sigma_1 = -(a + p) = -8$$
$$\Pi_1 = a p + q + 1 = 21$$
$$\pi_1 = q/\Pi_1 = 0,191$$
$$\sigma_1 = -\frac{(p + b q) - \Sigma_1 \pi_1}{\Pi_1} = -\frac{5,132 + 1,568}{21} = -\frac{3,564}{21} = -0,170$$
$$\Sigma_2 = -(a + p) - \sigma_1 = -8 + 0,170 = -7,83$$
$$\Pi_2 = (a p + q + 1) - \Sigma_2 \sigma_1 - \pi_1 = 21 - 1,33 - 0,191 = 19,58$$

$$\pi_2 = q/\Pi_2 = 0{,}205$$

$$\sigma_2 = -\frac{(p + b\,q) - \Sigma_2\,\pi_2}{\Pi_2} = -\frac{5{,}132 + 1{,}60}{19{,}58} = -0{,}180$$

$$\Sigma_3 = -(a + p) - \sigma_2 = -8 + 0{,}180 = -7{,}82$$

$$\Pi_3 = (a\,p + q + 1) - \Sigma_3\sigma_2 - \pi_2 = 21 - 1{,}41 - 0{,}205 = 19{,}39$$

$$\pi_3 = q/\Pi_3 = 0{,}206$$

$$\sigma_3 = -\frac{(p + b\,q) - \Sigma_3\,\pi_3}{\Pi_3} = -\frac{5{,}132 + 1{,}61}{19{,}58} = -\frac{3{,}52}{19{,}58} = -0{,}181$$

Es ergibt sich also in der letzten Näherung

$$\Lambda = \frac{1}{2}\Sigma = -3{,}91 \qquad \lambda = \frac{1}{2}\sigma = 0{,}091$$

$$N^2 = \Pi - \Lambda^2 = 4{,}09 \qquad \nu^2 = \Pi - \lambda^2 = 0{,}1977$$

Zum Schlusse möchte ich noch bemerken, daß die eben angegebene Methode der sukzessiven Approximation zur Berechnung der Wurzeln auch für die reellen Wurzeln der Stabilitätsgleichung anwendbar bleibt. Man rechnet genau so wie oben, nur erhält man für das Quadrat der Frequenz ν^2 eine negative Größe, ν wird also imaginär, sagen wir gleich $i\,\varkappa$, und die reellen Wurzeln sind

$$\lambda + \varkappa \quad \text{und} \quad \lambda - \varkappa.$$

Eine weitere Anwendung kann diese Methode ferner dann finden, wenn man von den für die Zeichnung angenommenen Werten $a = 4$, $b = 0{,}283$ abweicht; man wird auch für benachbarte Werte von a und b noch mit einiger Näherung die Wurzelwerte benutzen können, die man aus dem Diagramm entnimmt, aber es wird jedenfalls wünschenswert sein, diese Werte zu kontrollieren. Man verfährt dann in der Weise, daß man die dem Diagramm entnommenen Werte als erste Näherung benutzt und dann nach dem oben gegebenen Schema ein oder zwei weitere Näherungen rechnet, die dann schon bis auf wenige Prozent die richtigen Wurzelwerte liefern.

Das Diagramm und die Berechnung der Wurzeln durch die sukzessive Approximation liefern uns also in jedem Falle die Mittel, um mit ganz geringer Mühe für gegebene Werte des Dämpfungs- und Stabilisierungsmomentes Schwingungszeit und Dämpfungsmaß zu berechnen und somit über die Stabilitätsverhältnisse des betreffenden Flugzeuges rechnungsmäßig Aufschluß zu gewinnen.

§ 12. **Praktische Anwendungen.** Die praktischen Resultate der Diskussion der Stabilitätsgleichung, die von den Figuren 5 und 6 unmittelbar abzulesen sind, können wir im folgenden zusammenfassen.

Die Störungsbewegungen eines Flugzeuges zerfallen in zwei Gruppen: in schwach gedämpfte und stark gedämpfte Schwingungsbewegungen. Die schwach gedämpften klingen im allgemeinen periodisch ab, nur ist die Schwingungszeit verhältnismäßig so groß, daß die Schwingungen vor dem Abklingen durch neue Störungen von neuem erregt werden können. Die stark gedämpften Schwingungen fallen bei den meisten Flugzeugen ebenfalls periodisch aus; ihre Schwingungszeit nimmt mit zunehmender statischer Stabilität, ihre Dämpfung mit zunehmender Größe des Dämpfungsmomentes zu. Gefährlich für das Flugzeug können lediglich nur die schwach gedämpften Schwingungen werden, die bei geringer Bemessung der Dämpfungsflosse in wachsende übergehen können, so daß das Flugzeug regelrecht labil wird. Diesem Umstande kann nur durch eine sehr erhebliche Vergrößerung des Stabilisierungsmomentes q entgegengearbeite, werden. Die Grenzkurve zwischen abnehmenden und wachsenden Schwingungent d. h. zwischen Stabilität und Labilität ist in Fig. 6 durch die Linie $\lambda = 0$ gegeben. Sie genügt der Gleichung

$$p = \frac{v^2 (1 - v^2)(a - b)}{(1 - v^2)^2 + a\,b\,v}$$

$$q = v^2 \frac{a^2 v^2 + (1 - v^2)^2}{a\,b\,v^2 + (1 - v^2)^2},$$

wobei v, die zugehörige Frequenz, als Parameter aufzufassen ist. Der Schnittpunkt mit der q-Achse ($p = 0$) liefert dasjenige Stabilisierungsmoment das theoretisch ohne jede Dämpfungsflosse ausreichen würde, das Flugzeug zu stabilisieren. Man erhält mit $p = 0$ $v = 1$ und daraus

$$q = \frac{a}{b}.$$

Als Stabilitätsbedingung bei fehlender Dämpfungsflosse erhalten wir daher

$$q = \frac{H\,h_r}{\varkappa^2} \geqq \frac{\zeta'_A}{\zeta_w}.$$

Es ist interessant, diese Bedingung mit den von Lanchester, Bryan, Ferber einerseits und von Knoller andererseits abgeleiteten Stabilitätsbedingungen zu vergleichen:

a) Die drei erstgenannten Forscher untersuchen zwei ebene Flächen in geschränkter Lage. Die Verschiebung des Angriffspunktes an der Tragfläche wird vernachlässigt, und so ist das rückdrehende Moment gleich

$$\delta M = - \zeta'_d\, f\, \frac{\gamma}{g}\, U^2\, \alpha,$$

d. h. unsere metazentrische Höhe

$$h_r = \frac{\zeta'_d}{\zeta_A} \frac{f}{F}\, l.$$

Es ist noch zu berücksichtigen, daß wegen der gleichen Auftriebskonstanten der beiden ebenen Flächen

$$\frac{\zeta'_A}{\zeta'_d} = \frac{F + f}{F},$$

ferner

$$\frac{\zeta_w}{\zeta_A} = tg\,\alpha$$

gesetzt werden kann. Somit wird die Stabilitätsbedingung

$$H \geqq \frac{\varkappa^2}{l\,tg\,\alpha} \frac{F + f}{F},$$

was mit den Formeln der genannten Autoren vollständig übereinstimmt.

b) **Knoller** charakterisiert das rückdrehende Moment nicht durch eine metazentrische Höhe, sondern durch den sogenannten Stabilitätsarm r, der so bestimmt wird, daß die Auftriebszunahme $\times$ Stabilitätsarm des rückdrehende Moment ergibt vgl. Fußnote im § 3. Der Stabilitätsarm hängt somit mit unserer metazentrischen Höhe durch die Beziehung

$$r\,\zeta_A' = h_r\,\zeta_A$$

zusammen. Führt man diese Bezeichnung in Gleichung, so erhalten wir

$$H \geq \frac{\chi^2}{\varepsilon\,r}$$

in vollkommener Übereinstimmung mit **Knoller**.

Die Bedingung der Stabilität ohne Dämpfungsflosse erfordert einen Grad der statischen Stabilität, der bei vielen erfolgreichen Flugmaschinen lange nicht vorhanden ist. Dies kann man durch zwei Umstände begründen.

a) Die Dämpfungswirkung einer gegebenen Flosse ist bei größerer statischer Stabilität im allgemeinen weniger gut ausgenutzt als bei geringer statischer Stabilität. Legen wir in der Tat eine Linie p = const durch unsere Fig. 6, so sehen wir, daß die Vergrößerung des Stabilisierungsmoments q zunächst die Dämpfung vermindert, und nur bei sehr starker Vergrößerung des Stabilisierungsmoments wird unter Umständen derselbe Grad der Dämpfung wieder zurückgewonnen, den man bereits bei geringer statischer Stabilität besessen hat. Bei sehr geringer Dämpfungsflosse wird sogar die Stabilität — wie es zuerst **Knoller** nachgewiesen hatte — verloren durch Vergrößerung des Stabilisierungsmoments und erst durch weitere Vergrößerung wieder zurückgewonnen.

b) Die stark gedämpften Schwingungen werden erheblich rascher mit wachsender statischer Stabilität, ohne daß die Dämpfung derselben zunehmen würde. Die übermäßige Vergrößerung des Stabilisierungsmoments würde also ein Stampfen hervorrufen, das erst wieder durch die Vergrößerung der Dämpfungsflosse abgedämpft werden muß. Man wird die statisch nicht sehr stark stabilen Flugzeuge offenbar aus demselben Grunde bevorzugen, wie man bei großen Schiffen die geringe Entfernung der metazentrischen Höhe vom Schwerpunkte bevorzugt.

All dies führt also dahin, daß man die Stabilisierung durch entsprechende Dämpfungsmomente erreichen soll. Es kommt noch dazu, daß beim Höhenflug die Stabilitätsgrenze in dem Sinne verschoben wird, daß bei gewisser Neigung der Flugbahn nicht einmal ein beliebig großes Stabilisierungsmoment die Stabilität mehr zu sichern vermag. Fig. 7 zeigt die Stabilitätsgrenze (die Kurve der ungedämpften Schwingungen), wie sie durch Veränderung des Neigungswinkels der Flugbahn verschoben wird. Man kann unschwer zeigen, daß die Steigung der Flugbahn wesentlich die Größe b beeinflußt. Die Linien b = 0,109, — 0,059, — 0,217 entsprechen Flugbahnen von 10, 20, 30 Grad Steigung, jene für b = 0,457, 0,625, 0,783 mit denselben Neigungswinkeln absteigenden Flugbahnen. Man sieht, daß bei 10^0 Steigung nur die Dämpfungsflosse allein stabilisiert. Der Nutzen des statischen Stabilisierungsmomentes ist vollkommen verloren gegangen.

Es ist nun nicht leicht zu sagen, welche Größe des Dämpfungsmomentes als ausreichend erachtet werden soll. Nehmen wir als Dämpfungswert $\lambda = 0{,}1$, so bedeutet dies soviel, daß die langsamen Schwingungen nach dem Gesetz

$$e^{-0,1\frac{g\,t}{U}\sqrt{2}}$$

abklingen. Wird die Fahrgeschwindigkeit U = 25 m angenommen, so würde die Halbwertzeit 12,5 Sekunden betragen, d. h. die Amplitude der Anfangsstörung wird in 12,5 Sekunden auf die Hälfte vermindert. Man sieht aus Fig. 6, daß der Dämpfungswert $\lambda = 0,1$ nur bei ganz geringen statischen Stabilitäten erheblich überschritten werden kann. Man wird also der Sicherheit der statischen Stabilität und der Forderung möglichst großer Dämpfung ungefähr entsprechen, wenn man in der Nähe der Linie $\lambda = 0,1$ bleibt. Für statisch leicht stabile Typen kann man also als zweckmäßige Abmessungen $p = 4 \sim 8$ und $q = 4 \sim 8$ vorschlagen mit dem Zusatz, daß bei größeren Stabilisierungsmomenent auch größere Dämpfungsmomente zu empfehlen sind.

Nehmen wir bestimmte Werte von p und q, z. B. p = 5, q = 4, so liefern die Formeln

$$p = \frac{\zeta'_d}{\zeta_A}\,\frac{f\,l^2}{F\,x^2}\,\frac{1}{\sqrt{2}} \qquad q = \frac{h_r\,H}{x^2}$$

Grundlagen zur Dimensionierung des Flugzeuges auf Stabilität, d. h. zur Bestimmung der Dämpfungsfläche f und der metazentrischen Höhe h_r.

Nehmen wir für ein Flugzeug an:

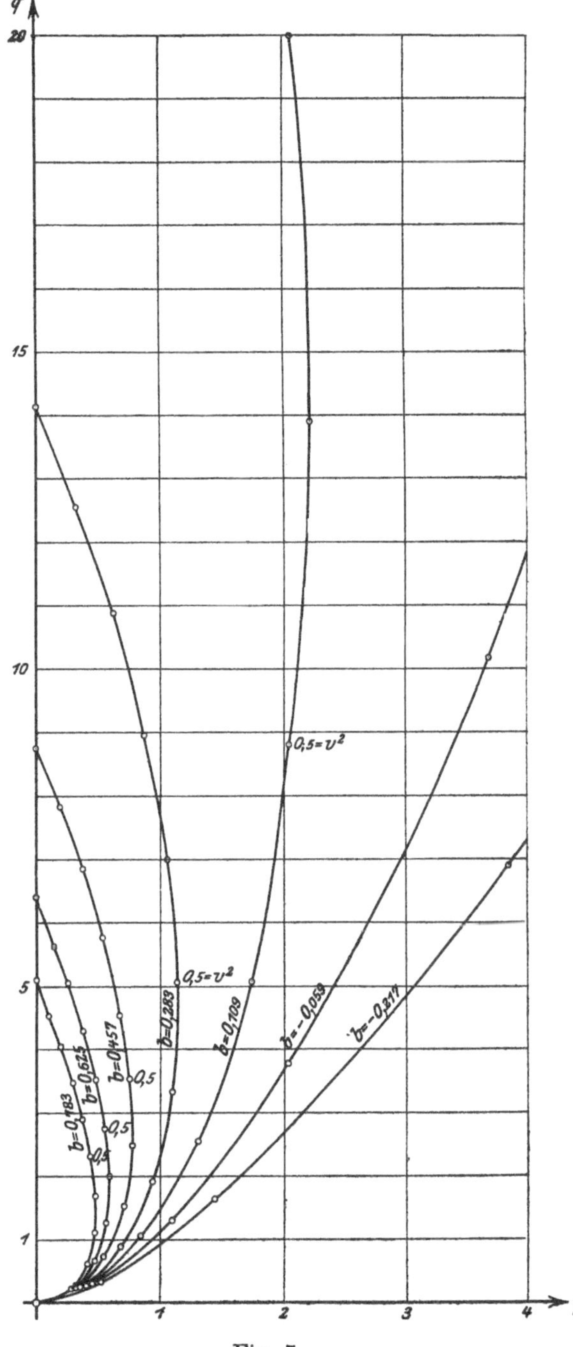

Fig. 7.

Ausmaß der Tragfläche	F = 30 m²	
Abstand der Dämpfungsfläche vom Schwerpunkt	l = 5,5 m²	
Geschwindigkeit	U = 25 m/sec	
Trägheitshalbmesser	x = 1,8 m	

ferner aus experimentellen Daten $\dfrac{\zeta'_d}{\zeta_A} = 3,5$, so ergibt sich

die Dämpfungsfläche zu . . . . $f = 0,22\,F = 6,6\,m^2$

die metazentrische Höhe zu . . $h_r = 0,4\,m$.

Es ist nun interessant, wie bei tatsächlich ausgeführten Flugzeugen die Verhältnisse sich gestalten. Leider steht uns kein großes Material zur Verfügung.

Ein Beispiel unausreichender Dämpfungsflosse bietet der zusammenlegbare Artillerie-Eindecker von Blériot.

Bei dieser Konstruktion ist die Dämpfungsflosse, da die Zusammenlegbarkeit des Flugzeuges gefordert wurde, zu $2,0\,m^2$ gewählt. Dementsprechend würde das Dämpfungsmoment nur $p = 2,5$ betragen. Für das Stabilisierungsmoment ermittelt man $q = 5,6$. Wir sehen daher, daß das Flugzeug ganz nahe zu der Stabilitätsgrenze steht. Ein Dorner- und Balsan-Eindecker, für die wir sämtliche Daten angenähert zur Verfügung haben, kommen mit $p = 3,5$ und $q = 1,7$ für den ersteren und $p = 6,5$, $q = 5,5$ für den letzteren in Figur 6, in die Nähe der Linie $\lambda = 0,1$. Der Harlan-Eindecker, für den Herr Betz die Konstanten berechnet hat, besitzt den bisher angeführten Typen gegenüber außerordentlich große statische Stabilität. Die Schwingungszeit der raschen Schwingungen würde für dieses Flugzeug sich zu $2,8$ sec ergeben, gegenüber $6,2$ sec beim Balsan-Eindecker, die Dämpfung erscheint dagegen nicht erheblich vergrößert. Wir glauben uns nicht zu irren, daß man bei den Konstrukteuren eine gewisse Unsicherheit bemerkt, weil sie zumeist gar nicht in der Lage sind, sich von vornherein von den Stabilitätseigenschaften des Flugzeuges rechnungsmäßig ein Bild zu verschaffen. Ob man nun auf dem hier angegebenen Wege gewissermaßen ein praktisches Rechnungsverfahren zu entwickeln vermag, muß natürlich zunächst dahingestellt bleiben. Wahrscheinlich kann dies erst dann geleistet werden, wenn die Steuerfähigkeit des Flugzeuges genau in derselben Weise untersucht wird, wie die Störungsbewegungen analysiert worden sind[1]). Als Muster hierzu könnte die eingehende Behandlung der Seitenstabilität und Seitensteuerung durch Reißner und seinen Schüler Gehlen dienen.

Diskussion[2]).

Prof. Dr. **Prandtl**-Göttingen:

Durch die von den Herren v. Kármán und Trefftz vorgetragene Darstellung der Stabilitätstheorie gewinnen die Resultate dieser Theorie eine große Übersichtlichkeit. Mir scheint nun eine Weiterführung der hier behandelten Dinge nach zwei Richtungen erwünscht.

1. Eine praktisch recht wichtige Frage ist es: welche Stabilitätsverhältnisse sollen angestrebt werden, große oder kleine statische Stabilität, mäßige oder starke

---

[1]) Zusatz bei der Drucklegung, auf Anregung von Herrn Prof. Reißner.

[2]) Da wegen Zeitmangels die Diskussion nach dem Vortrage ausfallen mußte, sind nachfolgende Äußerungen schriftlich eingeholt. Die Schriftl.

Dämpfung? Die Antwort würde einerseits dadurch gewonnen werden können, daß man ausgeführte Flugzeuge auf ihre Stabilitätseigenschaften hin untersucht und außerdem Urteile der Flieger über die geringere oder größere Bequemlichkeit beim Steuern der Maschine in ruhiger und bewegter Luft sammelt. Man könnte auch theoretische Aufschlüsse über diese Fragen dadurch erhalten, daß man die bei plötzlichen Störungen des Gleichgewichts durch Vertikalböen und Horizontalböen, wie durch Schwankungen der Motorleitung auftretenden Schwingungsausschläge diskutiert, wobei besonders auf die Beträge von länger dauernden Vertikalbeschleunigungen (Seekrankheit!) zu achten wäre.

2. Eine theoretische Verfeinerung, die m. E. für eine gute Übereinstimmung der theoretischen Ergebnisse mit der Wirklichkeit unbedingt erforderlich sein würde, wäre die Berücksichtigung der durch den Schraubenwind veränderten Verhältnisse an der Tragfläche und Dämpfungsfläche und ferner der durch die Wirkung der Tragfläche veränderten Strömungsrichtung an der Dämpfungsfläche. Die beiden Einflüsse unterliegen bei den Schwingungen des Flugzeugs Schwankungen, die wohl — besonders in dem Falle schwacher statischer Stabilität — recht bemerkenswerte Veränderungen des Gesamtverhaltens des Flugzeugs hervorbringen können. Ansätze für die beiden genannten Einflüsse zu gewinnen, dürfte — unter Zuhilfenahme der Wirbeltheorie des Aeroplans für den letzteren — nicht allzu schwierig sein.

Prof. Dr.-Ing. **Reißner**-Charlottenburg:

Zu den außerordentlich beachtenswerten Ausführungen der Herren v. Kármán und Trefftz möchte ich auf Grund einer langjährigen praktischen und theoretischen Beschäftigung mit dem Gegenstande manches ergänzend bemerken.

Die Rechnungen beziehen sich zweckmäßigerweise nur auf Flugzeuge, bei denen die Trag- und Stabilisierungsflächen und der Schwerpunkt nahezu in einer Ebene liegen. Die später vorausgesetzte Eigenschaft (§ 6 und 12) des unzweckmäßigen, „stark stabilen, wenig gedämpften" Flugzeugs und der Stabilitätsbedingungen von Bryan, Knoller, Ferber und Lanchester läßt sich aber nur durch sehr tiefe, konstruktiv unmögliche Schwerpunktslage erreichen. Das dort ausgesprochene Ergebnis, daß eine starke „statische" Stabilität ungünstig wirkt, kann allerdings auch bei Berücksichtigung der Schwerpunkttiefe aufrecht erhalten werden. Dagegen möchte ich dem Vergleich mit Schiffschwingungen von großer metazentrischer Höhe nicht zustimmen. Es sind sicher nicht die Erschütterungen, wie bei Schiffen, die gegen eine starke statische Stabilität sprechen, sondern der Umstand, daß das schnelle Erlöschen durch ein starkes stabilisierendes Moment nicht befördert wird.

Ein zu steifes Verhalten von Flugapparaten infolge zu großer Stabilität gegenüber Störungen in der Längsebene ist auch in der Flugpraxis niemals beobachtet worden. Eine anschauliche Deutung des Grundes, warum eine starke „statische" Stabilisierung keinen Erfolg haben kann, habe ich schon 1912[1]) gegeben, nämlich die, daß eine wiederherstellende Kraft bei unseren heutigen Flugmaschinen nur

---

[1]) Jahrb. d. Luftfahrt 1912, Wissensch. Fortschritte d. Flugtechnik S. 349.

auf den Relativwinkel zwischen Luftstrom und Flügel, aber nicht auf die Wiederherstellung der gestörten Winkellage im Raume und der Fluggeschwindigkeit wirkt, während doch die Schwingungen diese drei Größen gleichzeitig ändern. Das Stabilisierungsmoment, wie es durch den Schränkungswinkel der Tragflächen erzeugt wird, ist eben statisch unvollständig.

Die graphische Stabilitätsdarstellung der Herren v. Kármán und Trefftz enthält auch den Einfluß der Flugrichtung nach oben oder unten.

Die in § 4 des Vortrages aufgestellte Frequenzdeterminante bzw. die aus ihr folgende Gleichung vierten Grades enthält diese Richtung nicht, ist also wohl versehentlich unvollständig angegeben. Nach meinen Ermittlungen müßte es hierfür in Determinante (2) in dem Glied der ersten Reihe und Zeile statt ε heißen $\varepsilon + \sin \vartheta$ und zweite Reihe erste Zeile statt 2 heißen $2 \cos \vartheta$.

Es wäre wichtig, zu wissen, in welchem Verhältnis die Ergebnisse des Vortrages zu den Behauptungen von Bryan[2]), Runge[3]) und Knoller[1]) über die Destabilisierung des Aufwärtsfluges und die Stabilisierung des Abwärtsfluges stehen.

Meine Berechnungen dieser Fälle stimmen mit denen der drei genannten, die sich auch untereinander schwer vergleichen lassen, nicht überein.

Aber jedenfalls stimmen alle diese Behauptungen schon deshalb nicht mit dem wirklichen Verhalten der Flugapparate, weil der Einfluß der Druckpunktwanderung auf die statische Stabilität die anderen Einflüsse erheblich überwiegt.

Man fliegt nämlich aufwärts mit größerem und abwärts mit kleinerem Anstellwinkel. Die bekannte destabilisierende Rückläufigkeit der Druckresultierenden nimmt aber bei allen gewölbten Flächen mit abnehmendem Angriffswinkel des Luftstroms zu. Dadurch wird rechnungsmäßig der Aufwärtsflug stabilisiert, der Abwärtsflug sehr stark destabilisiert.

Diese Rechnung stimmt durchaus mit der Erfahrung. In Wirklichkeit leidet der Aufwärtsflug nämlich niemals durch Schwierigkeiten der Höhensteuerung, sondern höchstens durch seitliche Schwankungen, andrerseits erfordert ein steiler Gleitflug erfahrungsmäßig sehr viel Aufmerksamkeit, um nicht in Sturzflug auszuarten, ist also instabiler. Jeder Flieger wird dieses Beobachtung bestätigen. Diese Instabilität bei kleinen Anstellwinkeln wird vielleicht ferner durch den Umstand verstärkt, daß bei einer Druckpunktwanderung auch die Hebelarme der Dämpfungskräfte stark veränderlich sind, und zwar bei vorderlastigen Flugzeugen im ungünstigen Sinne. Bei den bisherigen Ansätzen ist dieser Umstand nicht beachtet worden.

Bekanntlich ist auch ein zu flacher Gleitflug zu vermeiden, wenn nicht genug Höhe für Steuermanöver vorhanden ist. Jedoch ist diese Gefahr aus den Stabilitätskriterien nur herauszulesen, wenn man den Buckel der Auftriebskurve des Flächenprofils, durch den der gefürchtete Geschwindigkeitsverlust und das Durchsacken eintritt, berücksichtigt.

---

[1]) Stability in Aviation 1911, London.
[2]) Zeitschr. f. Flugt. u. Motorl. 1911.
[3]) Zeitschr. d. öst. Arch. u. Ing.-Ver. 1913, Nr. 36 u. 37.

Man sieht, daß es für technisch brauchbare Ergebnisse, und diese streben doch die Herren v. Kármán und Trefftz nach ihren Schlußworten zu schließen an, außerordentlich auf die wirklichen Eigenschaften der Luftdruckresultierenden an ausgeführten gewölbten Flächen ankommt. Deswegen würde es wohl uns allen sehr wichtig erscheinen, zu erfahren, mit welchen Flügeleigenschaften die Flugzeuge von Blériot, Dorner, Balsan und Harlan von den Herren nachgerechnet worden sind. Von allen diesen Flügelformen ist meines Wissens nur die Blériotform und der Balsaneindecker untersucht worden, und zwar von Eiffel, und der Blériotflügel auch im Laboratorium von Teddington mit recht schlechter Übereinstimmung. Übrigens rührt die Instabilität des Blériotflugzeugs nicht, wie im Vortrag behauptet, von der Kleinheit, sondern sicher von der Belastung der Dämpfungsfläche her.

Wenn man bedenkt, daß eine geringe Änderung in der Geschwindigkeit der Druckpunktwanderung einen sehr großen Einfluß auf die sogenannte statische Stabilität hat, muß man fordern, daß die Herren bei der Mitteilung solcher Rechnungsergebnisse die Quellen ihrer Voraussetzung scharf angeben und die Stabilitätseigenschaften nicht nur bei einem mehr oder weniger richtigen günstigsten Anstellwinkel, sondern bei den verschiedenen bei jedem Fluge je nach Motorkraft, Belastung, Steigwinkel und Steuerstellung wechselnden Anstellwinkeln ausrechnen.

Nun schließlich noch eine literarische Bemerkung. Die Herren geben zu, mit ihren Ergebnissen auf den Schultern ihrer Vorgänger zu stehen und glauben, sich durch dieses Zugeständnis eine genauere Angabe ihrer Quellen ersparen zu können. Darüber ließe sich sprechen, wenn sie nun entweder niemand zitierten oder doch wenigstens nur diejenigen Forscher, mit deren Ergebnissen die ihrigen die meisten Beziehungen haben. Mir scheint nun ihre Art der Quellenangabe Ungerechtigkeiten gegen Bryan, Quittner, Bothézat und mich selbst zu enthalten.

Bryans[1] großes Verdienst, die Aufgabe der Flugmaschinenstabilität zuerst (1904) mathematisch vollständig angesetzt zu haben, dürfte, wenn man überhaupt Namen nennt, nicht verschwiegen werden.

Die hervorstechende, auch im gehörten Vortrage angegebene Eigenschaft der Längsschwingungen, immer in sehr stark und sehr schwach gedämpfte Schwingungen zu zerfallen, habe ich[2] zuerst (1908), und zwar auch zahlenmäßig, angegeben, und zwar auf Grund einer großen Reihe durchgerechneter Fälle von Flugzeugen mit verschiedenen Schwanzlängen, Schränkungswinkeln, Trägheitsmomenten und Luftwiderständen. Ich konnte damals (1906—1907) allerdings die heute bekannte Druckpunktrückläufigkeit nicht einführen. Jedoch hätte dies an dem allgemeinen Ergebnis nichts geändert. Ph. Furtwängler hat gleich darauf mit algebraischen Methoden, die sehr ähnlich denen des obigen Vortrages sind, in einem leider damals nicht veröffentlichten Manuskript sehr vereinfachte Rechnungsverfahren angegeben und den Einfluß von Anfangsstörungen untersucht.

---

[1] Proc. Royal Society, London 1904.
[2] Jahresber. d. Deutsch. Mathem. Ver. 1908, Wissensch. Probl. d. Flugtechn., Vortrag auf der Vers. deutsch. Naturf. u. Ärzte.

Die allgemeinen Gründe für diese wichtige Eigenschaft der Wurzelgrößen sind bisher eigentlich noch nicht angegeben worden.

Immerhin enthalten die Schriften von V. Quittner[1]) 1910 und 1911 und von Bothézat[2]) 1911 dafür die auch im Vortrage gegebenen Anhaltspunkte, deren weitere Herausarbeitung sehr nützlich wäre.

1910[3]) habe ich ferner zuerst auf Grund der bekannt gewordenen Druckpunktwanderungen gewölbter Flächen die Instabilität der damaligen Flugmaschinen mit belasteter Dämpfungs-(Schwanz-)Fläche nachgewiesen, die Schwierigkeit, durch tiefe Schwerpunktslage die statische Stabilitätsbedingung zu erfüllen, rechnerisch untersucht und eine äußerst einfache, den Schränkungswinkel der Flügel- und Schwanzflächen, die Druckpunktwanderung und die Schwerpunktstiefe enthaltende Formel angegeben. Die ausschlaggebende Bedeutung dieser Druckpunktwanderung wird noch heute z. B. in Lanchesterschen und den Bryanschen Schriften nicht erkannt.

Was schließlich das Versprechen der Vortragenden anbelangt, die Steuerfähigkeit in derselben Weise zu untersuchen wie die Störungsbewegungen, so empfinde ich das Verschweigen meiner und K. Gehlens Arbeiten als Ungerechtigkeit. Denn die Herren müssen aus meinen Vorträgen und Veröffentlichungen, zum Teil in den Verhandlungen unserer Gesellschaft, wissen, daß ich zuerst[4]) und bisher allein bzw. unter der vortrefflichen Mitarbeit von K. Gehlen[5]) für den ganz analog liegenden Fall der seitlichen Stabilität diese Amplitudenverteilungen nachgerechnet und als sehr wichtig für die Stabilitäts- und Steuereigenschaften nachgewiesen habe, dergestalt, daß es sich zeigte, daß man aus den Schwingungswurzeln allein falsche Schlüsse ziehen würde. In Gehlens Dissertation ist im Einzelnen durchgerechnet, wie die Steuereigenschaften eines Flugzeugs, insbesondere aus den schnellen, stark gedämpften Schwingungsanteilen, die sonst für die Stabilität als unwichtig betrachtet werden, entspringen.

Ich hoffe, man wird es verstehen, daß ich mich gegen eine Verschweigung meines Namens bei diesen in jahrelanger Flugpraxis und mühevoller Durchrechnung gewonnenen Ergebnissen wenden mußte, obgleich ich die elegante Art der Zusammenfassung eines wichtigen Kapitels der Längsstabilität der Flugmaschinen seitens der Herren v. Kármán und Trefftz hier nochmals anerkennen möchte.

Dr. Dipl.-Ing. Quittner-Berlin:

Wie Herr v. Kármán in der Einleitung zu seinem Vortrage bemerkt, liegt die wesentliche Neuerung der von ihm und seinem Mitarbeiter, Herrn Trefftz, angewandten Methode darin, daß durch Trennung der Größen, die vornehmlich durch die Stabilität und Steuerfähigkeit bestimmt werden, von den durch andere

---

[1]) La Technique moderne, Oct.-Nov. 1910, Fevr. 1911.

[2]) Stabilité de l'aéroplane, Paris 1911.

[3]) Über die Lage der Luftdruckresultierenden bei gewölbten Flächen, Flugsport, März 1910.

[4]) Zeitschr. f. Flugt. u. Motorl. 1910, H. 9 u. 10, Über die Seitensteuerung der Flugmaschinen. Versammlung von Vertretern der Flugwissenschaft, Einige Bemerkungen zur Seitenstabilität der Drachenflieger, 1911, R. Oldenbourg, S. 26—30.

[5]) Dissertation, Aachen 1913.

Gesichtspunkte festgelegten Größen das so verwickelte Problem der dynamischen Längsstabilität in klarerer und durchsichtigerer Weise dargestellt wird, als es in den sonstigen Arbeiten über diesen Gegenstand geschehen war. Jeder, der sich mit diesen Stabilitätsuntersuchungen eingehender beschäftigt hat, weiß, wie wichtig gerade hier die Form der Darstellung ist und wieviel mehr Schwierigkeiten sie mit sich bringt als die eigentliche rein mathematische Lösung der Aufgabe.

Was nun aber die von den Herren Vortragenden angewandte Darstellungsweise betrifft, so muß ich die Priorität hierfür für mich in Anspruch nehmen, da ich genau dasselbe Verfahren bereits in einer vor vier Jahren erschienenen Arbeit angewandt habe. Da ich damals in Paris tätig war und die „Zeitschrift des Vereins deutscher Ingenieure" die Arbeit „wegen Raummangel" nicht annehmen wollte, so hatte ich sie in der bekannten französischen Zeitschrift „La Technique moderne"[1]) erscheinen lassen, wo sie aber merkwürdigerweise ganz unbekannt geblieben zu sein scheint, da ich in späteren Arbeiten über denselben Gegenstand nie irgendeinen Hinweis auf sie gefunden habe.

Ich könnte mich mit diesem Hinweise begnügen und es den Herren, die sich dafür interessieren, überlassen, die Arbeit im Original zu lesen — wenn das möglich wäre. Es ist aber tatsächlich so gut wie unmöglich, denn schon seit langer Zeit sind die betreffenden Hefte der „Techn. mod." vollständig vergriffen, und besonders in Deutschland dürften sie nur sehr schwer oder gar nicht aufzutreiben sein. Aus diesem Grunde gestatte ich mir, mit freundlicher Erlaubnis der W.G.L., nachstehend eine stellenweise verkürzte, sonst aber durchaus getreue Übersetzung des erwähnten Artikels zu bringen, aus der sich der Leser leicht ein Bild über die Übereinstimmungen und die Unterschiede gegenüber dem Vortrage machen kann.

Die Originalarbeit sollte ursprünglich das ganze Gebiet der Flugzeugstabilität umfassen, die statische Stabilität ebenso wie die dynamische, die Längs- wie die Querstabilität. Es sind indes nur die beiden ersten Abschnitte, die die allgemeinen Grundlagen und die statische Längs- und Querstabilität behandeln, vollständig erschienen, während von dem dritten Abschnitte, der die dynamische Längs- und Querstabilität umfassen sollte, nur die allgemeinen Bemerkungen und die Untersuchung der Längsstabilität zur Veröffentlichung gelangt sind. Den letzten Abschnitt über die dynamische Querstabilität, für den Ende 1910 die Berechnungen bereits größtenteils fertig waren, habe ich bisher nicht herausgegeben, da ich damals Paris verließ und weiterhin nicht mehr die zur Fertigstellung der Arbeit notwendige Zeit finden konnte.

Die nachstehende Übersetzung umfaßt nur den die dynamische Stabilität behandelnden Teil der Originalarbeit. Sie ist, wie erwähnt, im allgemeinen wortgetreu, größere Änderungen, die aus irgendwelchen Gründen notwendig waren, sind durch Anmerkungen besonders hervorgehoben. Die Abb. 1 ist eine ungefähre, die Abb. 2 eine genau maßstäbliche Nachbildung der entsprechenden Figuren aus der Originalarbeit. Von den Bezeichnungen wurden einige, die speziell dem französischen Gebrauch angepaßt waren, geändert, die große Mehrzahl dagegen unver-

---

[1]) Recherches sur la stabilité des aéroplanes, Techn. mod., octobre et décembre 1910 et février 1911.

ändert beibehalten. Die mit Ziffern bezeichneten Anmerkungen entstammen der Arbeit selbst, die mit Sternchen bezeichneten habe ich der Übersetzung beigegeben. Am Schlusse folgt noch eine Zusammenstellung der von den Herren Vortragenden und von mir benutzten Bezeichnungen, mit Hilfe derer ein Vergleich der Formeln leicht möglich ist. In diese Tabelle wurden außerdem auch noch die von Prof. Knoller in seiner sehr interessanten Arbeit über den gleichen Gegenstand*) angewandten Bezeichnungen aufgenommen, um auch einen leichten Vergleich mit dieser Arbeit zu gestatten.

Untersuchungen über die Stabilität der Flugzeuge.

Von Dipl.-Ing. Dr. Victor Quittner.

(Übersetzung eines Teiles der in „La Technique moderne" Okt., Dez. 1910 und Febr. 1911 erschienenen Arbeit.)

III. Dynamische Stabilität.

1. Allgemeines.

Ein im Fluge befindliches Flugzeug ist ein vollkommen frei beweglicher Körper, der sich unter dem Einfluß der drei auf ihn wirkenden Kräfte: Luftwiderstand, Schwerkraft und Propellerschub, in jeder Weise im Raum verschieben kann. Um seine Bewegung zu untersuchen, muß man daher die sechs Bewegungsgleichungen eines freien Körpers anwenden, von denen bekanntlich drei die Bewegung des Schwerpunkts, die drei andern die Drehungen um den Schwerpunkt betreffen. Alle sechs Gleichungen sind Differentialgleichungen zweiter Ordnung, wenn die Zeit als unabhängige, die Koordinaten, die in jedem Augenblicke die Lage des Körpers bestimmen, als von der Zeit abhängige Veränderliche angenommen werden. Man erhält dann ein System zwölfter Ordnung von Differentialgleichungen, die in dem Falle, daß der Körper sich nur wenig aus seiner Gleichgewichtslage entfernt (nur dieser Fall soll hier untersucht werden), sämtlich lineare und homogene Gleichungen mit konstanten Koeffizienten sind.

Da für die Untersuchung der Stabilität eines Flugzeugs die Koordinaten seines Schwerpunktes gleichgültig sind und nur deren Ableitungen nach der Zeit (die Geschwindigkeitskomponenten des Schwerpunkts) in die Gleichungen eingehen, so reduzieren sich die ersten drei Gleichungen auf die erste und damit das ganze System auf die neunte Ordnung. Berücksichtigt man weiter, daß auch die Richtung der Geschwindigkeit innerhalb der horizontalen Ebene (das Azimut der Geschwindigkeit oder die Kursrichtung des Flugzeugs) ohne Einfluß auf die Stabilität ist, und daß man nur zwei ihrer Komponenten, die absolute Größe und die Neigung gegen den Horizont, in Rechnung ziehen muß, so vermindert sich die Ordnung des Problems um einen weiteren Grad, und man erhält schließlich ein System achter Ordnung von linearen homogenen Differentialgleichungen mit konstanten Koeffizienten[1]).

---

*) Zeitschr. d. Österr. Ing. u. Arch. Ver., 1913, Nr. 36/37.
[1]) Ferber, L'aviation, Paris 1909, S. 177; Deimler, Zeitschr. f. Flugt. u. Motorl.

In dem praktisch allein vorkommenden Falle eines zur gewöhnlichen Flugrichtung symmetrisch gebauten Flugzeugs zerfällt dieses Gleichungssystem in zwei Systeme von der vierten Ordnung; das eine System umfaßt alle Vorgänge innerhalb der Symmetrieebene (Längsstabilität), das andere alle Vorgänge senkrecht zur Symmetrieebene (Quer- und Kursstabilität)[1]. Diese Trennung ist jedoch nur dann statthaft, wenn — wie angenommen wurde — die Amplitude der Schwingungen klein ist, so daß man die die beiden Bewegungen kuppelnden Kreiselwirkungen vernachlässigen kann.

Durch diese Trennung wird die Aufgabe wesentlich vereinfacht, da man an Stelle eines nur mit großen Schwierigkeiten lösbaren Systems achter Ordnung zwei Systeme vierter Ordnung erhält, die sich ohne große Schwierigkeiten auflösen lassen; ebenso werden durch die vollständige Trennung der Längs- und Querstabilität voneinander die Ergebnisse der Untersuchungen bedeutend leichter verständlich.

Nach diesen allgemeinen Darlegungen wenden wir uns nun der Untersuchung der Längsstabilität zu.

2. Längsstabilität.

Auf ein im Fluge befindliches Flugzeug wirken folgende drei Kräfte: 1. die Resultierende R der sämtlichen Luftwiderstände, die man in eine zur Flugrichtung senkrechte Komponente, den Auftrieb P, und eine zu ihr parallele Komponente, den Stirnwiderstand Q, zerlegen kann; 2. das Gesamtgewicht G des Flugzeugs, das im Schwerpunkt C vertikal nach unten zieht, und 3. den Propellerschub S, von dem wir zunächst (aus Gründen, die im Abschnitt über die statische Stabilität erörtert wurden) annehmen, daß er ebenfalls durch den Schwerpunkt geht.

Wenn diese drei Kräfte miteinander im Gleichgewicht sind, so bewegt sich das Flugzeug geradlinig mit konstanter Geschwindigkeit und ohne Drehung um den Schwerpunkt. Diese Gleichgewichtslage ist in Fig. 1 voll ausgezogen, die einen Kräfteplan in der Symmetrieebene des Flugzeugs darstellt. Um die Rechnung auf eine möglichst breite Grundlage zu stellen, nehmen wir an, daß die Flugbahn (oder die Geschwindigkeit v) unter einem Winkel φ ansteigt, und daß die Schraubenachse mit v den Winkel ψ (also mit dem Horizont den Winkel $\varphi + \psi$) einschließt.

Diese Gleichgewichtslage sei nun durch eine äußere Einwirkung gestört worden. In einem beliebigen Augenblick soll das Flugzeug die in Fig. 1 gestrichelt gezeichnete Lage einnehmen. In dieser Lage sei die Neigung seiner Achse gegen den Horizont $(\varphi + \psi)$ um den Winkel ξ, die Neigung seiner Achse gegen die augenblickliche Flugrichtung (und damit alle Anstellwinkel) um η vergrößert. Die Neigung der Flugbahn gegen den Horizont ist daher jetzt $\varphi + \xi - \eta$ an Stelle von φ. Die augen-

---

1910, S. 50. — Ferber, der übrigens nur einen Spezialfall des allgemeinen Problems behandelt, erhält ein System 9. Ordnung, da er die letzte Vereinfachung nicht anwendet.

[1] Ferber, a. a. O., S. 202; Deimler, a. a. O., S. 51. — Ferber zeigt die Trennung für den Fall eines aus drei aufeinander senkrechten Ebenen bestehenden Flugzeugs unter Vernachlässigung der durch die Drehungen um den Schwerpunkt hervorgerufenen Dämpfungsmomente. Weniger eingeschränkt ist die Darstellung von Deimler.

blickliche Geschwindigkeit v_1 sei bestimmt durch die Beziehung $v_1 = v\,(1 + \zeta)$, so daß ζ den verhältnismäßigen Geschwindigkeitszuwachs darstellt $\left(\text{da } \zeta = \dfrac{v_1 - v}{v}\right)$.

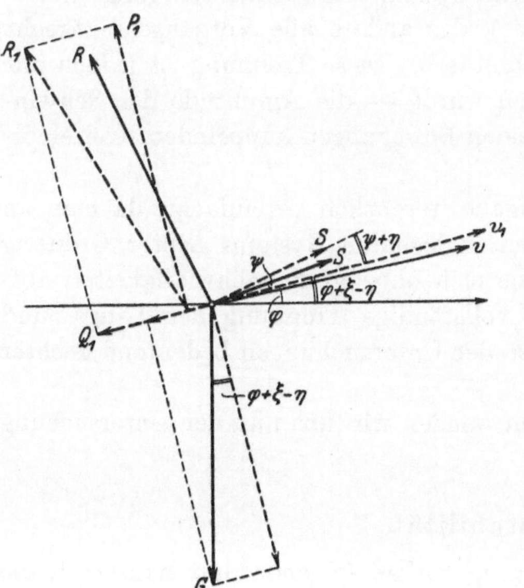

Fig. 1.   Kräfteplan bei einer Störung des Gleichgewichts.

Durch die drei dimensionslosen Veränderlichen ξ, η, ζ und ihre ersten Ableitungen nach der Zeit t ist der augenblickliche Zustand des Flugzeugs vollständig bestimmt.

Bei der Gleichgewichtsstörung bleiben die Kräfte G und S unverändert*); dagegen hat sich infolge der Änderung des Anstellwinkels der Luftwiderstand R geändert, und zwar im allgemeinen sowohl seine beiden Komponenten P und Q als auch sein Moment M in bezug auf den Schwerpunkt (das in der Gleichgewichtslage null ist). Man erkennt leicht, daß diese Änderungen von ξ unabhängig sind und nur von η (Anstellwinkel), ζ (Geschwindigkeit) und $\omega = \dfrac{\partial \xi}{\partial t}$ (Rotation um den Schwerpunkt; beeinflußt die Kräfte auf entferntere Apparatteile, besonders auf die Schwanzflächen) abhängen. Wir bezeichnen die veränderten Werte von P, Q, M mit P_1, Q_1, M_1; dann können wir, da ξ, η, ζ kleine Größen sind, für dieselben schreiben:

$$\left.\begin{aligned}
P_1 &= P + \frac{\partial P}{\partial \eta}\,\eta + \frac{\partial P}{\partial \zeta}\,\zeta + \frac{\partial P}{\partial \omega}\,\omega \\[4pt]
Q_1 &= Q + \frac{\partial Q}{\partial \eta}\,\eta + \frac{\partial Q}{\partial \zeta}\,\zeta + \frac{\partial Q}{\partial \omega}\,\omega \\[4pt]
M_1 &= M + \frac{\partial M}{\partial \eta}\,\eta + \frac{\partial M}{\partial \zeta}\,\zeta + \frac{\partial M}{\partial \omega}\,\omega
\end{aligned}\right\} \qquad (1)$$

Dem Moment M_1 geben wir das positive Vorzeichen, wenn es ξ zu verkleinern, d. h. das Flugzeug in seine Ruhelage zurückzubringen sucht.

Unter der allgemein angenommenen Voraussetzung, daß der Luftwiderstand dem Quadrat der Geschwindigkeit proportional ist, hat man:

$$\frac{\partial P}{\partial \zeta} = 2\,P; \qquad \frac{\partial Q}{\partial \zeta} = 2\,Q; \qquad \frac{\partial M}{\partial \zeta} = 2\,M = 0 \qquad (2)$$

---

*) Bezüglich des Propellerschubs S ist diese Annahme nicht streng richtig, da die Änderung der Geschwindigkeit auch eine Änderung des Schubs zur Folge hat; dieser Einfluß, auf den Prof. Knoller in der oben erwähnten Arbeit hingewiesen hat, wurde indes auch in dem Vortrage von v. Kármán und Trefftz nicht berücksichtigt.

Von den sechs anderen Koeffizienten kann $\dfrac{\partial Q}{\partial \omega}$ vernachlässigt werden, da größere Flächen in bedeutendem Vertikalabstand vom Schwerpunkt nie vorhanden sind. Für die fünf anderen Ableitungen führen wir folgende Bezeichnungen ein:

$$\left.\begin{aligned} p &= \frac{1}{G}\cdot\frac{\partial P}{\partial \eta}; \quad q = \frac{1}{G}\cdot\frac{\partial Q}{\partial \eta}; \quad m = \frac{\tau^2}{J}\cdot\frac{\partial M}{\partial \eta} \\ \pi &= \frac{1}{G\tau}\cdot\frac{\partial P}{\partial \omega}; \quad \underline{\hspace{3cm}} \quad \mu = \frac{\tau}{J}\cdot\frac{\partial M}{\partial \omega} \end{aligned}\right\} \tag{3}$$

J ist das Trägheitsmoment des Flugzeugs um die zur Symmetrieebene senkrechte Schwerpunktsachse. Die in den Formeln noch auftretende Größe τ ist definiert durch

$$\tau = \frac{v}{g} \tag{4}$$

sie hat die Dimension einer Zeit und könnte als „Fallzeit"[1] bezeichnet werden, denn sie stellt die Zeit dar, die das Flugzeug im freien Falle zur Erlangung seiner Fluggeschwindigkeit benötigen würde. Die Fallzeit τ ist also nur von der Fluggeschwindigkeit abhängig; sie beträgt etwa 2 bis 4 Sekunden.

Durch Einführung der neuen Konstanten in die Gleichungen (1) erhalten diese die Form:

$$\left.\begin{aligned} P_1 &= P + G\,p\,\eta + 2\,P\,\zeta + G\,\tau\,\pi\,\omega \\ Q_1 &= Q + G\,q\,\eta + 2\,Q\,\zeta \\ M_1 &= M + \frac{J}{\tau^2}\,m\,\eta + \frac{J}{\tau}\,\mu\,\omega \end{aligned}\right\} \tag{1a}$$

Wir zerlegen nunmehr alle Kräfte in Komponenten parallel und senkrecht zur Flugbahn (d. h. zur augenblicklichen Geschwindigkeit v_1); mit diesen Komponenten stellen wir dann die drei Bewegungsgleichungen für Tangentialbeschleunigung, Normalbeschleunigung und Drehbeschleunigung um den Schwerpunkt auf:

$$\left.\begin{aligned} \frac{G}{g}\,v\,\frac{d\zeta}{dt} &= S\cos(\psi + \eta) - G\sin(\varphi + \xi - \eta) - Q_1 \\ \frac{G}{g}\,v\,\frac{d(\xi - \eta)}{dt} &= S\sin(\psi + \eta) - G\cos(\varphi + \xi - \eta) + P_1 \\ J\,\frac{d^2\xi}{dt^2} &= -\,M_1 \end{aligned}\right\} \tag{5}$$

An Hand dieser Gleichungen betrachten wir zuerst die (in Abb. 1 voll ausgezogene) Gleichgewichtslage; für diese Lage, wo ξ, η, ζ und das Moment M gleich Null sind, nehmen die Gleichungen folgende Gestalt an:

$$\left.\begin{aligned} Q &= S\cos\psi - G\sin\varphi \\ P &= G\cos\varphi - S\sin\psi \\ M &= 0 \end{aligned}\right\} \tag{6}$$

---

[1] Diese Bezeichnung wurde von Prof. Stodola für eine gleichartige Größe in seinen Untersuchungen über das analoge Problem der Stabilität eines Regulators eingeführt.

Wir führen jetzt die folgenden (später wieder fortfallenden) Hilfsgrößen ein *):

$$\beta = \frac{P}{G} \qquad \delta = \frac{Q}{G} \tag{7}$$

Da ξ und η sehr kleine Größen sind, so kann man setzen:

$$\cos (\psi + \eta) = \cos \psi - \sin \psi \cdot \eta$$
$$\sin (\psi + \eta) = \sin \psi + \cos \psi \cdot \eta$$
$$\cos (\varphi + \xi - \eta) = \cos \varphi - \sin \varphi \cdot \xi + \sin \varphi \cdot \eta$$
$$\sin (\varphi + \xi - \eta) = \sin \varphi + \cos \varphi \cdot \xi - \cos \varphi \cdot \eta$$

Diese Ausdrücke führen wir gleichzeitig mit den aus den Gleichungen (1a) entnommenen Werten von P_1, Q_1 und M_1 in die Gleichungen (5) ein; dann dividieren wir die beiden ersten Gleichungen durch G, die dritte durch $\dfrac{J}{\tau^2}$ und erhalten dann, nachdem wir noch zur möglichsten Vereinfachung der Ausdrücke die Gleichungen (6) herangezogen haben, das Gleichungssystem in der folgenden Form:

$$\tau \frac{d\zeta}{dt} + \cos \varphi \cdot \xi + (q - \beta)\, \eta + 2\, \delta \zeta = 0$$
$$- \tau (1 - \pi) \frac{d\xi}{dt} + \tau \frac{d\eta}{dt} + \sin \varphi \cdot \xi + (p + \delta)\, \eta + 2\, \beta \zeta = 0$$
$$\tau^2 \frac{d^2 \xi}{dt^2} + \tau\, \mu \frac{d\xi}{dt} + m\, \eta = 0$$

Wir führen jetzt an Stelle der Zeit die neue Veränderliche

$$x = \frac{t}{\tau} \tag{8}$$

ein, die wie alle vorher eingeführten Konstanten dimensionslos ist. Dann erhalten wir die drei Bewegungsgleichungen in folgender endgültigen Form:

$$\left. \begin{aligned} \cos \varphi \cdot \xi + (q - \beta)\, \eta + \frac{d\zeta}{dx} + 2\, \delta \zeta &= 0 \\ - (1 - \pi) \frac{d\xi}{dx} + \sin \varphi \cdot \xi + \frac{d\eta}{dx} + (p + \delta)\, \eta + 2\, \beta \zeta &= 0 \\ \frac{d^2 \xi}{dx^2} + \mu \frac{d\xi}{dx} + m \cdot \eta &= 0 \end{aligned} \right\} \tag{5a}$$

Um dieses System von linearen Differentialgleichungen aufzulösen, macht man den Ansatz:

$$\xi = X \cdot e^{zx}; \quad \eta = Y \cdot e^{zx}; \quad \zeta = Z \cdot e^{zx},$$

wo X, Y, Z und z Konstante bedeuten. Indem man diese Werte von ξ, η, ζ und

---

*) Im Interesse besserer Übersichtlichkeit wurde hier gegenüber dem französischen Original eine kleine formale Änderung gemacht, indem die dort zerstreuten Vereinfachungen sämtlich bis zum Schluß des Rechnungsganges zurückgestellt wurden; die Schlußformeln werden dadurch gar nicht, die Zwischenausdrücke nur wenig verändert.

die entsprechenden Werte für ihre Ableitungen in die Gleichungen (5a) einführt, erhält man nach Division durch e^{zx} das Gleichungssystem:

$$\cos \varphi \cdot X + (q - \beta) \cdot Y + (z + 2\,\delta) \cdot Z = 0$$
$$[-(1 - \pi)\,z + \sin \varphi] \cdot X + [z + (p + \delta)] \cdot Y + 2\,\beta \cdot Z = 0$$
$$(z^2 + \mu\,z) \cdot X + m \cdot Y + 0 \cdot Z = 0$$

Um die Konstanten X, Y, Z zu eliminieren, setzen wir die Determinante ihrer Koeffizienten gleich Null:

$$\begin{vmatrix} z^2 + \mu\,z & m & 0 \\ -(1 - \pi)\,z + \sin \varphi & z + (p + \delta) & 2\,\beta \\ \cos \varphi & q - \beta & z + 2\,\delta \end{vmatrix} = 0 \tag{9}$$

Diese Determinante stellt eine Gleichung vierten Grades in bezug auf die Unbekannte z dar. Schreibt man sie in der Form:

$$z^4 + A_1\,z^3 + A_2\,z^2 + A_3\,z + A_4 = 0, \tag{9a}$$

so erhält man für die Koeffizienten die Werte:

$$A_1 = (p + 3\,\delta) + \mu$$
$$A_2 = 2\,[(p + \delta)\,\delta - (q - \beta)\,\beta] + (p + 3\,\delta)\,\mu + (1 - \pi)\,m$$
$$A_3 = 2\,[(p + \delta)\,\delta - (q - \beta)\,\beta]\,\mu + [2\,\delta\,(1 - \pi) - \sin \varphi] \cdot m \tag{10}$$
$$A_4 = 2\,(\beta \cos \varphi - \delta \sin \varphi)\,m$$

Wir machen nun folgende Annäherungen: an Stelle von β setzen wir 1, an Stelle von δ setzen wir die Gleitzahl γ, gegeben durch:

$$\gamma = \frac{Q}{P} = \frac{\text{Stirnwiderstand}}{\text{Auftrieb}}; \tag{11}$$

da P (der Auftrieb) und G (das Gewicht) nur wenig verschieden sind, so entsteht dadurch nur ein geringer Fehler; ferner lassen wir δ bzw. γ überall dort weg, wo es neben p steht, da p (wie später gezeigt werden wird) immer viel größer, γ bedeutend kleiner als 1 ist; endlich setzen wir noch, da φ ein verhältnismäßig kleiner Winkel ist:

$$\cos \varphi = 1; \quad \sin \varphi = \varphi.$$

Dann erhalten wir für die Koeffizienten folgende genäherten Werte*):

---

*) Wenn man — wie bei v. Kármán-Trefftz — die Multiplikation mit $(z^2 + \mu\,z)$ und m bei der Auswertung der Determinante (9) nicht gliedweise ausführt, so erhält man die charakteristische Gleichung in folgender Form:

$$[z^2 + (p + 3\,\delta)\,z + 2\,\{(p + \delta)\,\delta - (q - \beta)\,\beta\}] \cdot (z^2 + \mu\,z) +$$
$$+ [(1 - \pi)\,z^2 + \{2\,\delta\,(1 - \pi) - \sin \varphi\}\,z + 2\,(\beta \cos \varphi - \delta \sin \varphi)]\,m = 0.$$

Führt man hier auch die eben erwähnten Vereinfachungen ein, so nimmt die Gleichung die Form an:

$$[z^2 + p\,z + 2\,(p\,\gamma - q + 1)] \cdot (z^2 + \mu\,z) + [(1 - \pi)\,z^2 + \{2\,\gamma\,(1 - \pi) - \varphi\}\,z + 2] \cdot m = 0.$$

Um diese Formel in vollkommene Übereinstimmung mit der von v. Kármán-Trefftz zu bringen, muß man noch die von diesen gemachten weiteren Vereinfachungen:

$$p\,\gamma - q + 1 = 1 \quad \text{und} \quad 1 - \pi = 1$$

$$\left.\begin{aligned}
A_1 &= p + \mu \\
A_2 &= 2\,(p\,\gamma - q + 1) + p\,\mu + (1 - \pi)\,m \\
A_3 &= 2\,(p\,\gamma - q + 1)\,\mu + \{2\,\gamma\,(1 - \pi) - \varphi\}\,m \\
A_4 &= 2\,m
\end{aligned}\right\} \tag{10a}$$

Die Gleichung (9a) liefert die vier Wurzeln z_1, z_2, z_3, z_4, und wir erhalten dann als vollständiges Integral des Gleichungssystems (5a):

$$\left.\begin{aligned}
\xi &= X_1\,e^{z_1 x} + X_2\,e^{z_2 x} + X_3\,e^{z_3 x} + X_4\,e^{z_4 x} \\
\eta &= Y_1\,e^{z_1 x} + Y_2\,e^{z_2 x} + Y_3\,e^{z_3 x} + Y_4\,e^{z_4 x} \\
\zeta &= Z_1\,e^{z_1 x} + Z_2\,e^{z_2 x} + Z_3\,e^{z_3 x} + Z_4\,e^{z_4 x}
\end{aligned}\right\} \tag{12}$$

Die zwölf Konstanten können durch die sie verbindenden Beziehungen — entsprechend der Ordnung des Problems — auf vier reduziert werden. Diese vier Konstanten sind aus den Anfangswerten von ξ, η, ζ und ω beim Beginn der Bewegung zu berechnen.

Sind alle vier Wurzeln der Gleichung (9a) reell, so enthalten die Integralgleichungen (12) nur Exponentialfunktionen: die Bewegung ist dann aperiodisch. Sind dagegen zwei oder vier komplexe Wurzeln vorhanden, so bringt man die Integralgleichungen durch Einführung von trigonometrischen Funktionen auf reelle Form: die Bewegung verläuft periodisch, das Flugzeug vollführt Schwingungen um seine Ruhelage.

Das Flugzeug ist stabil, wenn sich ξ, η, ζ für $x = \infty$ (entsprechend $t = \infty$) dem Grenzwert Null nähern. Das ist der Fall, wenn alle reellen Wurzeln und die reellen Teile aller komplexen Wurzeln negativ sind. Die Bedingung hierfür lautet, wenn die Koeffizienten A_1, A_2, A_3, A_4 alle positiv sind (was in allen Fällen, wo Stabilität überhaupt in Frage kommt, stets zutrifft):

$$A_1\,A_2\,A_3 > A_3{}^2 + A_1{}^2\,A_4. \tag{13}$$

Diese Ungleichung ist die notwendige und hinreichende Bedingung für das Bestehen dynamischer Stabilität. Sie ist, wie man sieht, vom dritten Grade und enthält die sieben Koeffizienten p, q, γ, φ, π, m, μ. Von diesen hängt demnach die Stabilität ab, und wir wollen deshalb zunächst sehen, wie wir die numerischen Werte dieser Konstanten bestimmen können. Abgesehen vom Neigungswinkel der Flugbahn φ, der natürlich als bekannt vorausgesetzt werden muß, kann man die Konstanten entweder durch Rechnung oder (bis auf π und μ) durch Versuche am Flugzeug selbst oder an einem Modell desselben bestimmen.

Bestimmung der Konstanten*).

Zur Bestimmung der Konstanten p, q und γ muß man die Kurven kennen, die den Auftrieb P und den Stirnwiderstand Q in Funktion des Anstellwinkels α

---

einführen (von denen späterhin noch die Rede sein wird); dann erhält man für den von den Herren Vortragenden zugrunde gelegten Fall des horizontalen Fluges ($\varphi = 0$):

$$(z^2 + p\,z + 2)\,(z^2 + \mu\,z) + (z^2 + 2\,\gamma\,z + 2)\,m = 0$$

in vollkommener Übereinstimmung mit der Gleichung (4) bei v. Kármán-Trefftz.

*) Dieser Abschnitt, der im Original ziemlich umfangreich ist, wurde im vorliegenden Auszuge besonders stark gekürzt; um dies zu ermöglichen, mußten allerdings auch in der

angeben. Diese Kurven kann man entweder aus Versuchen am Flugzeug selbst oder an einem Modell desselben bestimmen, oder man kann sie — wenn die direkte Bestimmung nicht ausführbar ist — so gut wie möglich aus den Widerstandskurven der Tragflächen und den möglichst richtig geschätzten Widerständen der übrigen Flugzeugteile konstruieren. Die Gleitzahl $\gamma = P : Q$ ist für den dem untersuchten Flugzustande entsprechenden Wert von α ohne weiteres den Kurven zu entnehmen. Um p zu finden, muß man den Differentialquotienten $\dfrac{dP}{d\alpha}$ bestimmen, indem man an die P-Kurve eine Tangente legt. Unter Vernachlässigung des geringen Unterschieds zwischen P und G kann man dann setzen:

$$p = \frac{1}{G} \cdot \frac{dP}{d\eta} = \frac{1}{P} \cdot \frac{dP}{d\alpha}$$

und erhält dann p unmittelbar als die reziproke Subtangente der P-Kurve auf der α-Achse. Die Tangente, die (abgesehen von sehr großen Anstellwinkeln) mit der fast geradlinig verlaufenden Auftriebskurve fast zusammenfällt, schneidet die α-Achse bei einem negativen Winkel α_0 von etwa — 3 bis — 6°, und man erhält dann für die reziproke Subtangente:

$$p = \frac{1}{\alpha_0 + \alpha} = \frac{1}{\alpha_i} \tag{14}$$

wenn man mit $\alpha_i = \alpha_0 + \alpha$ den vom Schnittpunkt der P-Kurve (bzw. Geraden) mit der α-Achse gezählten Anstellwinkel bezeichnet, den man den „ideellen" oder „wirksamen" Anstellwinkel nennt. Da der wirksame Anstellwinkel meist zwischen 6° und 12° liegt, so hat die Konstante p im allgemeinen Werte zwischen 5 und 10.

Die Konstante q kommt nur in der Zusammenstellung $(p\,\gamma - q + 1)$ vor. Setzt man in diesen Ausdruck die aus den Gleichungen (3) und (11) entnommenen Werte von p, q und γ ein, so erhält man:

$$p\,\gamma - q + 1 = 1 - \frac{1}{G}\left\{Q' - P'\,\frac{Q}{P}\right\} = 1 - \gamma' \tag{15}$$

wenn mit P', Q', γ' die Ableitungen von P, Q, γ nach η oder α bezeichnet werden. In den meisten Fällen ist γ' sehr nahe Null und daher $p\,\gamma - q + 1$ sehr nahe $= 1$, da der Wert $\gamma' = 0$ dem Minimum von γ, also der günstigsten Gleitzahl entspricht, der man sich stets möglichst zu nähern sucht*).

Die Bestimmung des stabilisierenden Moments m kann gleichfalls durch direkte Modellversuche erfolgen**); um aber eine richtige Vorstellung davon zu

---

Darstellung verschiedene Umänderungen vorgenommen werden, die Ergebnisse werden indes durch diese Änderungen in keiner Hinsicht beeinflußt.

*) Es muß indes darauf hingewiesen werden, daß für kleine Anstellwinkel γ' oft sehr rasch abfällt und schon bei 3—4° bisweilen gleich — 1 wird (also $1 - \gamma = 2$); aus diesem Grunde schien mir die von v. Kármán-Trefftz gemachte Annäherung

$$p\,\gamma - q + 1 = 1 - \gamma' = 1$$

nicht ganz unbedenklich, und ich habe sie nicht in meine Formeln eingeführt.

**) Siehe K. Wieselsberger, Über die statische Längsstabilität der Drachenflugzeuge Diss. München 1913.

erhalten, wovon m abhängt, muß man die Rechnung zu Hilfe nehmen. Um diese für den Fall eines Flugzeugs mit Haupt- und (belasteter oder unbelasteter) Schwanzfläche durchzuführen, setzen wir für den Auftrieb der beiden Flächen:

$$P = k\,f\,v^2\,\alpha_i;\qquad P_s = k_s\,f_s\,v^2\,\alpha_{is}\tag{16}$$

wobei P der Auftrieb der Haupttragfläche f, α_i ihr wirksamer Anstellwinkel und k eine (hauptsächlich vom Seitenverhältnis, weniger von der Wölbung abhängende) Konstante ist; die mit dem Index s bezeichneten Größen beziehen sich in gleicher Weise auf die Schwanzfläche. Wir führen weiter noch die Größe

$$u = \frac{k_s\,f_s}{k\,f},\tag{17}$$

das ist das auf gleiche Flächenform bezogene Verhältnis der Schwanz- zur Hauptfläche, ein und bezeichnen mit $\lambda = \dfrac{de}{d\alpha}$ die Druckpunktsverschiebung der Haupttragfläche (e = Abstand des Druckpunktes von der Vorderkante). Dann ergibt sich für die Ableitung des Drehmoments nach dem Anstellwinkel

$$\frac{dM}{d\alpha} = G\cos\varphi\left(\frac{\alpha_i - \alpha_{is}}{\alpha_i^2}\,u\,l + \lambda\right)^{*)},$$

wenn mit l die Länge des Schwanzes, d. h. die Strecke vom Schwerpunkt des Flugzeugs bis zum Druckmittelpunkt der Schwanzfläche, bezeichnet wird. Durch Einsetzen dieses Wertes in den Ausdruck (3) für m ergibt sich, wenn wieder $\cos\varphi = 1$ gesetzt wird:

$$m = \frac{v^2}{g\,\rho^2}\left(\frac{\sigma\,u\,l}{\alpha_i} + \lambda\right).\tag{18}$$

ρ ist der Trägheitsradius des Flugzeugs $\left(J = \dfrac{G}{g}\,\rho^2\right)$, während die „Schränkungszahl"

$$\sigma = \frac{\alpha_i - \alpha_{is}}{\alpha_i}\tag{19}$$

das Verhältnis der Schränkung zum Anstellwinkel der Hauptfläche angibt. Die Schränkungszahl, die für unbelastete Schwanzfläche $= 1$, für belastete < 1 ist, gibt an, um wieviel die stabilisierende (nicht aber die dämpfende!) Wirkung der tragenden Schwanzfläche geringer ist als die einer gleich großen vollkommen unbelasteten Fläche.

Jetzt sind endlich noch die Konstanten π und μ zu berechnen, die den Einfluß der Drehung um den Schwerpunkt wiedergeben. Von Bedeutung ist nur der Einfluß der Schwanzfläche. Durch die Drehung erhält diese zu ihrer Vorwärtsgeschwindigkeit v noch eine senkrecht zu dieser gerichtete Zusatzgeschwindigkeit $l \cdot d\omega$; dadurch wird die absolute Größe der Geschwindigkeit nicht merklich beeinflußt, aber der Anstellwinkel α wird um den Betrag $\dfrac{l}{v}\,d\omega$ vergrößert. Infolge-

---

*) Die Ableitung dieser Formel ist im ersten, die statische Stabilität behandelnden Teile der Originalarbeit enthalten, wurde aber, als zu weit führend, wie der ganze erste Teil hier fortgelassen. Sie bietet übrigens keinerlei Schwierigkeiten.

dessen wachsen der Auftrieb und das Drehmoment der Schwanzfläche um die Beträge:

$$\frac{dP_s}{d\omega} = k_s\, f_s\, v\, l = G\,\frac{u\, l}{v\,\alpha_i}\,;\quad \frac{dM}{d\omega} = G\,\frac{u\, l^2}{v\,\alpha_i}\,,$$

und nach Gleichung (3) ergibt sich daraus:

$$\pi = \frac{g}{v^2}\cdot\frac{u\, l}{\alpha_i}\,;\quad \mu = \frac{1}{\rho^2}\cdot\frac{u\, l^2}{\alpha_i}. \tag{20}$$

Was π betrifft, so kommt es in den Ausdrücken für A_2 und A_3 nur in der Verbindung $1 - \pi$ vor. Durch Einsetzen von praktisch vorkommenden Werten kann man sich aber leicht überzeugen, daß — abgesehen von extrem langsamen Flugzeugen und solchen mit übertrieben großer Schwanzfläche, die schon mehr Tandem-Flugzeuge sind — π immer so klein ist, daß es gegenüber 1 vernachlässigt werden kann. In A_2 kann π auch in den eben erwähnten Ausnahmefällen fortgelassen werden, da es in der Verbindung $m\,\pi$ vorkommt, die — wie man leicht aus den Formeln für p, m, π, μ erkennt — immer klein gegen das danebenstehende Glied $p\,\mu$ ist.

Wie man sieht, hat die Schwanzfläche eine doppelte Wirkung: sie erzeugt ein „stabilisierendes Moment" m und ein „Dämpfungsmoment" μ. Das erste ist der Länge des Schwanzes, das zweite dem Quadrat dieser Länge proportional. Je länger und je mehr belastet der Schwanz ist*), desto mehr tritt das stabilisierende Moment neben dem Dämpfungsmomente zurück.

Diskussion der Stabilitätsbedingung.

Um eine Vorstellung zu gewinnen, welchen Einfluß das stabilisierende Moment m und das Dämpfungsmoment μ auf die dynamische Stabilität haben, betrachten wir nacheinander die beiden Grenzfälle $\mu = 0$ und $m = 0$.

1. Grenzfall: $\mu = 0$. — Bis jetzt**) ist von allen Autoren nur dieser Spezialfall untersucht worden. Wir werden indes an dem nachfolgenden Zahlenbeispiel deutlich erkennen, daß er zu Ergebnissen führt, die fast immer von den wirklichen Vorgängen sehr weit entfernt sind.

Setzt man in den Ausdrücken (10a) $\mu = 0$, so ergibt die Stabilitätsbedingung (13):

$$2\,p\,(p\,\gamma - q + 1)\,[2\,\gamma\,(1 - \pi) - \varphi]\,m + p\,(1 - \pi)\,[2\,\gamma\,(1 - \pi) - \varphi]\,m^2 >$$
$$> [2\,\gamma\,(1 - \pi) - \varphi]^2\,m^2 + 2\,p^2\,m\,,$$

oder wenn π gegenüber 1 vernachlässigt wird:

$$(2\,\gamma - \varphi)\,[p - (2\,\gamma - \varphi)]\,m > 2\,p\,[p - (p\,\gamma - q + 1)\,(2\,\gamma - \varphi)]\,.$$

In beiden eckigen Klammern können die zweiten Glieder gegenüber p vernachlässigt werden, und man erhält so als Stabilitätsbedingung:

$$m > \frac{p}{\gamma - \dfrac{\varphi}{2}} \tag{21}$$

---

*) Hier wäre zu ergänzen: und je geringer die Geschwindigkeit ist.

**) Bezieht sich auf die Zeit der Veröffentlichung der Originalarbeit, Ende 1910.

Man sieht, daß (im Falle $\mu = 0$) das Flugzeug im Abstieg stabiler ist als im Anstieg, um so mehr als — wie im Abschnitt über die statische Stabilität gezeigt wurde *) — auch m im Abstieg größer ist. Steigt das Flugzeug unter einem Winkel, der doppelt so groß ist als der Gleitwinkel, so ist selbst mit unendlich großer Schwanzfläche keine Stabilität zu erreichen **).

Für $\varphi = 0$ ist die Ungleichung (21), wie man durch Einsetzen der berechneten Werte von m, p, γ sieht — wenn man noch die Annäherungen $\lambda = 0$ und $p\gamma - q + 1 = 1$ macht —, mit der von Soreau gegebenen Formel in voller Übereinstimmung ***).

2. Grenzfall: $m = 0$. — Für $m = 0$ besitzt das Flugzeug keine statische Stabilität, es ist im indifferenten Gleichgewicht; es hat weder das Bestreben, in seine Ruhelage zurückzukehren, noch sich von ihr zu entfernen und ist in jeder benachbarten Lage ebenfalls im Gleichgewicht. Obwohl man diesen Grenzfall natürlich vermeiden mnß, bietet er doch ziemliches Interesse, da die meisten Flugzeuge sich ihm viel mehr nähern als dem anderen Grenzfalle $\mu = 0$.

Setzt man in den Ausdrücken (10a) für A_1, A_2, A_3, A_4 überall $m = 0$, so zerfällt die charakteristische Gleichung (9a) in die drei Gleichungen:

$$z = 0; \qquad z + \mu = 0; \qquad z^2 + p z + 2(p\gamma - q + 1) = 0. \qquad (22)$$

Da eine der vier Wurzeln gleich Null ist, nehmen die Integralgleichungen die Form an:

$$\xi = X_1 e^{z_1 x} + X_2 e^{z_2 x} + X_3 e^{z_3 x} + X_4, \qquad (23)$$

wo das konstante Glied X_4 die Entfernung der neuen Ruhelage von der alten ist. Da p mindestens gleich 5 und $p\gamma - q + 1$ kaum größer als 2 ist, so sind die anderen drei Wurzeln reell und negativ und meist nicht sehr nahe an Null. Daraus folgt:

Ein im indifferenten Gleichgewicht befindliches Flugzeug ($m = 0$) kehrt nach einer Störung im allgemeinen nicht wieder in seine Anfangslage zurück, sondern es nähert sich schwingungsfrei (und in den meisten Fällen ziemlich rasch) einer neuen Gleichgewichtslage.

Zahlenbeispiel.

Um sehr komplizierte allgemeine Rechnungen zu vermeiden und gleichzeitig zu zeigen, wie man die erhaltenen Ergebnisse in der Praxis anwenden kann, soll

---

*) Dieser Abschnitt wurde, wie erwähnt, fortgelassen; vgl. dafür die Originalarbeit.

**) Die Auffindung des Einflusses der Flugbahnneigung auf die Stabilität schreibt Bryan in seinem Buche „Die Stabilität der Flugzeuge" (deutsche Übersetzung von Bader, Berlin 1914) seinem Mitarbeiter Harper zu; ich glaube indes, daß meine diesbezügliche Veröffentlichung beträchtlich früher erfolgt ist. — Die Beziehung ist indes — wie Knoller in seiner schon erwähnten Untersuchung gezeigt hat — nur dann streng richtig, wenn sich bei Schwankungen der Fluggeschwindigkeit der Propellerschub nicht merklich ändert, was immer dann zutrifft, wenn das Drehmoment des Motors bei einer kleinen Erhöhung der Umlaufzahl noch nicht stark abfällt.

***) Ebenso mit den Formeln von Bryan, Ferber, Knoller und v. Kármán-Trefftz; bei letzteren lautet die Formel: $q \geq \dfrac{a}{b}$.

ein Zahlenbeispiel ausführlich untersucht werden. Wir legen demselben ein Flugzeug von folgenden Ausmaßen zugrunde*):

Tragfläche: $f = 20$ m²
Wirksamer Anstellwinkel: $\alpha_1 = 0{,}125 \; (= 7^0\,15')$
Tragkoeffizient der Hauptfläche: $k = 0{,}3$
    „   „   Schwanzfläche: $k_s = 0{,}15$
Gesamtgewicht: $G = 300$ kg
Geschwindigkeit (berechnet aus: $G = k\,f\,v^2\,\alpha_i$): $v = 20$ m/sec
Stirnwiderstand = Propellerschub: $S = 75$ kg
Gleitzahl: $\gamma = S : G = 0{,}25$
Trägheitsradius: $\rho = 1$ m
Steigungswinkel der Flugbahn: $\varphi = 0$ (Horizontalflug).

Aus diesen Annahmen erhält man:

$$p = 8; \quad q = 2; \quad p\,\gamma - q + 1 = 1 - \gamma' = 1,$$

und die Koeffizienten der Gleichung (9a) werden:

$$A_1 = 8 + \mu; \quad A_2 = 2 + 8\,\mu + m; \quad A_3 = 2\,\mu + 0{,}5\,m; \quad A_4 = 2\,m.$$

Wir untersuchen nun die Stabilität für verschiedene Werte des stabilisierenden Moments m und des Dämpfungsmoments μ.

Wenn man vom Einfluß der Druckpunktwanderung λ absieht, so erhält man aus den Gleichungen (18) und (20):

$$m = 8\,\sigma\,f_1\,l; \quad \mu = 0{,}2\,f_1\,l^2.$$

Wird — wie es bisher stets geschehen ist — der Einfluß der Dämpfung vernachlässigt, so erhält man aus Gleichung (21) als Bedingung für die Stabilität:

$$m > 32.$$

Mit $\sigma = 1$ (unbelastete Schwanzfläche) ergibt das für $l = 5$ m: $f_1 = 0{,}8$ m², für $l = 8$ m: $f_1 = 0{,}5$ m² usw.

Untersucht man nun weiter an Hand der Ungleichung (13) die Stabilität mit Berücksichtigung des Dämpfungsmoments μ, so erhält man als Grenze der Stabilität die in Abb. 2 mit a bezeichnete Kurve, wobei die schraffierte Fläche das Gebiet der Unstabilität bezeichnet. Wie man sieht, ist schon ein sehr kleiner Wert von μ ($\mu > 1{,}55$) ausreichend, um bei jedem Werte von m Stabilität zu haben. Die durch die Gleichung (21) gegebene Stabilitätsbedingung ist daher praktisch wertlos, denn selbst bei einem schwanzlosen Flugzeuge wird das Dämpfungsmoment μ in fast allen Fällen groß genug sein, um die Stabilität für jeden Wert von m zu gewährleisten.

---

*) Die Ausmaße beziehen sich naturgemäß auf die zur Zeit der Abfassung des Artikels (Sommer 1910) vorhandenen kleinen, sehr leichten und relativ langsamen Flugzeuge (z. B. Blériot-Eindecker mit 25-PS-Anzani-Motor). In den Bezeichnungen von v. Kármán-Trefftz ist in meinem Zahlenbeispiel $a = 5{,}66$, $b = 0{,}354$, während die erwähnten Vortragenden die Mittelwerte $a = 4$, $b = 0{,}283$ zugrunde legen; trotz dieser verschiedenen Annahmen ist die Gestalt der Kurven fast genau dieselbe.

Die Untersuchung der Wurzeln der Gleichung (9a) auf Realität führt zu den drei Kurven b, c, d (Fig. 2), die die Fläche in Gebiete mit vier reellen in solche mit zwei reellen und zwei komplexen und endlich solche mit vier komplexen Wurzeln teilen. Die in die Abbildung eingeschriebenen Zahlen geben die Zahl der reellen Wurzeln an, das mit 4 bezeichnete Gebiet entspricht daher der aperiodischen Bewegung. Wie man sieht, ist dieselbe nur möglich, wenn μ groß und m sehr klein ist (ungefähr m $<$ 0,065 μ).

Beispielsweise erhält man mit einer Schwanzfläche von 2,04 m² und $l = 7$ m den Wert $\mu = 20$. Ist die Schwanzfläche unbelastet ($\sigma = 1$), so wird m $= 114$, und man erhält vier komplexe Wurzeln, also eine doppelt periodische Bewegung mit raschen Schwingungen. Macht man den Schwanz tragend, so erhält man beispielsweise für $\sigma = 0{,}25$ den Wert m $= 28{,}5$, und die Bewegung ist nur mehre infach periodisch. Verkleinert man m noch weiter, so daß die beiden Flächen fast parallel stehen, so erhält man schließlich eine rein aperiodische Bewegung. Für m $= 1$ z. B. ergeben sich die Wurzelwerte:

$$z_1 = -0{,}0675; \quad z_2 = -0{,}1901;$$
$$z_3 = -7{,}822; \quad z_4 = -19{,}921.$$

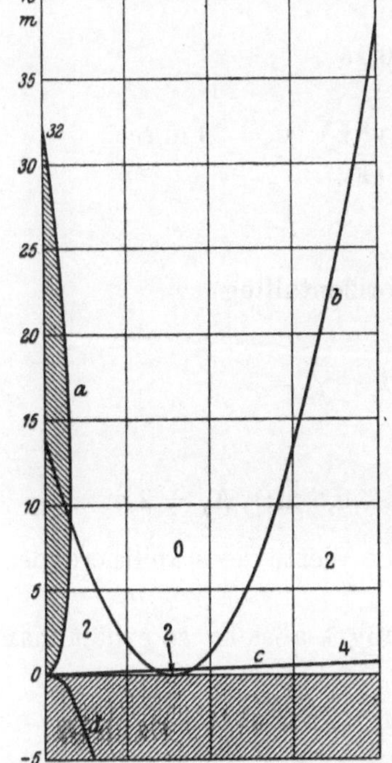

Fig. 2. ▨ = statisch unstabiles, ▩ = dynamisch unstabiles Gebiet. Die Zahlen bezeichnen die Anzahl der reellen Wurzeln.

Zwei von den Wurzeln sind immer sehr nahe an Null, was einer langsamen Rückkehr in die Ruhelage entspricht bzw. einer schwachen Dämpfung im Falle der periodischen Bewegung. Dieser Übelstand ist unvermeidlich und tritt um so stärker hervor, je kleiner die Gleitzahl γ und je größer die Fluggeschwindigkeit ist.

Schlußfolgerungen.

1. Schon beim Vorhandensein eines sehr geringen (selbst bei einem schwanzlosen Flugzeuge wohl stets vorhandenen) Dämpfungsmoments ist das Flugzeug ohne weiteres dynamisch stabil, sobald es statisch stabil ist.

2. Um eine aperiodische oder der Aperiodizität sich nähernde Bewegung zu erhalten, muß das Dämpfungsmoment groß und das stabilisierende Moment klein sein.

Nachbemerkungen.

Wie ein Vergleich der vorstehenden Übersetzung meiner Arbeit mit dem Vortrage der Herren v. Kármán und Trefftz ergibt, ist die angewandte Methode der Darstellung in beiden Arbeiten genau dieselbe, und auch die erhaltenen Resultate stimmen inhaltlich und formell vollkommen überein. Besonders auffallend zeigt sich diese Übereinstimmung bei einem Vergleich meiner Abb. 2 mit den entsprechenden Kurven in den dem Vortrage beigegebenen Figuren. Obwohl in beiden Fällen verschiedene Zahlwerte eingesetzt wurden, ist doch die Gestalt der Kurven fast genau die gleiche — ein schönes Zeichen dafür, daß die gefundenen Resultate wirklich sehr allgemein zutreffend sind. Daß ich die „Hüllkurve", die Grenze zwischen der periodischen und aperiodischen Bewegung (Abb. 2 zum Vortrage), nicht in ihrem ganzen Verlaufe, sondern nur in dem für die praktische Anwendung in Betracht kommenden Teile gezeichnet habe, ist natürlich nur aus Gründen der Raumersparnis geschehen, und was die in meiner Arbeit nicht erwähnte Konstruktion der Kurve betrifft, so habe ich dazu ein ähnliches indirektes Verfahren wie das von den Herren Vortragenden angegebene benutzt.

In einigen Punkten war meine Arbeit allgemeiner gehalten als der Vortrag; sie berücksichtigt von vornherein verschiedene Neigungswinkel der Flugbahn und verschiedene Winkel zwischen Flugbahn und Schraubenachse (bzw. sie läßt erkennen, daß der letztere Winkel, wenn er nicht allzu groß ist, keinen merklichen Einfluß hat) und bezieht sich ebenso auf belastete wie auf unbelastete Schwanzflächen, während v. Kármán-Trefftz sich ausdrücklich nur auf einfach tragende Systeme, also unbelastete Schwanzfläche, beschränken. Vorteilhaft scheint mir auch die von mir durchgehend angewandte Methode, die charakteristischen Größen (p, m, μ, usw.) zunächst durch allgemein gültige Differentialformeln (Gleichungen (3)) festzulegen und sie nicht von Anfang an aus bestimmten Annahmen über die Wirkungsweise der Tragflächen und Schwanzflächen abzuleiten, da man dabei klarer erkennt, daß es sich um allgemeine Kennzahlen handelt, die — unabhängig von der Bauart des Flugzeugs und von besonderen Annahmen über die Luftwiderstandskräfte — immer in gleicher Weise in die Formeln eingehen, und deren Bestimmung im Prinzip ebensowohl durch Berechnung wie durch Versuche erfolgen kann.

Es war mir sehr erfreulich, daß durch die unabhängig von mir unternommene Arbeit der Herren v. Kármán und Trefftz sich die Zweckmäßigkeit der von mir bereits vor vier Jahren angewandten Darstellungsweise so deutlich gezeigt hat, und ich hoffe, daß diese Methode in der Tat bei weiterer Vervollkommnung dazu führen wird, dem Konstrukteur eine sichere Grundlage zur Beurteilung der Stabilitätseigenschaften der von ihm entworfenen Flugzeuge zu liefern. Wenn sie auch nicht so bestechend elegant ist, wie die außerordentlich interessante, halb graphische Methode von Knoller, so glaube ich doch, daß sie zur wirklichen praktischen Verwendung besser geeignet sein dürfte als diese. Und ich begrüße es mit großer Freude, daß die Herren Vortragenden durch die eingehende Untersuchung der Schwingungszahlen und Dämpfungskonstanten wesentlich zum besseren Verständnis der Vorgänge beigetragen und die Theorie der praktischen Anwendung um ein erhebliches Stück nähergebracht haben.

Zur wirklichen Verwendbarkeit der Rechnungsergebnisse in der Praxis reichen allerdings auch diese Untersuchungen noch nicht aus; hierzu wären vor allem noch eingehende Untersuchungen über das Verhalten des Flugzeugs bei verschiedenartigen Störungen notwendig, wie sie von Knoller für einzelne Fälle nach seiner halb graphischen Methode bereits ausgeführt wurden, und ferner auch Untersuchungen darüber, in welchem Maße die zunächst nur für kleine Störungen geltenden Formeln sich ändern, wenn es sich um größere Abweichungen von der Gleichgewichtslage handelt, wie sie beim Fluge öfter vorkommen können. Ich glaube, daß auch zu diesen Untersuchungen die von den Herren Vortragenden und mir angewandte Rechnungsweise sehr gut geeignet sein dürfte.

Nach der guten Übereinstimmung der von verschiedenen Verfassern erhaltenen Resultate kann man wohl annehmen, daß jetzt die Frage ziemlich geklärt ist, von welchen Größen die Stabilität eines Flugzeugs vornehmlich abhängt und in welcher Art sie durch diese Größen beeinflußt wird. Große Verwirrung — besonders bei allen, die den Gegenstand nicht ganz vollkommen beherrschen— entsteht aber dadurch, daß jeder Verfasser ganz andere Benennungen und Bezeichnungen für diese Größen wählt und sie auch häufig in anderer Form (z. B. mit einem konstanten Faktor multipliziert oder zwei Größen durch Multiplikation oder Division miteinander verbunden) in seine Ausdrücke einsetzt, wodurch es oft den Anschein gewinnt, als ob es sich um ganz andere Größen handeln würde. Bei einer Durchsicht der folgenden Tabelle der von den Herren v. Kármán-Trefftz, von Prof. Knoller und von mir angewandten Bezeichnungen erkennt man leicht, daß es sich immer wieder um dieselben, in den verschiedensten Verkleidungen auftretenden Größen handelt, nicht nur bei den fast inhaltsgleichen Arbeiten von v. Kármán-Trefftz und mir, sondern auch bei der scheinbar so sehr verschiedenen Arbeit von Knoller. Es wäre sehr wünschenswert, wenn über die Benennung und Bezeichnung der wichtigtsen dieser Größen eine Einigung zustande käme, die nicht nur dem weiterarbeitenden Forscher eine sehr wesentliche Erleichterung gewähren, sondern auch die Anwendung der gefundenenen Ergebnisse in der Praxis erst wirklich möglich machen würde.

Vergleich der Bezeichnungen.

Größe	Festlegung (Bezeichnungen nach Quittner)	Dimension (techn.)	Bezeichnung bei		
			v. Kármán-Trefftz	Quittner	Knoller
A. Konstanten beim normalen Fluge.					
Größe der Tragfläche	—	m²	F	f	F
Flugzeuggewicht . .	—	kg	[A]	G	S
Propellerschub . . .	—	kg	[W]	S	U
Steigwinkel der Flugbahn	—	0	[0]	φ	ε
Anstellwinkel der Tragfläche	—	0	α	α	α
Auftrieb	—	kg	A	P	$\frac{\gamma}{g} F v^2 \cdot A^1)$
Stirnwiderstand . .	—	kg	W	Q	$\frac{\gamma}{g} F v^2 \cdot W^1)$
Fluggeschwindigkeit	—	m/sec	U	v	v
Geschwindigkeitshöhe	$\frac{v^2}{2 g}$	m	H	h	
Fallzeit	$\frac{v}{g}$	sec	$\frac{U}{g}$	τ	t_2
Pendelzeit der Geschwindigkeitshöhe	$2 \pi \frac{v}{g}$	sec	$2 \pi \frac{U}{g}$	$2 \pi \tau$	t_1

Größe	Festlegung (Bezeichnungen nach Quittner)	Dimension (techn.)	Bezeichnung bei		
			v. Kármán-Trefftz	Quittner	Knoller

B. Koordinaten der Störung.

Größe	Festlegung (Bezeichnungen nach Quittner)	Dimension (techn.)	v. Kármán-Trefftz	Quittner	Knoller
Aufdrehung des Flugzeugs	$(\varphi_1 + \alpha_1) - (\varphi + \alpha)$ [2])	0	φ	ξ	$\delta\varepsilon$
Aufdrehung der Flugbahn.	$\varphi_1 - \varphi$ [2])	0	δ	$\xi - \eta$	$\delta\varepsilon - \delta\alpha$
Zunahme des Anstellwinkels	$\alpha_1 - \alpha$ [2])	0	$\alpha = \varphi - \delta$	η	$\delta\alpha$
Zunahme der Geschwindigkeit . . .	$v_1 - v$ [2])	m/sec	u	$\zeta\,v$	δv
Relative Geschwindigkeitszunahme . . .	$\dfrac{v_1 - v}{v}$ [2])	0	$\dfrac{u}{U}$	ζ	$\dfrac{\delta v}{v}$
Drehgeschwindigkeit um den Schwerpunkt	$\dfrac{d\xi}{dt}$	1/sec	ω	ω	

C. Wirkung der Störung auf die Haupt-Tragflächen und Schraube.

Größe	Festlegung (Bezeichnungen nach Quittner)	Dimension (techn.)	v. Kármán-Trefftz	Quittner	Knoller
Wirksamer Anstellwinkel	$G: \dfrac{\partial P}{\partial \alpha}$	0	$\alpha_0 + \alpha$	$\alpha_1 (= \alpha_0 + \alpha)$	α_i
Auftriebzuwachszahl .	$\dfrac{1}{G} \cdot \dfrac{\partial P}{\partial \alpha}$	0	$\sqrt{2} \cdot a$	$p \left(= \dfrac{1}{a_i} \right)$	$\dfrac{1}{a_i}$
Widerstandszuwachszahl	$\dfrac{1}{G} \cdot \dfrac{\partial Q}{\partial \alpha}$	0	[a b]	q	
Gleitzahl	$\dfrac{Q}{P}$	0	$\varepsilon = \dfrac{1}{\sqrt{2}} \cdot b$	γ	γ
Schubabfallzahl (Propeller)	$-\dfrac{1}{G} \cdot \dfrac{\partial S}{\partial \xi}$	0	[0]	s [3])	$\varepsilon_i - \varepsilon$
Wirksame Gleitzahl .	$\gamma - \dfrac{s}{2}$	0	$[\gamma]$	γ_i	γ_i
Auftriebszuwachszahl für Drehung . . .	$\dfrac{1}{G\,\tau} \cdot \dfrac{\partial P}{\partial \omega}$	0	$\dfrac{\delta e}{2H}$	π	[0]

D. Stabilisierendes Moment.

Größe	Festlegung (Bezeichnungen nach Quittner)	Dimension (techn.)	v. Kármán-Trefftz	Quittner	Knoller
Größe der Schwanzfläche	—	m[2]	f	f_s	(m F) [4])
Schwanzlänge (ab Schwerpunkt) . .	—	m	l	l	
Wirksamer Anstellwinkel der Schwanzfläche	$P_s: \dfrac{\partial P_s}{\partial \alpha}$	0	[0]	$\alpha_{i\,s}$	
Tragzahl der Hauptfläche	$\dfrac{P}{f\,v^2\,a_i}$	$\dfrac{kg\,sec^2}{m^4}$	$\dfrac{\gamma}{g} \zeta'_A$ [1])	k	$\dfrac{\gamma}{g}\,a$ [1])

---

[1]) γ bezeichnet hier nicht die Gleitzahl, sondern das spezifische Gewicht der Luft.

[2]) Die Bezeichnungen mit dem Index 1 bedeuten die Werte der mit den gleichen Buchstaben bezeichneten Größen in einem beliebigen Augenblick während der durch die Störung hervorgerufenen Bewegung.

[3]) Größen, die in meiner Arbeit nicht vorkamen, für die ich indes die in die Tabelle eingesetzten Bezeichnungen vorschlage.

[4]) m F ist die auf gleiche Tragkoeffizienten mit der Hauptfläche bezogene Schwanzfläche.

Größe	Festlegung (Bezeichnungen nach Quittner)	Dimension (techn.)	Bezeichnung bei v. Kármán-Trefftz	Bezeichnung bei Quittner	Bezeichnung bei Knoller
Tragzahl der Schwanzfläche	$\dfrac{P_s}{f_s\,v^2\,a_{is}}$	$\dfrac{kg\,sec^2}{m^4}$	$\dfrac{\gamma}{g}\,\zeta'_d$ [1])	k_s	
Wirksames Flächenverhältnis	$\dfrac{k_s\cdot f_s}{k\cdot f}$	0	$\dfrac{\zeta'_d}{\zeta'_A}\cdot\dfrac{f}{F}$	u	m
Schränkungszahl	$\dfrac{a_i - a_{is}}{a_i}$	0	[1]	σ	
Metazentrische Höhe Stabilitätsarm (Knoller)	$\dfrac{1}{G}\cdot\dfrac{\partial M}{\partial a}$	m	$h_r\left(=\dfrac{x^2}{H}\,q\right)$	$\dfrac{\rho^2}{2\,h}\cdot m$	$c\left(=\dfrac{r}{\alpha_i}\right)$
	$\dfrac{\partial M}{\partial a}:\dfrac{\partial P}{\partial a}$	m	$\dfrac{h_r}{\sqrt{2}\cdot a}$	$\dfrac{\rho^2}{2\,h}\cdot\dfrac{m}{p}$	$r(=c\,\alpha_i)$
Stabilisierendes Moment	$\dfrac{1}{G}\cdot\dfrac{2\,h}{\rho^2}\cdot\dfrac{\partial M}{\partial a}$	0	$2\,q$	m	$\dfrac{\eta}{\alpha_i}\left(=\dfrac{2\,h}{\rho^2}\,c\right)$
Stabilisierendes Moment (nach Knoller)		0	$\sqrt{2}\,\dfrac{q}{a}$	$\dfrac{m}{p}$	η

E. Dämpfungsmoment.

Größe	Festlegung (Bezeichnungen nach Quittner)	Dimension (techn.)	Bezeichnung bei v. Kármán-Trefftz	Bezeichnung bei Quittner	Bezeichnung bei Knoller
Massen-Trägheitsradius um die horizontale Querachse	—	m	$\varkappa$	ρ	ρ
Flächen-Trägheitsradius um die horizontale Querachse	$\sqrt{v\left(\dfrac{\partial M}{\partial\omega}:\dfrac{\partial P}{\partial a}\right)}$	m	$\sqrt{\dfrac{p}{a}}\cdot\rho$	$\sqrt{\dfrac{\mu}{p}}\cdot\rho$	ρ_1
Verhältnis der Trägheitsmomente	$\dfrac{v}{\rho^2}\left(\dfrac{\partial M}{\partial\omega}:\dfrac{\partial P}{\partial a}\right)$	0	$\dfrac{p}{a}$	$\dfrac{\mu}{p}$	$x=\dfrac{\rho_1^2}{\rho^2}$
Dämpfungsmoment	$\dfrac{1}{G}\cdot\dfrac{v}{\rho^2}\cdot\dfrac{\partial M}{\partial\omega}$	0	$\sqrt{2}\cdot p$	μ	$\dfrac{x}{a_i}$
Gedämpfte Stabilität (Knoller)	$\dfrac{\tau}{p}\left(\dfrac{\partial M}{\partial a}:\dfrac{\partial M}{\partial\omega}\right)$	0	$\dfrac{q}{a\,p}$	$\dfrac{m}{p\,\mu}$	$\tau=\dfrac{\eta\,a_i}{x}$
Unbenannte Größe (Knoller)	$\dfrac{1}{2}\left(\alpha_i+\dfrac{1}{\mu}\right)$	0	$\dfrac{a+p}{2\,a\,p}$	$\dfrac{p+\mu}{2\,p\,\mu}$	$\alpha_e\left(=\alpha_i\dfrac{1+x}{2\,x}\right)$

F. Schwingungszahlen und Dämpfungskonstanten.

Größe	Festlegung (Bezeichnungen nach Quittner)	Dimension (techn.)	Bezeichnung bei v. Kármán-Trefftz	Bezeichnung bei Quittner	Bezeichnung bei Knoller
Dimensionslose Zeitvariable	$t:\tau$	0	$\dfrac{g}{U}\,t$	x	—
Wurzel der charakteristischen Gleichung — Variable t	—	$\dfrac{1}{sec}$	σ	z_t [3])	—
Variable x	—	0	$\sqrt{2}\cdot z$	z	—
Imaginärer Teil der Wurzel (Variable x)	—	0	$\sqrt{2}\cdot\nu$	ν [3])	—
Reeller Teil der Wurzel (Variable x)	—	0	$\sqrt{2}\cdot\lambda$	λ [3])	—
Schwingungszahl in der Zeiteinheit $2\pi\times$	—	$\dfrac{1}{sec}$	$\dfrac{\sqrt{2}}{2\pi}\cdot\dfrac{g}{U}\,\nu$	$\nu:2\pi\,\tau$	$z:2\pi\,t_z$
Schwingungszahl in der Fallzeit	—	0	$\sqrt{2}\cdot\nu$	ν	z

Größe	Festlegung (Bezeichnungen nach Quittner)	Dimension (techn.)	Bezeichnung bei		
			v. Kármán-Trefftz	Quittner	Knoller
Schwingungsdauer . .	—	sec	$\dfrac{2\pi}{\sqrt{2}}\cdot\dfrac{U}{g}\cdot\dfrac{1}{\nu}$	$\dfrac{2\pi\tau}{\nu}$	$\dfrac{2\pi t_2}{z}$
Dämpfung in der — Zeiteinheit .	—	$\dfrac{1}{sec}$	$\sqrt{2}\cdot\dfrac{g}{U}\,\lambda$	$\lambda:\tau$	$\mu:t_2$
Fallzeit . .	—	0	$\sqrt{2}\cdot\lambda$	λ	μ
$\dfrac{1}{2\pi}$ Schwing.-Dauer . . .	—	0	$\lambda:\nu$	$\lambda:\nu$	$\mathrm{tg}\,\nu=\dfrac{\mu}{z}$

Die in eckige Klammern gesetzten Ausdrücke ergeben sich aus von dem betreffenden Verfasser gemachten vereinfachenden Annahmen.

Prof. Dr. v. Kármán-Aachen:

Als Schlußwort möchte ich zuerst zu den Äußerungen der Herren Quittner und Reißner folgendes bemerken: Es ist sehr schade, daß die Z. Ver. deutsch. Ing. für Herrn Quittners Arbeit keinen Raum gefunden hat; ich glaube, unsere Arbeit wäre dann kaum entstanden. Es ist in der Tat überraschend, wie weit die Ähnlichkeit der Behandlungsweise in den beiden Arbeiten geht, namentlich in der Art und Weise, wie die maßgebenden Größen gruppiert werden. Unsere Arbeit ist sozusagen in der Not entstanden. Ich mußte im Kolleg die Stabilitätsfrage behandeln, ohne daß ich mich früher eingehender damit beschäftigt habe, und nach einigen mißlungenen Versuchen, mich durch die einschlägige Literatur rasch durchzufressen, fand ich es ökonomischer, die ganze Rechnung nochmals selbst aufzubauen. Später fand ich zwar, daß sozusagen unsere sämtlichen Resultate bei unseren Vorgängern aufzufinden sind, unsere Arbeit sollte aber ein Versuch sein, die Nachfolger in die Lage zu setzen, rascher und mit geringerer Mühe über die Frage sich orientieren zu können. Ist dies nicht erreicht, so ist der Vorwurf der Undankbarkeit gegen unsere Vorgänger, den Herr Reißner auf unsere Köpfe schleudert, wirklich verdient; denn alsdann ist die Arbeit nichts anderes als eine Wiederholung älterer Arbeiten. Ist aber das Ziel nur halbwegs erreicht, so finde ich den Vorwurf ungerecht, weil wir ausdrücklich betont haben, nur in der Darstellung Neues bieten zu wollen. Auch enthält die Arbeit keine Quellenangabe, die Namen Runge und Knoller sind gerade herausgegriffen als Beispiele der Theorien, die gerade in dem Vereinsorgan veröffentlicht worden sind.

Was nun die sachlichen Bemerkungen anbelangt, so stimme ich Herrn Prandtls Anregungen über die Richtlinien einer Fortsetzung der die Stabilität betreffenden Forschungsarbeit vollkommen bei. Man fühlt bei jedem Schritt, wenn man mit der Sache sich theoretisch befaßt, wie wenig noch in dieser Hinsicht experimentell geleistet worden ist. Die angeregten theoretischen Aufgaben lassen sich für Einzelfälle wahrscheinlich durchführen.

Herrn Reißners Feststellung betr. die Modifikation der Frequenzdeterminante durch Neigung der Flugbahn ist vollkommen richtig und von uns bei Anfertigung der Fig. 7 berücksichtigt worden. Durch die Neigung wird wesentlich die Größe b beeinflußt, und so ist die Variation der Flugbahn im wesentlichen identisch mit Variation der Größe b. Den Vergleich mit den anderen Autoren kann ich momentan mangels literarischer Hilfsquellen nicht durchführen. Sonst gebe ich Herrn Reißner recht, daß der Einfluß der Neigung der Flugbahn vielleicht geringer ist als der entgegengesetzte Einfluß des veränderten Anstellwinkels, der eine Vergrößerung bzw. Verkleinerung der metazentrischen Höhe zur Folge hat. Man sieht dies sehr klar an den Messungen Eiffels am Nieuportflügel. Es wäre interessant, der Sache rechnerisch nachzugehen.

Die Daten über die Flugzeuge von Harlan und Dorner rühren von Herrn Betz her, der diese für Herrn Runge berechnet hat. Wie er die einzelnen Größen ermittelt hat, kann ich nicht erfahren, da Herr Betz im Felde steht. Für den Balsan-Eindecker ist Eiffel als Quelle zu nennen, für Blériot ist Eiffel mit Angaben von Herrn Skutsche (Zeitschrift für Flugtechnik und Motorluftschifffahrt, 1913) kombiniert worden. Daß das zusammenlegbare Artillerieflugzeug von Blériot tatsächlich als Beispiel zur unausreichenden Dämpfungsflosse erwähnt werden kann, beweist doch, daß das normale Flugzeug bei gleicher Tragfläche eine um 70% größere Schwanzfläche besitzt.

Das Indizieren von Flugmotoren.

Von

Geh. Hofrat Professor **Scheit**-Dresden.

Die Frage der Bedeutung des Indikators für Flugmotoren ist schon häufig erörtert worden, insbesondere hat sich der eingesetzte Unterausschuß mit dieser Frage beschäftigt, und zwar mit dem Ergebnis, daß z. Z. ein brauchbarer Indikator für schnellaufende Explosionsmotoren noch nicht vorhanden sei.

Federindikatoren und optische Indikatoren sind auf die Verwendung an Maschinen mit niederer und mittlerer Drehzahl beschränkt. Hierbei lassen sich alle Fehlerquellen ausreichend beherrschen, so daß der Indikator die Arbeitsvorgänge und Arbeitsphasen zuverlässig darstellt und somit auch die Leistung der Maschine.

Gerade für letzteren Zweck wird er um so schätzbarer, je größer die Leistung der Maschine ist, weil mit Zunahme der Leistung die Schwierigkeit, diese durch Bremsversuche festzustellen, sehr erheblich wächst.

So ist der Indikator bei der Dampfmaschine, bei der Gasmaschine und auch bei anderen Verbrennungsmotoren, bei welchen der Zündvorgang mehr oder minder allmählich verläuft, mit Vorteil zu benutzen, während seine Verwendung beim Explosionsmotor dadurch beeinträchtigt wird, daß der Explosionsvorgang so rasch einsetzt, daß der Indikatorkolben oder die Membrane anfänglich nicht schnell genug folgen kann, dann aber über das Ziel hinausschießt und anschließend Eigenschwingungen ausführt, so daß ein Gleichgang mit den im raschen Weschsel sich vollziehenden Druckänderungen im Arbeitszylinder nicht stattfindet. Die Anzeigen des Indikators werden ferner durch die Art und den Umfang der Zündwelle beeinflußt, so daß auch abhängig von der jeweiligen Stelle, an welcher der Indikator angebracht ist, mehr oder minder abweichende Ergebnisse erzielt werden. Dies wird um so mehr der Fall sein, je größer die Drehzahl des Motors ist, auch wird das jeweilige Volumen der Arbeitszylinder hierbei eine Rolle spielen, und schließlich zeigt sich auch, daß die aufeinanderfolgenden Arbeitsvorgänge häufig sehr erhebliche Abweichungen zeigen.

Hiernach ist festzustellen, daß die bekannten Indikatoren für den schnelllaufenden Explosionsmotor ausreichend zuverlässige Meßvorrichtungen nicht darstellen.

Soweit die Feststellung der Leistung Endzweck ist, ist dies zwar zu verschmerzen, denn im Gegensatz zu den langsamlaufenden Motoren gestaltet sich gerade beim Schnelläufer die Ermittlung des Drehmomentes überaus einfach, insbesondere unter Benutzung des Pendelrahmens mit Windflügelbremse oder beim Flugzeugmotor auch unter Benutzung der Luftschraube als Bremse. Anders liegen aber die Verhältnisse hinsichtlich der erwünschten Kontrolle des Arbeitsvorganges im Arbeitszylinder.

Zwar lassen sich diese Vorgänge ohne Indikator mittelbar in der Richtung beurteilen, ob irgendwelche Veränderungen an der Zündung, an der Zusammensetzung des Gemisches die Leistung erhöhen und den Brennstoffverbrauch vermindern, ob ein Vergaser usw. vorteilhaft arbeitet oder nicht. Weiter hat man insbesondere den Schnelläufer auf hohe spezifische Leistung bei sparsamem Benzinverbrauch zu bringen verstanden, und es steht zu erwarten, daß auf dem bisher beschrittenen Wege der mittelbaren Beobachtung auch noch weitere Fortschritte erzielt werden, doch darf als feststehend gelten, daß, sofern es gelingen würde, brauchbare Indikatoren zu schaffen, die einen unmittelbaren und zuverlässigen Einblick in die Arbeitsvorgänge ermöglichen würden, das gesteckte Ziel in kürzester Zeit erreicht werden könnte.

Hiernach glaube ich nur dringend raten zu sollen, den Indikator für den Schnellläufer nicht als abgetan zu betrachten, sondern der Entwicklung des Indikators besondere Aufmerksamkeit zu schenken; denn gelingt es, einen Indikator zu schaffen, der an sich zuverlässig arbeitet, so steht zu erwarten, daß auch die Ursachen der Unregelmäßigkeiten des Arbeitsvorganges im Zylinder ermittelt und Wege gefunden werden, diese zu beseitigen, d. h. den Motor auf die höchste Stufe der Entwicklung zu bringen.

Das Indizieren von Flugmotoren.

Ergänzungsreferat

von

Dr.-Ing. O. Mader-Aachen.

Die Ansichten über Nutzen wie Möglichkeit des Indizierens schnellaufender Motoren, insbesondere von Flugzeugmotoren, sind geteilt, großenteils sehr skeptisch. An Hand einiger Beispiele soll im folgenden einiges Material, selbstverständlich in keiner Weise erschöpfend, zur Beurteilung dieser beiden Punkte gebracht werden.

Der Ingenieur ist im allgemeinen für den Gesamteffekt seiner von den verschiedensten Einflüssen abhängigen Arbeiten verantwortlich, will er aber vorhandene Fehler erkennen und Verbesserungen erzielen, so darf er sich nicht mit der Kenntnis des Integraleffektes begnügen, sondern muß zur qualitativen, wenn möglich zur quantitativen Untersuchung der Einzelwirkungen, des Differentialeffektes übergehen. Als ein Mittel dazu ist das Druck-Volumendiagramm vor allem anzusehen. Es ist also nicht ein Ersatz der Bestimmung der effektiven Gesamtleistung, sondern vor allem ein Mittel zur Unterteilung der verschiedenen Energieumwandlungen und sonstigen Vorgänge in den periodisch arbeitenden Motoren, und zwar ein Mittel, das möglichst frei von Beobachtung und Erfahrung des einzelnen ist.

So läßt sich mit dem Diagramm der aus zugeführter Brennnstoffenergie und abgeführter effektiver Leistung bestimmte Gesamtwirkungsgrad durch Bestimmung der indizierten Leistung trennen in den Wirkungsgrad η_{th} der thermischen Vorgänge und den mechanischen Wirkungsgrad η_{mech}, der die Getriebeverluste angibt. Dies ist deshalb wichtig, weil die Konstruktionsgrundlagen beider Dinge fast unabhängig voneinander sind.

Es geben z. B. die Daten und die mit einem „Mikro-Indikator" genommenen Diagramme von bei 1000 und 1500 Umdr. i. d. Min. und bei verschiedenen Zündungseinstellungen durchgeführten Versuchen an einem Benzinmotor $\eta_{th} \approx 21$—28%, $\eta_{mech} \approx 70$—73%. Letzterer Wirkungsgrad ist nahezu unabhängig von der Tourenzahl. Der maximale Explosionsdruck sinkt sehr schnell bei Verstellung der Zündung, der mittlere Druck weniger.

$$(p_{max} = 26 - 21 - 12{,}5 \text{ at},$$
$$p_m = 6{,}9 - 7{,}1 - 6{,}2 \text{ at bei } n = 1000$$
$$p_m = 6{,}7 - 6{,}9 - 5{,}0 \text{ at bei } n = 1500).$$

Bisher war nur der Summenwert p_m des Diagramms benutzt. Dieses dient aber auch zur Auflösung des ganzen Arbeitsvorganges in seine einzelnen Phasen. Nach einem von Prof. Junkers, Aachen angegebenen Verfahren läßt sich die innere Energie eines Gases mit für technische Anwendungen genügender Genauigkeit, ohne Umrechnung auf die Temperatur, sofort aus dem Produkt von Druck und Volumen der arbeitenden Gasmenge entnehmen. Die Zuführung einer bestimmten Menge Wärmeenergie muß bei vollkommener Verbrennung und konstantem Volumen stets eine bestimmte Druckzunahme bewirken, d. h. der Äquivalentfaktor zwischen Wärme- und innerer Energie (pv) schwankt nicht so sehr, daß er nicht bei technischen Messungen als konstant angenommen werden könnte. Die Vermehrung der inneren Energie wird dann bei der Expansion teilweise in äußere Arbeit umgesetzt, wobei — verlustlose, adiabatische Expansion vorausgesetzt — ein ebenfalls angenähert konstanter Äquivalentfaktor $\left[\dfrac{1}{\varkappa - 1}\right]$ zwischen der aufgewendeten inneren Energie $(p_1 v_1 - p_2 v_2)$ und der geleisteten äußeren Arbeit $\left(\int\limits_{p_1}^{p_2} p\, dv\right)$ besteht. Auf dieser Grundlage läßt sich aus einem gegebenen Diagramm sehr rasch beurteilen, mit welchem Gütegrad die Verbrennung, d. h. die Umsetzung der Brennstoffenergie in innere Energie, und weiter die Umsetzung der inneren Energie in äußere Arbeit während der Expansion erfolgt. Unvollkommene Verbrennung oder Nachbrennen, starke Wärmeabführung während der Explosion, Kolbenundichtheit, vor allem aber falsche Vergasereinstellung können so erkannt und eventuell beseitigt werden. Es läßt sich damit auch eine angenäherte Wärmebilanz für jeden Augenblick des ganzen Prozesses aufstellen.

Die Verwendung des Diagramms bei Mehrzylindermotoren ist bisher wohl das einzige Mittel, eine quantitative Einsicht in die Verteilung der Arbeit auf die einzelnen Zylinder zu erhalten, und ermöglicht dadurch, jeden Zylinder auf Höchstleistung zu bringen. Bekanntlich ist diese sehr beeinflußt von bisher noch wenig untersuchten Drosselungs- und Schwingungserscheinungen im Vergaserrohr. Wie einige vorgeführte „Mikrodiagramme" eines mit Gemischdrosselung arbeitenden Benzinmotors zeigen, sinkt mit wachsender Drosselung Kompressionsendspannung, Höchstdruck, mittlerer Druck, vor allem aber mit der verringerten Dichte die Verbrennungszeit, obwohl natürlich die Temperaturen des Kreisprozesses wenig geändert sind.

Kurz angedeutet seien noch einige andere Verwendungsmöglichkeiten des Diagramms: Bestimmung von Kompressionsdruck, Auspuffdruck, des Exponenten der Expansion, von Auspuff- und Saugwiderständen, von Schwingungen, z. B. in der Auspuffleitung, richtige Bemessung und Einstellung der Ventile, Einstellung und Wirkung der Zündung.

Scheint ein Nutzen der Indizierung auf jeden Fall vorhanden zu sein, sofern diese mit nicht zu großen Mühen und Aufwendungen verbunden und genügend zuverlässig ist, so bestehen über die Möglichkeit der Indizierung noch manche Zweifel. Die normalen Verfahren dazu genügen allerdings nicht mehr, sondern müssen dem Sonderzweck entsprechend umgestaltet werden, was wohl auf verschiedenen Wegen möglich wäre. Zwei von dem Vortragenden versuchte Verfahren sollen kurz erklärt werden.

Zuerst eine Fortentwicklung des üblichen Indikatorprinzips zum „Mikro-Indikator". Um die Massenwirkungen, die bei der Aufzeichnung schnell sich ändernder Drücke sehr störend sich bemerkbar machen, zu verringern, wurde der Hub des Kolbens sehr klein gewählt (max 2 mm) und ohne jedes vergrößernde Schreibzeug durch einen scharf geschliffenen, federnd gelagerten Stahlstift auf eine schwach berußte Glasplatte aufgeschrieben. Die Volumenaufzeichnung erfolgt nicht, wie sonst üblich, durch die Drehung einer schweren Trommel mit Schnurantrieb, sondern durch Querbewegung des Schreibstiftes, eingeleitet durch einen starren Antriebsmechanismus. Zur Diagrammaufnahme wird durch eine Kurbeldrehung die berußte Glasplatte an den Schreibstift angedrückt und sofort wieder zurückgezogen. Dann wird die Glasplatte etwas verschoben, und ein neues Diagramm kann geschrieben werden. So ist es möglich, in ganz kurzer Zeit 24 Diagramme auf eine Glasplatte aufzuzeichnen. Da die Diagramme für das unbewaffnete Auge zu klein sind, werden sie unter dem Mikroskop betrachtet und mit einem Zeichenokular nachgezeichnet. Die Verwendung des Mikroskopes, die manchem auf den ersten Blick als für die Praxis ungeeignet erscheint, hat sich, wo sie versucht worden ist, als gar nicht so schwierig und auch für manche andere Zwecke geeignet erwiesen, wenn einmal ein gewisses Vorurteil überwunden ist.

Ermöglicht die Fortentwicklung des normalen Indikators zum Mikroindikator die Aufnahme vollständiger Diagramme bis etwa 2000 Umdr. i. d. Min., so ist das zweite zu beschreibende, von dem üblichen Indikator prinzipiell verschiedene, Verfahren für jede, auch die höchste Tourenzahl gleich gut brauchbar. Es beschränkt sich zwar auf die Bestimmung des mittleren Druckes, zeigt diesen und seine zeitlichen Schwankungen aber sofort, ohne jede Rechnung oder Bedienung des Instrumentes an und gestaltet die Anwendung einer Fernablese — wie einer Registriereinrichtung. Der Grundgedanke dieses „Drehkraftmessers" ist vielleicht am einfachsten aus folgender Überlegung zu verstehen:

Das Schwungrad einer Maschine wird sich unter dem Einflusse der wechselnden Drehkraft bald rascher, bald langsamer drehen, d. h. es pendelt um eine der mittleren konstanten Drehgeschwindigkeit entsprechende Mittellage. Wenn nur der Unterschied der augenblicklichen Drehkraft gegenüber der mittleren Drehkraft, die proportional dem mittleren Druck ist, auf das Schwungrad wirken würde, so würde es sich nicht dauernd drehen, sondern nur um eine Mittellage pendeln. Dieser Zustand wird in dem neuen „Drehkraftmesser" nachgebildet, indem auf eine leicht drehbar gelagerte Masse erstens ein Indikatorkolben so wirkt, daß sein Druck ein dem augenblicklichen Drehmoment in der Maschine proportionales Drehmoment hervorruft und zweitens eine konstante Gegenkraft, erzeugt durch einen Druckluftkolben, das mittlere Drehmoment des Indikatorkolbens ausgleicht. Dadurch schwingt die Masse um eine Mittellage. Der Hebelarm der Kraft des Indikatorkolbens wird durch einen synchron mit der Maschinenwelle laufenden Mechanismus so geändert, daß er stets proportional der augenblicklichen Geschwindigkeit des Maschinenkolbens bleibt, der Bedingung für die richtige Nachbildung des augenblicklichen Drehmoments. Der Druck unter dem Gegenkraftkolben ist direkt ein Maß für den „mittleren" Druck p_m in der Maschine.

Ist dieser Druck unter dem Kolben zu klein bzw. zu groß, so erfährt die Masse neben der pendelnden auch eine fortschreitende Bewegung, und diese wird zur selbsttätigen Regelung der „Gegenkraft" benutzt. Dazu ist der Druckluftkolben zugleich als Steuerschieber ausgebildet, der bald frische Druckluft unter den Kolben treten, bald den Überschuß an Druckluft entweichen läßt.

Die Messung des Luftdruckes kann durch irgendein Manometer erfolgen, das nicht nur an der Maschine selbst, sondern an beliebiger Stelle, z. B. am Führerstand, angebracht werden kann, so daß dauernde Beobachtung des Arbeitens aller Zylinder während der Fahrt, auch bei unzugänglichem Motor, möglich ist.

Nach diesem, erst vor ganz kurzer Zeit gefundenem Prinzip, wurde vorerst ein Versuchsinstrument gebaut, welches die Möglichkeit eines richtigen stabilen Arbeitens bereits gezeigt hat. An exakteren Versuchsausführungen soll dann noch die erreichbare Genauigkeit geprüft werden.

Wenn es erst allgemeiner bekannt wird, daß es möglich ist, auf verschiedene Art, vielleicht auch auf andere als eben beschrieben, in einfacher Weise, wenn auch nicht genau in der bisher gewohnten, genügend zuverlässige Diagramme aufzunehmen oder wenigstens einen Anhalt über die indizierte Leistung eines Motors zu erhalten, so wird unter Überwindung einiger gegenwärtig noch herrschender Bedenken die Überzeugung von dem großen Nutzen des Diagramms auch bei Schnelläufern immer mehr Raum gewinnen.

Diskussion[1]).

Vorsitzender Prof. Dr. Prandtl:

Ich eröffne die Diskussion über diese Referate. Ich möchte allerdings noch darauf hinweisen, daß uns noch ein interessanter Vortrag von Herrn Bader bevorsteht. Herr Bader möchte nachher draußen eine Demonstration damit verknüpfen. Es ist deshalb zu wünschen, daß sich die Diskussionsredner kurz fassen. Vielleicht ist es mir gestattet, selbst gleich eine kurze Bemerkung zu machen.

Das eine Verfahren von Herrn Dr. Bergmann ist im wesentlichen so, daß eine Scheibe mit einer kleinen Öffnung O_1, vgl. Fig. 1, synchron mit dem zu untersuchenden Vorgang gedreht wird, die den Druck in einer ganz bestimmten Stellung in eine Öffnung O_2 hereinläßt, die zum Manometer führt. Zu den übrigen Zeiten ist das Manometer verschlossen. Indem man die Anschlußöffnung O_2 herumführt, kann man nach einander die einzelnen Punkte des Druckverlaufes abtasten; Herr Bergmann erhielt so sehr schöne Aufschlüsse über den Verlauf des Druckes in Vergaserdüsen.

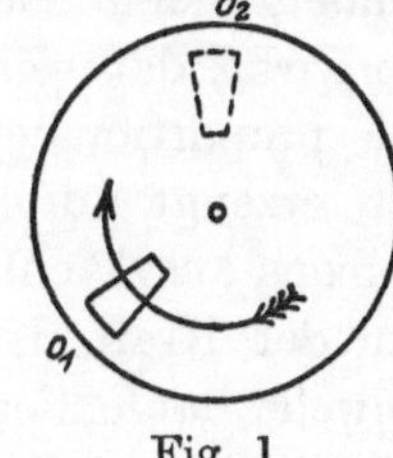

Fig. 1.

Dieses Analogon zu der bekannten Joubertschen Scheibe, die in der Elektrotechnik viel verwandt wird, ist also ein Mittel, mit dem sich sehr subtile Messungen machen lassen.

---

[1]) Das Referat des Herrn Dr. Bergmann konnte leider nicht veröffentlicht werden, weil der Referent wegen übergroßer Beschäftigung das Manuskript nicht einzuliefern in der Lage war. Soweit ohne Referat verständlich, sind die Diskussionsbemerkungen jedoch mit angeführt. Die Schriftleitung.

Major von Parseval:

Ich habe ähnliche Versuche gemacht mit sehr niederen Diagrammen auf Glasplatten wie Herr Dr. Mader und habe recht gute Resultate bekommen. Der Unterschied war der, daß ich eine sehr große Masse hatte und einen sehr kleinen Ausschlag der Feder. Diese Methode, die Herr Mader anwendet, gibt, soviel ich sehe, ganz gute Resultate. Man kann direkt umrechnen. Wenn man von 200 auf 1200 Touren übergeht, so muß die Dauer der Eigenschwingungen des Indikators im gleichen Verhältnis wie die Dauer der Umdrehung abnehmen. Es muß also der Quotient aus der bewegten Masse von Kolben, Schreibhebel usw. und der Federkonstante k dem Quadrat der Schwingungsdauer proportional gemacht werden. Der Gang der Feder, d. i. die Diagrammhöhe, muß daher umgekehrt proportional sein dem Quadrat der Tourenzahl.

Prof. Dr. Baumann:

Ich wollte zu dem, was Herr Mader ausführte, sagen, daß ich einen Herrn kenne, der einen solchen Indikator mit Kugeln ausführte. Trotz zahlreicher langwieriger Versuche hat er es wieder aufgeben müssen, weil er die praktischen Schwierigkeiten nicht beherrschen konnte. Ich habe mich damals — es ist schon ein Jahr her — öfter mit ihm darüber unterhalten. Die Einzelheiten sind mir nicht mehr geläufig, aber ich weiß, daß er über ein Jahr lang daran experimentierte, ohne daß er zu einem Resultate gekommen wäre.

Was die verschiedenen Verfahren der Indizierung anlangt, so glaube ich, daß je nach den Verhältnissen das eine oder andere Verfahren am Platze ist. Am meisten Verwendungsmöglichkeit hat sicher der Madersche Indikator, insofern er einen Einblick in den Gang der Maschine in verschiedener Hinsicht gewährt und Schlüsse daraus ziehen läßt.

Prof. Junkers:

Der Wert eines Instrumentes richtet sich nicht nur nach der Genauigkeit, sondern auch in hohem Maße nach der Einfachheit. Der Vorschlag von Bergmann hat den Vorzug einer sehr weitgehenden Einfachheit. Wenn man ein Instrument richtig benutzen will, muß man vor allen Dingen seine Eigenheiten kennen, und da möchte ich mich dem anschließen, was der Herr Vorsitzende schon geäußert hat. Es ist vor allen Dingen, wenn ich es kurz sagen soll, der Weg des Maschinenkolbens und der Druck ersetzt durch die Zeit und die Strömungsgeschwindigkeit. Die Strömungsgeschwindigkeit ist aber nicht proportional dem Überdruck, sondern der Wurzel aus dem Überdruck. Das sind prinzipielle Fehler, die es wohl ganz ausschließen, daß ein bestimmter feststehender Faktor die Fehler ausgleicht. Wenn, wie das in sämtlichen gezeigten Diagrammen der Fall war, der Druckverlauf in zwei Diagrammen nicht der gleiche ist, so ist es ganz aussichtslos, nach dieser Methode einen Druck herzustellen, der im richtigen Verhältnis zum indizierten Druck steht. Es ist ganz richtig, es braucht nicht der Druck der gleiche zu sein, aber es besteht keine bestimmte Funktion zwischen dem manometrischen Druck und dem indizierten Druck.

Auf eine Anfrage, ob es einen Indikator für die Indizierung von Umlaufmotoren gibt, erwidert

Prof. Dr. Bendemann:

Die Frage läßt sich sogleich beantworten. Der gewöhnliche Indikator, auch derjenige von Mader, läßt sich bei Umlaufmotoren schlechterdings nicht anwenden. Möglicherweise kann aber das Verfahren der Joubertschen Scheibe gerade beim Rotationsmotor unter Umständen zum Ziele führen. Grundsätzlich steht wenigstens nichts im Wege. Die Ausführung wird allerdings einige Schwierigkeiten bieten.

Über Flugmotorenuntersuchungen.

Von

Dr.-Ing. Walther Freiherr von Doblhoff.

Die der Untersuchung von Flugmotoren eigentümlichen Schwierigkeiten liegen ausschließlich in der Messung des Drehmomentes. Alles andere ist ebenso wie bei anderen schnellaufenden Maschinen mit innerer Verbrennung: wirklich brauchbare Indikatordiagramme sind nicht zu erreichen, eine genaue Bestimmung der indizierten Leistung und somit auch des Eigenverbrauches der Maschine ist nicht möglich, hingegen können äußere Energiebilanzen ebenso aufgestellt werden wie bei anderen Verbrennungsmotoren, denn die Bestimmung der dazu nötigen Werte ist möglich (zugeführte chemische Energie im Brennstoff, abgeführte Wärme im Kühlwasser und Auspuff, geleistete Arbeit; der Rest ist durch Wärmeleitung und -strahlung an die Umgebung abgegeben worden). Die Untersuchungen werden im allgemeinen nicht so eingehend durchgeführt; meistens begnügt man sich mit der Messung der Brennstoffmenge und der geleisteten Arbeit (Drehmoment und Umdrehungszahl); aber prinzipielle Schwierigkeiten bestehen für die oben angegebenen feineren Untersuchungen nicht — außer der, daß man eine Absaugung für den Auspuff würde anbringen müssen, um dem Einflusse des unvermeidlichen Durchströmwiderstandes des Abgaskalorimeters auf den Gang des Motors zu begegnen. Diese Schwierigkeit ist hier neu, weil Flugmotoren im Betriebe mit ganz freien Auspufföffnungen zu arbeiten pflegen.

Ich will mich auf den Hauptpunkt beschränken, auf die Messung des Drehmomentes. Bekannt sind dafür zwei Methoden: Messung an der Welle oder am Gestell der Maschine. Zu ersterer gehört die Bremsung mit Momentmessung an der Bremse selbst, ferner die Messung mittels eines zwischen Motor und Verbraucher eingeschalteten Wellendynamometers; zu der anderen die in letzter Zeit, speziell für Fahrzeugmotoren, sehr in Aufnahme gekommene Messung mittels Pendelrahmens. Zu diesen kommt dann noch die im weiteren zu besprechende kombinierte Methode, die von Professor Knoller und mir gemeinsam entwickelt wurde; sie ist auf an sich bekannte Verfahren aufgebaut unter Vermeidung der ihnen anhaftenden Nachteile. Insbesondere im Betrieb größerer Versuchsanstalten ermöglicht sie eine sehr präzise und schnelle Arbeit und erfüllt in möglichst hohem Grade die Forderung, daß Versuche an Maschinen unter denselben Verhältnissen durchgeführt werden sollen, unter denen sie in Wirklichkeit zu arbeiten haben.

Darauf ist nun hier ganz besonders zu achten, deshalb, weil scheinbar nebensächliche Umstände von ausschlaggebender Bedeutung für die Verwendbarkeit eines Motors werden können. Diese sind vor allem: die Art der Arbeitsabnahme von der Motorwelle, die Art der Aufstellung und die Art, in der die Luft zum Motor zutritt.

1. Flugmotoren tragen in den meisten Fällen die Arbeitsmaschine, die sie antreiben, die Luftschraube, als wesentlichen Bestandteil ihrer selbst an sich, nämlich als Schwungmasse. Da das Trägheitsmoment und die Elastizität derselben von Einfluß auf den Gang der Maschine ist, so ist anzustreben, die Motoren auch beim Versuch mit der Schraube laufen zu lassen und nicht mit irgendeinem anderen Schwungrad (Bremsscheibe, Dynamoanker usw.).

2. Die Art der Aufstellung in Wirklichkeit, d. h. auf dem leichten Gestell des Flugzeuges, ist sehr verschieden von der, die bei Versuchen häufig angewendet wird, nämlich auf schweren Bänken oder auch auf den meist verhältnismäßig massiven Rahmen von Pendelständen. Der Einfluß der Art der Aufstellung besonders auf die Laufdauer ist ein sehr großer zugunsten leichter Gestelle, die ein freieres Ausschwingen des Motors unter dem Einflusse der Massenkräfte im Kurbeltrieb gestatten.

3. Flugmotoren sind dafür gebaut, ihre Volleistung nur herzugeben, wenn sie energisch von Luft umspült sind, so wie es eben der Fall ist, wenn sie unmittelbar eine Luftschraube antreiben. Ohne diese Umspülung wird der Motor nicht genügend gekühlt; sie muß ihm also auch beim Versuch verschafft werden; andererseits ist sie der Anlaß zu ungleichmäßiger Ausdehnung einzelner Teile (des ersten Zylinders von Reihenmotoren), die zu Brüchen führen können; auch das ist — und zwar erst recht — ein Grund, sie beim Versuch beizubehalten.

Alles dies spricht dafür, die Motoren nicht mit einer Bremsvorrichtung abzubremsen, sondern die Schraube als arbeitsaufnehmendes Organ beizubehalten. Damit entfällt jedoch die mittelbare Meßbarkeit des aufgenommenen Drehmomentes; Wellendynamometer sind meines Wissens für die hier herrschenden schwierigen Verhältnisse (große und schnelle Schwankung des Drehmomentes) nicht genügend ausprobiert, bedingen außerdem die Verwendung eines Schwungrades, weil die Schraube nur dann als Schwungrad genügt, wenn sie ohne Zwischenschaltung nachgiebiger Glieder mit der Motorwelle verbunden ist — ja sogar nur, wenn die Motorwelle kurz und drehungssteif ist.

Es liegt darum nahe, die Drehmomentmessung von der Welle weg zu verlegen. Die Möglichkeit dazu bietet die Messung am Gestell mittels Pendelrahmens, wobei das Drehmoment an der Welle durch eine Luftschraube aufgenommen wird. Hier sind prinzipiell die meisten Forderungen erfüllt, die nach dem Vorangehenden an einen Motorprüfstand zu stellen sind. Der Motor arbeitet unter seinen normalen Verhältnissen, was Arbeitsabnahme und Luftumspülung anbelangt; auch die Aufstellungsart kann der wirklichen sehr nahe gebracht werden durch einen leichten, elastisch aufgehängten Rahmen; dafür aber ergeben sich Schwierigkeiten, die den Wert der Anordnung sehr in Frage stellen. Abgesehen davon, daß die richtige Anordnung mit der Drehachse des Rahmens in Motorachse zu unangenehmen Konstruktionen führt (fliegende Aufstellung des ganzen Motors oder Zuhilfenahme einer Hilfswage, an der der eigentliche Pendelrahmen mittels seiner Parallelogrammführung angehängt ist), daß es ferner besonderer Vorsichtsmaßregeln bedarf, damit die Zuführung der

Betriebsstoffe die Wägung nicht stört, ist es vor allem sehr schwierig, eine Anzahl von Fehlergliedern auszuschalten, die am Gestell als Drehmoment mitgemessen werden, obwohl sie nicht als nutzbares Drehmoment an der Motorwelle abgegeben werden. Hierher gehören vor allem: das Reaktionsmoment des Auspuffes und das Drehmoment, das von dem Schraubenstrahl auf den Motor ausgeübt wird. Bei Umlaufmotoren kommt noch ein drittes Glied, das größer als die anderen ist, dazu, der Eigenwiderstand des Zylindersternes. Die Bestimmung der Größe dieser Fehlerglieder ist nur möglich, wenn eine Vorrichtung zur Messung des Drehmomentes an der Motorwelle verwendet wird; dadurch wird aber der Pendelrahmen eigentlich überflüssig.

Ein wesentlicher Unterschied zwischen der Art der Arbeitsaufnahme durch eine Luftschraube (überhaupt durch Auslösung von Luftwiderständen) und der durch Reibungsbremsen besteht darin, daß im ersteren Falle das Drehmoment mit dem Quadrat der Geschwindigkeit (Drehzahl), die Leistung also mit deren dritter Potenz steigt; während im anderen Falle das Drehmoment praktisch konstant, die Leistung demnach der Drehzahl proportional ist. Dieser Umstand spricht zugunsten der Verwendung von Luftschrauben, weil sie durch diese ihnen eigentümliche energische Stabilisierung die Drehzahl sehr konstant halten. Dieser Zusammenhang zwischen Drehmoment und Drehzahl bei Luftschrauben hat aber auch zur Folge, daß für die sie antreibenden Motoren nur Leistungsbestimmungen an der oberen Grenze des Drehzahlbereiches von Interesse sind, weil dann bei niedrigeren das vom Motor lieferbare Drehmoment sicher größer ist als das, welches die Schraube aufnehmen kann.

Im Betrieb kommt eine Änderung des zum Antrieb der Schraube notwendigen Drehmomentes vor, die zwischen zwei Grenzen liegt: Lauf am Stand und Lauf bei der Höchstgeschwindigkeit des angetriebenen Luftfahrzeuges. Zwischen diesen zwei Grenzen ist die Untersuchung durchzuführen; außerhalb derselben ist sie nicht von Wert. Diese Änderung kann nun, wenn beim Versuch eine Schraube verwendet wird, ganz analog der Wirklichkeit dadurch eingeführt werden, daß man die Schraube in einem Luftstrom arbeiten läßt, dessen Geschwindigkeit zwischen Null und der höchsten Fluggeschwindigkeit veränderlich ist. Ist dieser Strom geordnet, das heißt, hat er an allen Punkten eines Querschnittes gleiche und gleichgerichtete Geschwindigkeit und ist er mindestens so groß wie der Zuströmquerschnitt der Schraube, dann sind die in Wirklichkeit herrschenden Verhältnisse so gut wie möglich nachgeahmt. Vorläufer einer solchen Anordnung sind bekannt: die Entlastung der bei Pendelrahmenprüfständen zur Leistungsaufnahme verwendeten Schrauben durch Anblasen mittels einer zweiten. Aber erst die Einführung des geordneten Stromes von genügender Größe bringt die Gruppe: Motor-Schraube in die Verhältnisse, wie sie in Wirklichkeit herrschen, und ermöglicht die Untersuchung des Zusammenhanges zwischen Motordrehzahl, Drehmoment und Fahrgeschwindigkeit.

Hiermit ist also das Wesentlichste festgelegt: Der Flugmotor ist beim Versuch mit der Schraube zu betreiben. Die Drehmomentmessung hat nicht am Gestell, sondern an der Motorwelle zu geschehen; da von Wellendynamometern abzusehen ist, bleibt nur übrig, sie in der Weise vorzunehmen, daß man das von der Schraube aufgenommene Drehmoment durch einen Eichversuch ermittelt. Im weiteren wollen wir die Grundsätze aufsuchen, die für diese Eichung gültig sind.

Zunächst ist selbstverständlich: die Eichung hat bei denselben Drehzahlen der Schraube und Geschwindigkeiten des Luftstromes zu geschehen, die beim Motorversuch verwendet werden sollen. Ferner ist darauf zu achten, daß die Strömung der Luft in der Umgebung der Schraube bei der Eichung möglichst genau dieselbe sei wie beim Versuch.

Für den Antrieb bei der Eichung kann wohl nur ein Elektromotor in Betracht kommen. Die Bestimmung des Drehmomentes geschieht hier jedenfalls am einfachsten und genauesten durch Pendellagerung des Gehäuses. Die Einwände, die gegen die Pendelrahmenanordnung für die Untersuchung der Flugmotoren gemacht wurden, bestehen hier nicht. Durch eine feststehende Ummantelung kann das pendelnde Motorgehäuse dem Einflusse des rotierenden Schraubenstrahles entzogen werden; die Lagerung kann ohne Schwierigkeiten die Schraubenwelle umgreifen. Läßt man dem Gehäuse auch noch eine Längsverschieblichkeit, so ergibt sich die Möglichkeit, den Schraubenschub zu messen — es ist somit die Einrichtung für Schraubenuntersuchungen vollständig; die Versuche können für das ganze Gebiet vom Standlauf bis zum Fahrtlauf mit der Fahrgeschwindigkeit, die der erreichbaren Strahlgeschwindigkeit gleich ist, ausgeführt werden.

Umgleiche Strömungsverhältnisse beim Motorversuch und der Schraubeneichung zu erhalten, sei auf folgende Anordnung bingewiesen, die den Vorteil hat, möglichst der Wirklichkeit zu entsprechen.

Es stehen der Reihe nach hintereinander:

1. bei der Schraubeneichung: die Schraube, der Flugmotor oder eine Puppe desselben, der elektrische Eichmotor;

2. beim Motorversuch: dieselbe Schraube, der Flugmotor, der elektrische Eichmotor oder eine Puppe desselben.

Bei der Schraubeneichung treibt der Eichmotor mittels einer langen Welle die Schraube an durch den Flugmotor (dessen Kurbelwelle entfernt werden müßte) oder durch die Flugmotorpuppe hindurch. Letzteres ist das einfachere schon deshalb, weil höchstwahrscheinlich die Rückwirkung der Form des Flugmotors auf die Schraube sehr gering ist, daher nicht eine genaue Puppe für jeden Motor herzustellen wäre, sondern nur ungefähr für jede Type. Umlaufmotoren (bzw. deren Puppen) müssen bei der Eichung von einem anderen Motor mit der Umlaufzahl der Schraube bewegt werden.

Es erscheint zunächst näherliegend, den Elektromotor auf die dem Flugmotor entgegengesetzte Seite der Schraube zu legen. Dann könnte diese durch Umkuppeln abwechselnd von den beiden Motoren angetrieben werden. Wenn trotzdem die andere Anordnung angegeben wird, so geschieht es, weil sie Verhältnisse für die Luftströmung ergibt, die der Wirklichkeit sehr gut entsprechen, insbeondere, wenn man die beiden Motoren (bzw. deren Puppen) mit einer gemeinsamen Verkleidung in Form eines Flugzeugrumpfes umgibt. Dann können auch die Kühler wassergekühlter Motoren mit in Untersuchung gezogen werden, weil man für sie dieselben Belüftungsverhältnisse wie in Wirklichkeit geschaffen hat[1]).

Der Versuchsgang wäre der folgende: Zunächst wird die Schraube geeicht in der oben angegebenen Aufstellung, die dieselben Luftströmungsverhältnisse ergibt, wie der folgende Versuch am Flugmotor. Die für verschiedene Fluggeschwindigkeiten (Geschwindigkeiten des Luftstromes, in dem die Schraube arbeitet) sich ergebenden zusammengehörigen Werte für Drehzahl, Drehmoment und Schub (letzteres nicht unbedingt nötig) dienen als Grundlage für die folgende Untersuchung des Flugmotors, bei der außer den auf den Motorbetrieb bezüglichen Werten (Brennstoffmenge, Kühlwassertemperaturen usw.) nur mehr Drehzahlen abzulesen sind, und zwar wieder bei verschiedenen Einstellungen der „Fluggeschwindigkeit". In größeren Anstalten können natürlich Schrauben für verschiedene Drehmomente, die ein für allemal für die verschiedenen Motortypen geeicht sind, auf Lager gehalten werden. Dadurch wird die Vereinfachung des eigentlichen Flugmotorversuches noch wirksamer.

Zusammenfassend kann gesagt werden:

Flugmotoren sollen durch ihre Luftschrauben gebremst werden. Die Drehmomentbestimmung mittels Pendelrahmens hat konstruktive Schwierigkeiten und prinzipielle Mängel, die es wünschenswert erscheinen lassen, auch dazu noch die Schraube heranzuziehen; der Weg dazu in einer Weise, welche die weitestgehende Annäherung an die wirklichen Betriebsverhältnisse ermöglicht, wird kurz angegeben. Die besonderen Vorteile der geschilderten Anordnung sind: die Anbringung des Flugmotors geschieht auf einem fixen Gestell, dem leicht jeder gewünschte Grad von Elastizität gegeben werden kann und das ohne konstruktive Schwierigkeiten ein Neigen des Motors gestattet. Auch die Unannehmlichkeiten, die bei Pendelrahmen bezüglich der Zuführung der Betriebsstoffe bestehen, fallen naturgemäß weg; alle Leitungen können fest verlegt werden.

Die Messung des Drehmomentes kann sehr genau am Pendelgehäuse des Elektromotors vorgenommen werden und braucht nicht am Flugmotor selbst durchgeführt zu werden, wo infolge der unvermeidlichen Schwankungen sehr stabile oder stark gedämpfte Wagen verwendet werden müssen, die dadurch ungenauer anzeigen; gemessen wird wirklich das nutzbare Drehmoment an der Schraube.

Bei der vorgeschlagenen Art der Anordnung der beiden Motoren und deren eventueller Einkleidung sowie bei der Ausführung der Versuche in einem geordneten Luftstrome von genügender Größe sind die wirklichen Luftströmungsverhältnisse so gut wie möglich nachgeahmt, so daß deren Einfluß auf die Abkühlung des Motors, auf die Wirksamkeit des Kühlers, auf den Vergaser usw. tunlichst der gleiche ist. Die großen Kosten, welche die Beschaffung des Luftstromes bereitet, werden dadurch gerechtfertigt, daß für ihn außer der Schrauben- und Flugmotorenuntersuchung eine ganze Reihe von anderen Verwendungs-

---

[1]) Zu erwähnen wäre noch, daß die Anordnung „Schraube hinter dem Rumpf" wie auch „Schraube vor dem Rumpf" in der Versuchsanordnung nachgeahmt werden kann.

möglichkeiten vorhanden ist. Dahin gehören u. a. Versuche an großen Modellen von Tragflächen, Luftschiffen, Flugzeugen, die sehr wertvoll sind für die Extrapolation von an kleinen Modellen gewonnenen Versuchswerten auf die Naturgröße; dann Luftwiderstandsversuche an ganzen Flugzeugbestandteilen wie Fahrgestellen, Schwimmern usw. an den naturgroßen Objekten selbst; ferner Luftwiderstandsbestimmungen für ganze Automobile, die bisher in keiner Weise vorgenommen werden konnten.

Über Flugmotorenuntersuchungen.

Ergänzungsreferat

von

Dipl.-Ing. **Seppeler**, Leiter der Motorenabteilung Adlershof.

Untersuchungen an neuen Motoren, auch wenn sie bis auf die kleinsten Einzelheiten ausgedehnt werden, genügen noch keinesfalls zur Beurteilung ihrer Brauchbarkeit im Flugbetriebe. Entscheidend ist vielmehr ihr Verhalten bei Ermüdungs- und Alterserscheinungen, weil sich dieselben infolge der ständigen Höchstbelastung und des äußerst geringen Aufwandes an Baumaterialien verhältnismäßig früh zeigen, dann aber, weil eine Veränderung der Motorleistung sich im verstärkten Maße in den Flugeigenschaften der Flugzeuge wiederspiegelt.

Es liegt daran, daß die Flugzeug- wie Motoren-Fabrikanten gezwungen sind, ohne jede Kraftreserve zu arbeiten, daß heißt, die von der Motoranlage erzielbare Zugkraft bis aufs äußerste auszunutzen, und zwar weil heute aufgestellte Glanz- und Paradeleistungen morgen zu Normalleistungen gestempelt werden, die von den Käufern in den Abnahmebedingungen für Serienerzeugnisse vorgeschrieben werden. Sinkt nun nach einiger Betriebszeit die erreichbare Höchstleistung des Motors, so fällt gleichzeitig Steig- und Belastungsfähigkeit des Flugzeuges, es verliert an Eigengeschwindigkeit und damit an Lenkbarkeit, Unfälle beim Aufsteigen und Landen mehren sich.

Es ist deshalb zur Beurteilung der Motoren auf Brauchbarkeit im Flugbetriebe äußerst wichtig, festzustellen und zu prüfen: nach wieviel Stunden pflegt der Motor zu ermüden, welchen Aufwand an Ersatzteilen, an Arbeitszeit und Arbeiterintelligenz erfordert sein Auffrischen, wie groß ist der mit zunehmender Betriebszeit eintretende Leistungsabfall und dementsprechend seine voraussichtliche Lebensdauer?

Hierzu sind ausgedehnte Dauerversuche bei normalen oder, wenn man will, verschärften Betriebsverhältnissen unerläßlich.

Verschärfte Betriebsverhältnisse sind jedoch mit großer Vorsicht zu behandeln und nur dann am Platze, wenn die zu vergleichenden Motoren durch die Verschärfung in gleicher Weise beeinflußt werden, oder wenn es gilt, in relativ kurzer Zeit gewisse Schwächen des Motors festzustellen.

Im letzteren Sinne wurden sie in der Deutschen Versuchsanstalt mehrfach angewandt, es gelang so z. B. die schwachen Stellen eines Umlaufmotorengehäuses etwa nach 14 Betriebsstunden nachzuweisen, während sich später im Flugbetrieb ein diesbezüglicher Fehler erst nach mehr als der doppelten bis dreifachen Betriebszeit einzustellen pflegte.

Als verschärfte Betriebsverhältnisse können angesehen werden: stetige Höchstbelastung bei höchster Normaldrehzahl, verringerte Belüftung, unnachgiebige Aufstellung, beträchtliche Schräglage des Motors nach vorn, hinten, rechts oder links.

Wir kommen nun zur Frage: Wie man einen Flugmotor prüfen soll.

Hat man sich z. B. für die Prüfung unter angenäherten Betriebsverhältnissen entschlossen, so wird ein nachgiebiger Aufbau des Motors und ein Betrieb mit eigener Schraube unter allen Umständen erforderlich. Gut ist es, wenn der Bewerber seinen Motor schon unter denselben Aufstellungs- und Betriebsverhältnissen wie bei den späteren Prüfungen bei sich zu Hause erproben und einstellen kann. Es ist ferner darauf zu achten, daß der Aufbau die im Flugbetriebe möglichen Motorformen nicht behindert, und daß ein Anfügen der für sich betriebsfähigen Motoranlage an die Prüfvorrichtung möglich ist, da die Zahl der vorzunehmenden Prüfungen besonders bei Flugmotoren sehr groß ist und eine Bewältigung aller Messungen an einem Stande, insbesondere wenn die Zeit drängt, unratsam ist.

Die von Herrn Dr. von Doblhoff vorgeschlagene Drehmomentmessung mittels geeichter Schrauben, deren Drehmomentaufnahme durch Veränderung der Luftzufuhr in hinreichender Weise beeinflußt werden

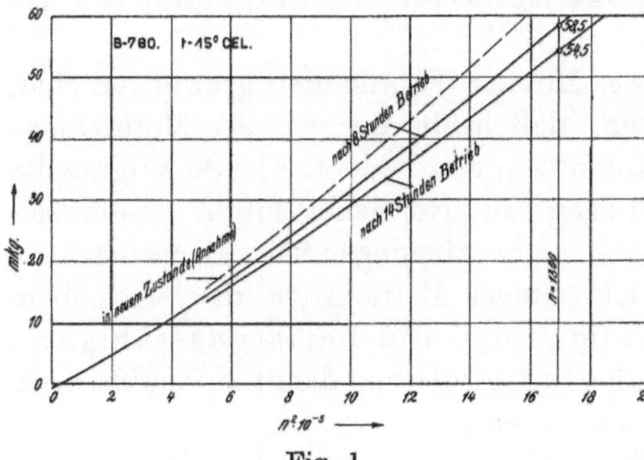

Fig. 1.

kann, wurde, wenn auch in etwas anderer Form, in der Deutschen Versuchsanstalt für Luftfahrt bisher vielfach benutzt.

Es lassen sich dagegen 2 Einwände erheben.

1. Mit zunehmendem Betriebsalter und bei starken Witterungseinflüssen ändert sich manchmal die Drehmomentaufnahme der Schraube, so daß die bei der Eichung oder besser nach dem Motorversuche ermittelten Werte nicht für den ganzen Verlauf des Versuches dieselben bleiben, was sich besonders bei längeren Dauerversuchen sehr fühlbar macht.

Um diesem zu begegnen, müßte man besondere Bremsschrauben benutzen, die eine konstante Eichung verbürgen. Diese werden sehr schwer und geben keine dem Flugzeug entsprechende Luftbewegung, abgesehen von etwaiger zusätzlicher Beanspruchung der Motoren.

Fig. 1 (Veränderung der Drehmomentaufnahme bei zunehmender Betriebszeit) zeigt, in welchem Maße das Drehmoment einer mit einem Motor angelieferten normalen Schraube durch Ermüdungserscheinungen des Baumateriales sich verändern kann. Die gestrichelte Linie ist die angenommene Eichkurve für den neuen Propeller, die mittlere Linie wurde nach achtstündigem Betrieb, die untere nach weiteren 6 Betriebsstunden durch Eichung mittels elektrischer Leistungswage festgestellt. Für die minutliche Drehzahl 1300 ist innerhalb der ersten 6 Betriebsstunden das Drehmoment von 58,5 auf 54,5, also um fast 7 v. H. gesunken.

Daß auch die Witterungseinflüsse beträchtliche Veränderungen der Drehmomentaufnahme der Schraube herbeiführen können, wurde, wie in Fig. 2 ersichtlich, durch Aufmessung einer Schraube in neuem Zustande sowie nach erfolgter Befeuchtung und anschließender Lufttrocknung festgestellt. So hatten sich die Querschnitte einer Etaschraube, ein Fabrikat, dem ein große Standfestigkeit gegenüber den Witterungseinflüssen nachgesagt wird, bei dieser Behandlung durchweg um einen Grad verändert.

Der erwähnten Drehmomentmessung wird ferner vorgeworfen, daß der Gleichgang der Schraube ein anderer ist, je nachdem sie bei der Eichung von der elektrischen Leistungswage angetrieben wird oder vom Flugmotor.

Der Einfluß des Gleichganges der Schraube auf ihre Leistungsaufnahme und Zugkraftentwicklung wird von ersten Fachleuten sehr verschieden beurteilt und ist, obwohl Versuche in dieser Richtung von verschiedenen Stellen schon seit geraumer Zeit geplant und im Gange sind, nicht geklärt, da er zweifellos zwar gering, aber sehr verwickelter Natur ist.

Vierzylindermotoren haben bei Schraubenantrieb schon einen recht guten Gleichgang, wenn man ihn nach den schulmäßigen Begriffen aus dem Tangential-Druckdiagramm und dem Trägheitsmoment der umlaufenden Teile berechnet. Er ist in Wirklichkeit noch besser, weil der Motor im Flugzeuge infolge seines elastischen Aufbaues und der mit der dritten Potenz der Winkelgeschwindigkeitsänderung anwachsenden Leistungsaufnahme der Schraube beim Anschwellen der Drehkraft sich, wenn auch wenig, in entgegengesetzter Richtung wie die

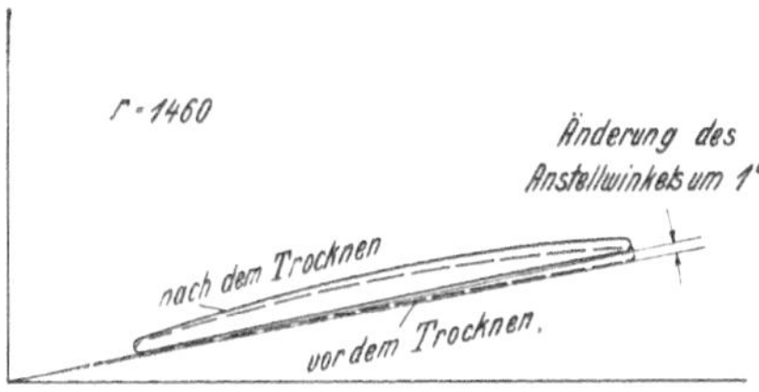

r · 1460
Änderung des
Anstellwinkels um 1°
nach dem Trocknen
vor dem Trocknen.

Fig. 2.

Schraube um die Schraubenachse dreht, um beim Absinken des Drehmomentes wieder in seine frühere Lage zurückzupendeln. Diese Motorschwingungen infolge des elastischen Aufbaues führen demnach einen von der Elastizität des Aufbaues und dem Trägheitsmoment der schwingenden Teile begrenzten Ausgleich der Geschwindigkeitsschwankungen der Schraube herbei.

Wegen der nicht immer einwandfreien Eichbarkeit normaler, bei längeren Dauerversuchen und wechselnder Witterung benutzter Schrauben haben wir in der Deutschen Versuchsanstalt für Luftfahrt den Pendelrahmen zur Kontrolle der Schrauben beibehalten, ihn aber so ausgebildet, daß er zwecks Bestimmung der Eigenverluste und etwaiger Drehmoments- und Zugkraftkorrekturen sowohl durch den Pendelrahmen hindurch (Fig. 3) mit einer hinten liegenden Leistungswage gekuppelt, oder (Fig. 4) von vorn ebenfalls mittels einer Kuppelwelle an eine vorn liegende Leistungswage angeschlossen werden kann.

Der Pendelrahmen ist zwecks Messung des Schraubenzuges (Fig. 5) achsial verschiebbar durch Anordnung besonderer Kugellaufringsysteme, bei denen der Innen- wie Außenring zylindrisch ausgebildet sind, und die Kugel durch einen geeigneten Korb darin verhindert wird aus dem Bereich der Laufringe herauszutreten. Der ganze Pendelrahmen ist, samt dem vorderen Motorraume, dem dahinter liegenden Bedienungsstande und den etwa angebauten Leistungswagen durch eine Verkleidung

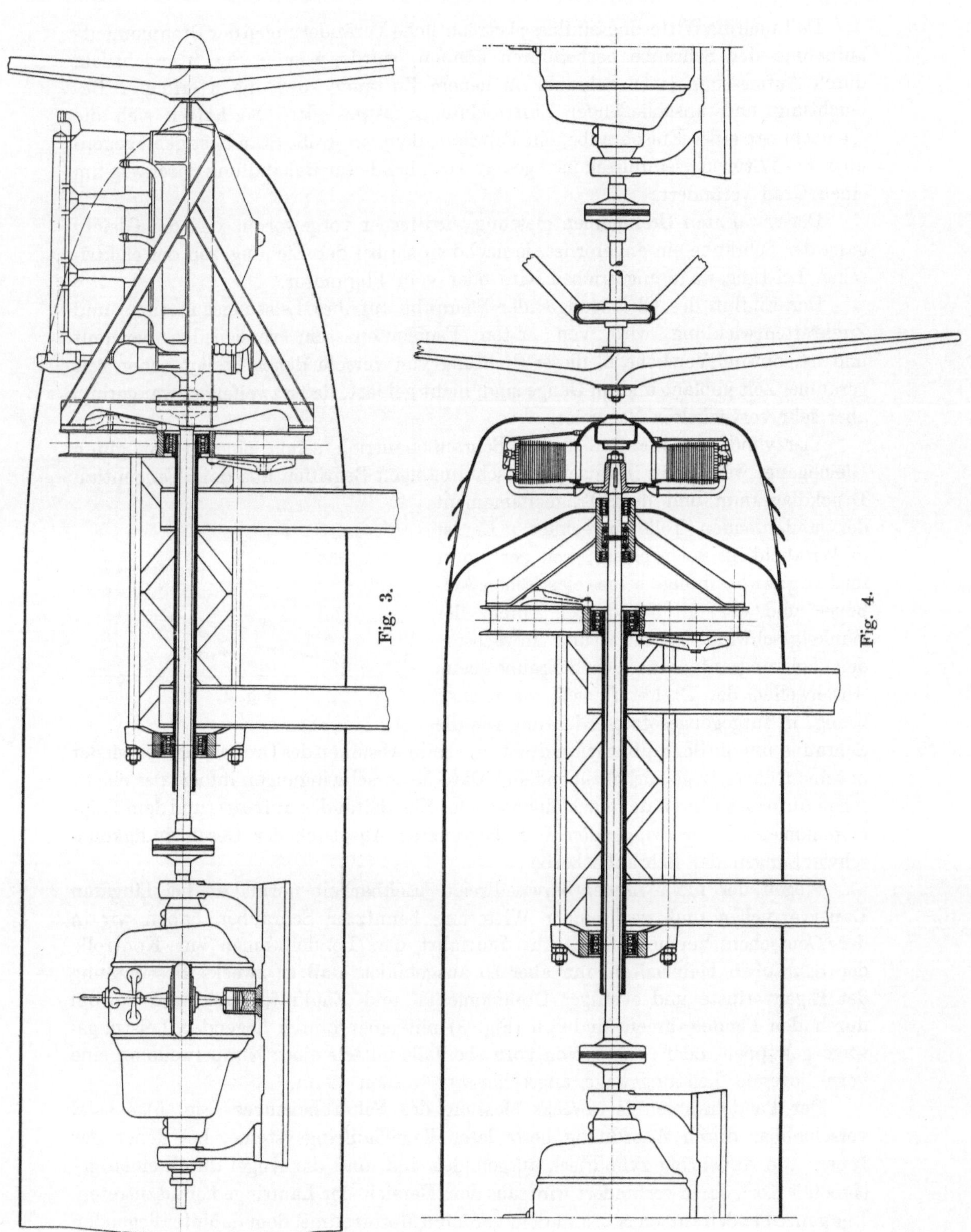

Fig. 3.

Fig. 4.

der Einwirkung des Schraubenstrahles entzogen, so daß die Drehmoments- und Zugkraftkorrekturen infolge der Schraubenstrahlrückwirkung entweder ganz fortfallen, oder auf ein Geringstmaß herabgedrückt werden. Diese Umkleidung vergrößert einmal die Meßgenauigkeit, weil der Einfluß unregelmäßiger Wirbel auf die Drehmomentsmeßvorrichtung vermieden wird, andererseits ist sie durchaus notwendig, weil sich, bei Änderung der Schrauben charakteristisch, während des Betriebes auch die Drehmoment- und Zugkraftkorrekturen verschieben und eine einwandfreie Kontrolle des Verhaltens der Schraube unmöglich machen, sobald diese Korrekturen mehr als einige Prozente ausmachen.

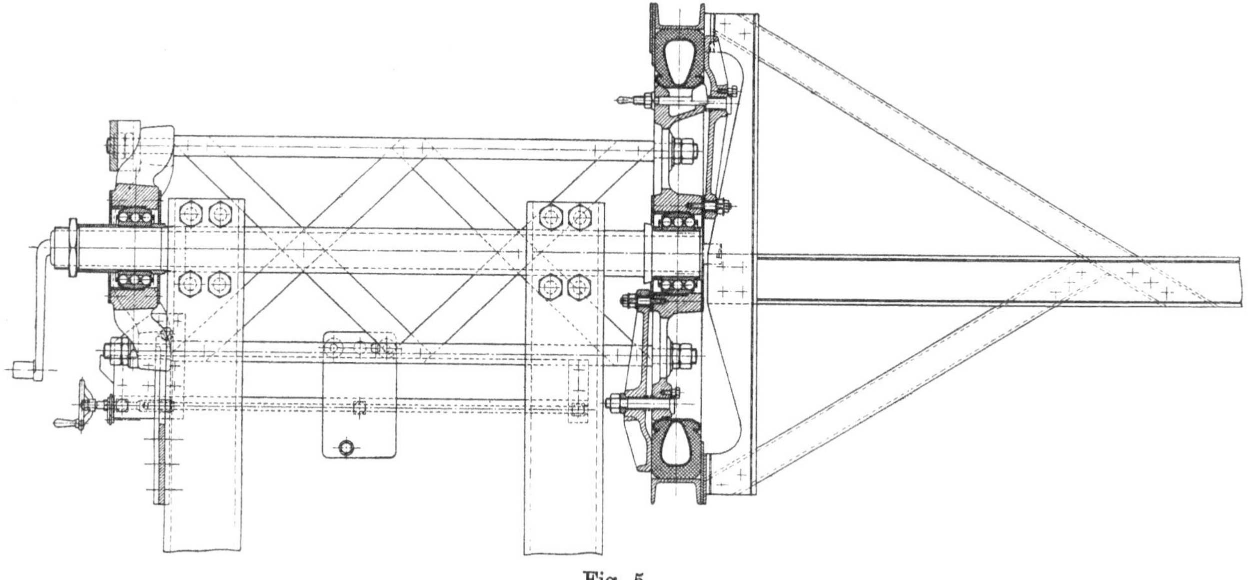

Fig. 5.

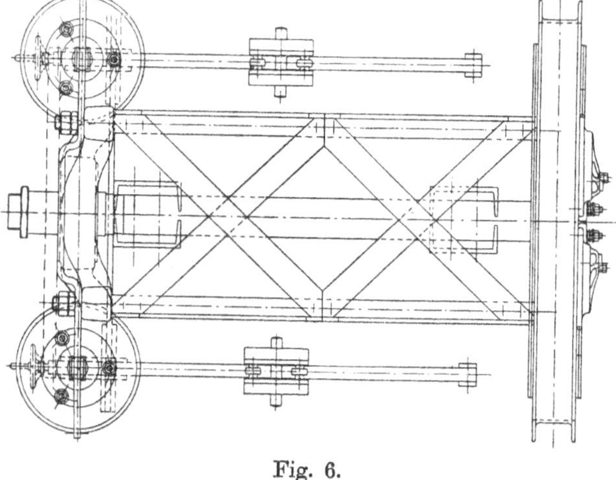

Fig. 6.

Der ganze Prüfstand liegt innerhalb eines Kanales von 3,5 m lichtem Durchmesser, in welchem mittels eines in der Luftbewegungsrichtung hinten angebrachten 250-PS-Drehstrommotors und vierflügeliger Ventilationsschraube ein der jeweils gewollten Fluggeschwindigkeit entsprechender Luftstrom erzeugt wird.

Durch zwei parallel zur Pendelrahmenachse angeordneten Laufgewichtswagen (Fig. 6) mit Zählerablesung am Stirnbrett lassen sich die mittleren Drehmomente messen, während die zeitlichen Schwankungen des Drehmomentes entsprechend den Kraftimpulsen der einzelnen Zylinder nach Zahl und annähernder Größenordnung

mit Hilfe der zwischen jeder Wage und Pendelrahmen eingeschalteten elastischen Stelze ermittelt und aufgezeichnet werden
können (Fig. 7). Die elastische Nachgiebigkeit zwischen den oberen und
unteren Teilen der Stelze wird durch einen zwischengelegten Luftreifen erzielt; die Längenveränderungen zwischen dem oberen und unteren
Teil der Stelze zeichnet ein Zeiger oder ein Übersetzungshebel auf den mit großer
Geschwindigkeit vorbeigeführten Papierstreifen auf. Diese Aufzeichnung (Fig. 8)
stellt eine Art von Tangentialdruckdiagramm dar, dessen durch die elastischen
und Trägheitseigenschaften des Pendelrahmens und des Motoraufbaues bedingte
Auswertung sowohl einen Rückschluß auf den Gleichgang des Motors sowie eine
Kontrolle der Drehmomentsmessung gestattet. Das angeführte Beispiel zeigt den Einfluß ungleich gerichteter Gaswege auf den Gleichgang des Motors. Die in Richtung der Gaszuleitung liegenden Zylinder 1 und 4 haben eine größere Leistung, während Zylinder 2 und 3, bei denen der Gasstrom einen Knick mehr macht, weniger arbeiten.

Eine besondere Eigentümlichkeit des Prüfstandes bildet die Art des ela-stischen Motoraufbaues. Die Not-wendigkeit, Leichtmotoren bei der Prüfung und Einregelung ebenso nachgiebig wie beim späteren Betriebe aufzubauen, ist aus der Automobilindustrie bekannt und wird dort seit vielen Jahren beachtet, z. B. bei Loeb & Co. Berlin-Char-lottenburg und Protoswerke, Ber-lin-Siemensstadt; auch wurde sie bereits bei den vorjährigen französischen Wettbewerben und ferner auf den Prüfständen des Herrn Geheimrat Riedler-

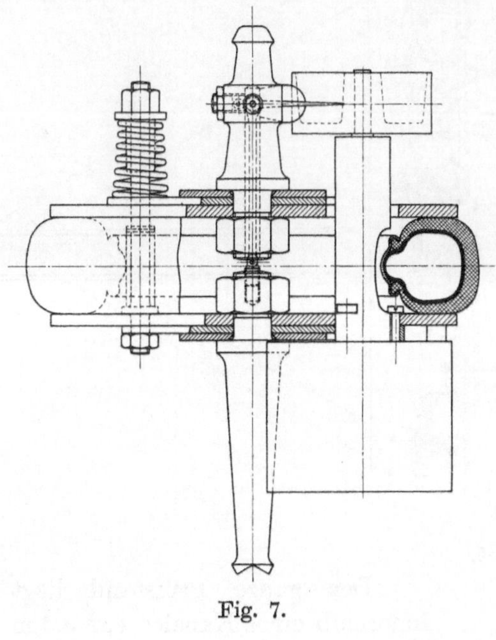

Fig. 7.

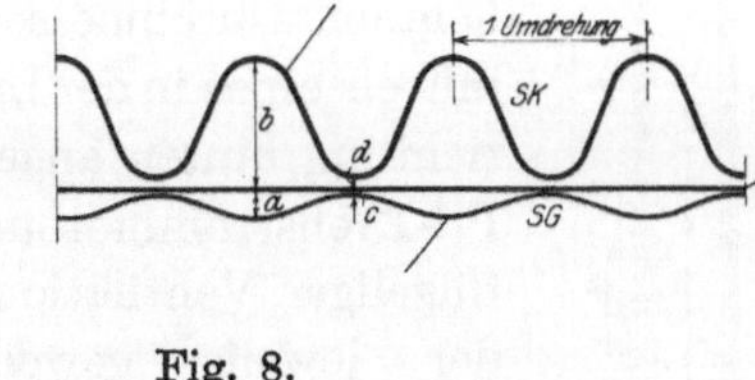

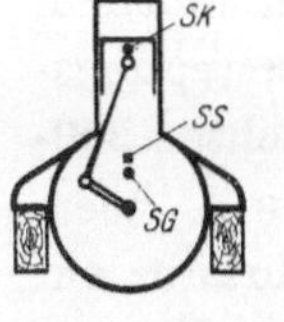

Fig. 8.

Charlottenburg benutzt. Neu ist nur die vorliegende Lösung und die damit
erzielbare Erschütterungsdämpfung, welche sich wahrscheinlich auch auf Flugzeuge
übertragen läßt und eine erneute Verwendung von 4-Zylindermotoren ermöglichen,
die zwar leicht, sparsam und kurz, aber infolge ihrer unvermeidlichen Stöße bei
Flugzeugführern und Flugzeugfabrikanten in gleichem Maße unbeliebt sind (Fig. 9).
Es ist nämlich zwischen dem als starr anzusehenden Prüfstand
und dem Motor samt seinem Aufbau ein gewöhnlicher Luftreifen
eingefügt. Dieser wird von beiden Teilen umklammert, was infolge der einstell-
baren Gegenhalter eine seitliche Beanspruchung der Reifenfelgen vermeidet

und den Motor nach allen Richtungen hin eine so große Bewegungsfreiheit gestattet, daß z. B. bei Standmotoren, bei plötzlicher Unregelmäßigkeit im Gange der Propeller vorn um mehrere Zentimeter seitlich ausschlagen kann, um bei ein-

Fig. 9.

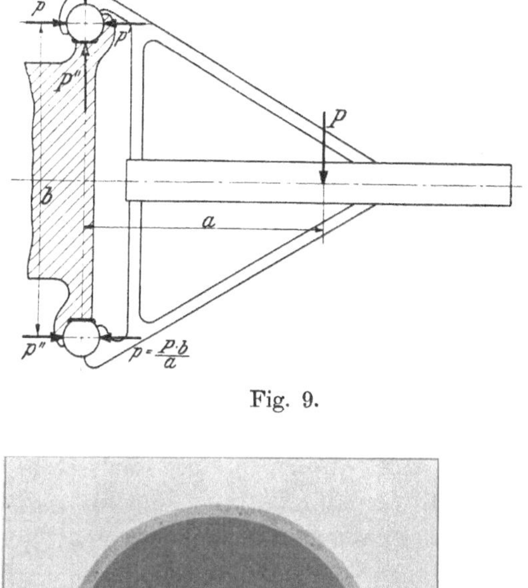

Fig. 10.

Fig. 11.

Fig. 12.

getretenem Gleichgange unmittelbar wieder in die Mittellage zurückzukehren und wie zentriert stehen zu bleiben. Durch die Höhe der Luftpressung und die vorzüglichen Dämpfungseigenschaften des Luftkissens lassen sich alle vorkommenden

Elastizitätsgrade des Motoraufbaues beherrschen, was besonders in einem glatten Verlauf der Brennstoffverbrauchskurven bei Betrieb mit verschiedenen Drehzahlen zum Ausdruck kommt.

Die an den Motorschwingungen teilnehmenden Aufbauteile können so leicht wie beim Flugzeug ausgeführt werden. Fig. 10 zeigt den Prüfstand mit aufgebautem 100-PS-Daimler-Motor in Seitenansicht, Teile der Umkleidung, ein eiförmiges Vorderteil und ein zylindrisches Mittelstück sieht man im Hintergrunde. Der Bedienungsstand Fig. 10 enthält alle für Drehmoment, Drehzahl, Wassermengen und Temperaturmessungen erforderlichen Handhaben und Ablesungsvorrichtungen, Gaszündungshebel sowie die Anwerfvorrichtung für die Motoren.

Fig. 12 zeigt den Prüfstand mit aufgebautem 100-PS-Daimler-Motor samt Scheitelkühler und einer dem Flugzeugrumpfe nachgebildeten Verkleidung.

Diskussion.

Dr. Ing. Walther Freiherr von Doblhoff:

Die interessanten Ausführungen von Herrn Seppeler waren von einer kolossalen Erfahrung diktiert. Die Veränderungen der Schrauben im Betriebe sind für die Versuchsanstalten der Grund, daß sie zu der Pendelrahmenanordnung halten. Nun wäre es doch vielleicht möglich, diese Veränderungen in den Schrauben herauszubringen, was ein viel einfacherer Weg wäre als die Beibehaltung der Pendelrahmen. Ich denke, daß es bei der Untersuchung von Motoren bei den Schrauben nicht so sehr darauf ankommt, daß sie einen günstigen Wirkungsgrad haben, als daß sie standfest sind. Nun glaube ich, daß es möglich wäre, wenn man Schrauben von diesem Gesichtspunkt aus für die Zwecke der Untersuchung konstruieren würde, sie so standfest zu bauen, daß es nicht mehr nötig wäre, sie dauernd zu kontrollieren, sondern stichweise Kontrollen zwischen den Versuchen genügen würden. Zudem sind, wie Herr Seppeler gesagt hat, die Meinungen über den Einfluß des Gleichganges auf die Leistungsaufnahme einer Schraube sehr geteilt. Es scheint, daß dieser Einfluß derart gering ist, daß er keinen Einwand gegen die Verwendung geeichter Schrauben bilden kann.

Der prinzipielle Einwand, der gegen Pendelrahmen zu machen ist, daß nämlich der Einfluß des Schraubenstrahles auf den Rahmen nicht ganz ausgeschaltet werden kann, dieser Einwand muß gegen den Pendelrahmen immer noch bestehen bleiben. Eine vollkommene Einkleidung des Motors ist nicht möglich, die Teile, die herausstehen, sind immer noch dem Einfluß des Schraubenstrahles ausgesetzt. Außerdem ist es in vielen Fällen wünschenswert, den Motor ganz dem Luftstrom auszusetzen, weil bei gewissen Einbauverhältnissen eben der Motor ganz im Luftstrom steht, und weil es auch gar nicht ausgeschlossen ist, daß speziell für diesen Zweck gebaute Motoren der Untersuchung bei eingekleidetem Pendelstand nicht zugänglich wären. Die elastischen Aufhängungen, wie sie die Versuchsanstalt Adlershof durchgebildet hat, scheinen ausgezeichnet zu sein; derartige elastische Aufhängungen sind für Nicht-Pendelstände ebenso verwendbar. Auch die Messung der Schwankungen sind nicht von der Anordnung als Pendelstand abhängig. Es kann diese Elastizität im Aufbau eben immer verwendet werden, um Schwankungen, wenigstens qualitativ, festzustellen.

Prof. Dr. Bendemann:

Ich möchte zunächst kurz sagen, warum es für die Versuchsanstalt so wichtig ist, die Motoren mit dem zugehörigen Propeller zu prüfen.

Der Propeller dient, wie schon bemerkt wurde, zugleich als Schwungrad für den Motor. Durch Aufbringen eines Spezialpropellers macht man unter Umständen einen bedeutsamen Eingriff in den Motor. Außerdem sind auch die Kosten beträchtlich. Bisher hat fast jeder Motor einen anderen Wellenstumpf; man braucht besondere Nabenteile zur Verbindung mit dem Spezialpropeller; das kostet Zeit und Geld. Das wird bei dem gezeigten Verfahren vermieden.

Zweitens: Drallfehler entstehen durch die Einwirkung des in sich tordierten Luftstrahles auf die von ihm bespülten Teile. Diese soll man also möglichst klein halten. Das Mindestmaß ist erreicht, wenn gerade nur der Motor die erforderliche Kühlung empfängt, sonst aber gar keine Teile des Motors und des Meßapparates im Luftstrom liegen.

Die durch besonderen Versuch festzustellende Fehlergröße ist bei einem gar nicht eingekleideten Prüfstand, wie wir es früher hatten, von erheblichem Betrag. So würde es auch hier sein, wenn der vierkantige Rahmen im Luftstrahl läge. Der Drallfehler würde dann einen hohen Prozentsatz des zu messenden Drehmomentes ausmachen. Beschränkt man ihn aber auf das unvermeidliche Maß, so handelt es sich nur noch um wenige Prozente, bei deren Bestimmung man dann mehr summarisch verfahren kann, ohne die Genauigkeit des Resultates zu gefährden.

Ich möchte drittens die Bemerkung machen, daß man sich bei den Motorprüfungen leicht dazu verführen läßt, auf strenge Genauigkeit der Leistungsmessungen zu viel Wert zu legen, dagegen zu wenig auf diejenigen Punkte zu achten, die Herr Seppeler schon zu Eingang seines Vortrages erwähnt: vor allem die Wichtigkeit der Dauerprüfungen der Motoren.

Unsere Motoren arbeiten alle nach gleichem (Viertakt-) Prozeß, mit gleichem Brennstoff, und viele sind einander überhaupt sehr ähnlich. Dadurch sind auch die erreichbaren Leistungen ziemlich gleichartig begrenzt. Wenn nun ein Motor verhältnismäßig mehr leistet als ein anderer, so liegt darin an sich noch kein besonderer Vorzug. Jeder Motor läßt sich durch geschicktes Einregeln mehr oder weniger hoch forcieren. Die Frage ist vielmehr, welcher Motor seine normale Belastung am längsten aushält, und welcher dabei am wenigsten Störungen verursacht. Bei den üblichen Abnahmeprüfungen werden die Motoren oft mit forcierter Leistung vorgeführt, die sie nachher im wirklichen Gebrauche gar nicht herzugeben brauchen. Eine sachgemäße Motorprüfung sollte also gar nicht so sehr auf die Höhe der spezifischen Leistung sehen als auf die Ausdauer und Störungsfreiheit bei einer guten, aber nicht übertriebenen Gebrauchsleistung. Man könnte sich deshalb sogar auf den Standpunkt stellen: Die Leistungsmessung ist überhaupt Nebensache; sie hat nur festzustellen, daß der Motor eine gute, normale Leistung liefert; Hauptsache ist die Prüfung der Ausdauer. — Dagegen wäre natürlich einzuwenden, daß bei einer Beurteilung der Motoren auf solcher Grundlage auch die Höhe und die Gleichmäßigkeit der normalen Leistung genau beobachtet werden muß. Eine sorgfältige Leistungsmessung ist also keineswegs zu entbehren. Nur sollte man sich damit nicht auf das Tüpfelchen kaprizieren und darüber das Wesentlichste, die Ausdauer und gleichmäßige Zuverlässigkeit, außer acht lassen. Das ist es, was ich hervorheben möchte.

Professor **Knoller:**

Ich bin auch der Ansicht von Professor Bendemann, daß eine Erleichterung der Motorprüfungen erwünscht ist, halte es aber eben deswegen für zweckmäßig, eine vereinfachte Versuchsmethode zu verwenden. Nach meinen Erfahrungen glaube ich nicht, daß die hier gezeigten Verdrehungen von Propellern die Regel sind. Ich möchte weiter darauf aufmerksam machen, daß bei dem Vergleiche mit dem Pendelrahmen vielleicht zu einseitig nur auf die wassergekühlten Motoren Rücksicht genommen wurde. Bei den luftgekühlten Motoren sieht die Sache wesentlich anders aus. Ich will gar nicht von den Umlaufmotoren sprechen; aber selbst bei den Standmotoren, von denen schon mehrere erfolgreiche Ausführungen bestehen, und die nach meiner Überzeugung eine große Zukunft haben, ergeben sich bei Verwendung des Pendelrahmens bedeutende Schwierigkeiten.

Diese Erwägung war bei der Aufstellung unseres Versuchsprogrammes von wesentlichem Einfluß.

Prof. Dr. **Bendemann:**

Die von Herrn Seppeler herausgegriffenen Extreme sind nicht so aufzufassen, als ob man oft mit so großen Unstimmigkeiten zu rechnen hätte. Es sollte nur darauf hingewiesen werden, daß so ungünstige Fälle vorkommen können.

Major **von Parseval:**

Ich möchte darauf aufmerksam machen, daß Schrauben als arbeitsaufnehmende Organe in einem geschlossenen Raume nicht regelmäßig arbeiten. Sie sind außerordentlich abhängig von der Umgebung. Wenn man in einem solchen Raume eine Tür aufmacht, wird die Schraube schon einen anderen Widerstand geben. Es ist jedenfalls, wenn man mit einer geeichten Schraube arbeitet, eine ganz peinliche Einhaltung derjenigen Verhältnisse erforderlich, bei denen die Eichung vorgenommen wurde.

Prof. **Baumann:**

Mir scheint die Einhaltung zwischen verschiedenen Regeln praktisch nicht so sehr bedeutsam, und zwar deshalb: Jeder der beiden Prüfstände ist natürlich mit gewissen Kompromissen verbunden, und für welchen Kompromiß man sich in dem einen oder anderen Falle entscheiden wird, wird in erster Linie durch praktische Gesichtspunkte für die Verwendung des betreffenden Prüfstandes bedingt sein.

Wenn es sich um Messungen handelt, für die man eine größere Zeit zur Verfügung hat, glaube ich, kann man ruhig so vorgehen, daß man geeichte Schrauben verwendet, die man von Zeit zu Zeit immer wieder nachprüft, um sich zu vergewissern, daß keine Veränderungen an ihnen vorgekommen sind.

Handelt es sich, wie im Falle des Herrn Seppeler, um eine Prüfung, bei der in kurzer Zeit eine große Anzahl von Messungen gemacht werden sollen, dann scheint es mir vorteilhaft, das Drehmoment zu messen, um eine solche Nachprüfung nicht nötig zu haben.

Man wird den Kompromiß in Kauf nehmen müssen: entweder bezüglich der Veränderlichkeit des Drehmomentes und der Schwankungen der Tourenzahl, oder, wie Herr von Parseval ausführte, daß die Strömungen, auch wenn man im Bau arbeitet, durch Winde geändert werden können, auch während des Versuches sich ändern können. Je nachdem wird man sich für den einen oder andern Kompromiß entscheiden.